Michael E. Sträubig

**Projektleitfaden
Internet-Praxis**

Business Computing

Bücher und neue Medien aus der Reihe Business Computing verknüpfen aktuelles Wissen aus der Informationstechnologie mit Fragestellungen aus dem Management. Sie richten sich insbesondere an IT-Verantwortliche in Unternehmen und Organisationen sowie an Berater und IT-Dozenten.

In der Reihe sind bisher erschienen:

SAP, Arbeit, Management
von AFOS

Steigerung der Performance von Informatikprozessen
von Martin Brogli

Netzwerkpraxis mit Novell NetWare
von Norbert Heesel und Werner Reichstein

Professionelles Datenbank-Design mit ACCESS
von Ernst Tiemeyer und Klemens Konopasek

Qualitätssoftware durch Kundenorientierung
von Georg Herzwurm, Sixten Schockert und Werner Mellis

Modernes Projektmanagement
von Erik Wischnewski

Projektmanagement für das Bauwesen
von Erik Wischnewski

Projektmanagement interaktiv
von Gerda M. Süß und Dieter Eschlbeck

Elektronische Kundenintegration
von André R. Probst und Dieter Wenger

Moderne Organisationskonzeptionen
von Helmut Wittlage

SAP® R/3® im Mittelstand
von Olaf Jacob und Hans-Jürgen Uhink

Unternehmenserfolg im Internet
von Frank Lampe

Electronic Commerce
von Markus Deutsch

Client/Server
von Wolfhard von Thienen

Computer Based Marketing
von Hajo Hippner, Matthias Meyer und Klaus D. Wilde (Hrsg.)

Dispositionsparameter von SAP® R/3-PP®
von Jörg Dittrich, Peter Mertens und Michael Hau

Marketing und Electronic Commerce
von Frank Lampe

Projektkompass SAP®
von AFOS und Andreas Blume

Existenzgründung im Internet
von Christoph Ludewig

Projektleitfaden Internet-Praxis
von Michael E. Sträubig

Vieweg

Michael E. Sträubig

Projektleitfaden Internet-Praxis

Internet, Intranet, Extranet und E-Commerce
konzipieren und realisieren

Die Deutsche Bibliothek – CIP-Einheitsaufnahme
Ein Titeldatensatz für diese Publikation ist bei
Der Deutschen Bibliothek erhältlich.

SAP® ist ein eingetragenes Warenzeichen der SAP Aktiengesellschaft Systeme, Anwendungen, Produkte in der Datenverarbeitung, Neurottstr. 16, D-69190 Walldorf. Der Autor bedankt sich für die freundliche Genehmigung der SAP Aktiengesellschaft, die genannten Warenzeichen im Rahmen des vorliegenden Titels zu verwenden. Die SAP AG ist jedoch nicht Herausgeberin des vorliegenden Titels oder sonst dafür presserechtlich verantwortlich.

Höchste inhaltliche und technische Qualität unserer Produkte ist unser Ziel. Bei der Produktion und Auslieferung unserer Bücher wollen wir die Umwelt schonen: Dieses Buch ist auf säurefreiem und chlorfrei gebleichtem Papier gedruckt. Die Einschweißfolie besteht aus Polyäthylen und damit aus organischen Grundstoffen, die weder bei der Herstellung noch bei der Verbrennung Schadstoffe freisetzen.

Konzeption und Layout des Umschlags: Ulrike Weigel, www.CorporateDesignGroup.de
Druck und buchbinderische Verarbeitung: Lengericher Handelsdruckerei, Lengerich

ISBN-13: 978-3-322-84952-6   e-ISBN-13: 978-3-322-84951-9
DOI: 10.1007/978-3-322-84951-9

Vorwort

Noch vor kurzer Zeit bestand die Kunst der Internetprovider und Online–Agenturen vorwiegend darin, ihre Geschäftskunden von den Vorteilen eines Internet–Auftritts zu überzeugen. Viele der traditionell vorsichtigen deutschen Unternehmen ließen sich in einer Situation, die von teilweise überzogenen Versprechungen, fehlenden Personal– und Wissensressourcen und Rechtsunsicherheit geprägt war, nur zögernd auf das Online–Abenteuer ein.

Nach dem verhaltenen Engagement der vergangenen Jahre sind heute bei den meisten Entscheidern die letzten Zweifel ausgeräumt. Vor allem der rasche Zuwachs der Online–Benutzer, zunehmender Druck der Konkurrenz sowie weit publizierte Beispiele erfolgreicher Geschäftsmodelle und effizienter Business–to–Business Kommunikation haben dazu geführt, dass die meisten Unternehmen inzwischen im World Wide Web vertreten sind.

Vielfach wird dabei jedoch übersehen, dass ein Firmenauftritt im Web an sich noch keine Goldgrube darstellt, dass die Integration neuer Technologien in bestehende Geschäftsprozesse sorgfältig ausgearbeitete Konzepte benötigt und dass der zentrale Schlüsselfaktor in einer umsichtig geplanten Strategie für die Bereiche Internet, Intranet, Extranet und E–Commerce liegt. Oft werden Investitions– und Planungsbedarf für Online–Projekte unterschätzt. In einigen Fällen treten bei der Einführung von neuen Informations– und Kommunikationssystemen gravierende Anpassungsprobleme auf.

Dieses Buch kann Ihnen als Leitfaden zur Entwicklung einer tragfähigen und zukunftsweisenden Internet-Strategie dienen. Es zeigt den Weg eines umsichtig geplanten und effizient realisierten Einsatzes von Internet–Technologie, von der Planung des Web–Auftritts bis hin zum Aufbau von Intranet und Extranets und der Anwendung von E–Commerce Werkzeugen.

Dabei soll Internet–Technologie als ein Rahmen begriffen werden, der eine sorgfältige und zielgerichtete Entwicklung zulässt. Dies ist mit der Hoffnung verbunden, dass auch Unternehmen, die bereits Erfahrungen mit dem Internet sammeln konnten, in diesem Buch praktische Konzepte finden, die in Zusammenarbeit mit Providern, Agenturen und weiteren Dienstleistern nutzbringend umgesetzt werden können.

Einteilung

Kapitel 1, „Internet–Praxis im Unternehmen", bildet das Grundgerüst für den weiteren Verlauf des Buchs und gibt einen kurzen Überblick über technische und administrative Gesichtspunkten Internet–basierter Technologie.

Kapitel 2, „Provider", enthält Kriterien zur Auswahl von Internet–Dienstleistern und beleuchtet Aspekte der Zusammenarbeit mit Providern und Agenturen.

Kapitel 3, „Projekt Internet", diskutiert die Internet–Anbindung und Aspekte des innerbetrieblichen Umgangs mit den elektronischen Medien. Schwerpunkt des Kapitels bilden die Planung, Gestaltung und Betreuung der eigenen Web–Präsenz sowie Grundlagen des Site–Marketing.

Kapitel 4, „Projekt Intranet", behandelt die Einführung und den Ausbau einer unternehmensinternen Informations– und Kommunikationsplattform unter den Gesichtspunkten Anwendungsvorteile, Migration und Ausbau.

Kapitel 5, „Projekt Extranet", beschreibt die Erweiterung der in den vorigen Kapiteln beschriebenen Infrastruktur um Ansätze zur Einbindung externer Partner.

Kapitel 6, „Projekt E–Commerce", ergänzt den bisher entwickelten Rahmen um den Verkauf von Waren und Dienstleistungen über das Internet und die Realisierung von Online–Shops.

Kapitel 7, „Zentrale Sicherheitsaspekte", erörtert knapp die Notwendigkeit technischer und administrativer Maßnahmen zur Absicherung von Datenübermittlungsvorgängen und Zugangspunkten.

Zielgruppe

Das Buch richtet sich an Personen[1], die Entscheidungen über den Einsatz von Internet–basierter Technologie treffen oder in entsprechenden Projekten mitwirken. Angesprochen werden insbesondere Mitarbeiter von Firmen und Organisationen sowie Selbstständige, die die angesprochenen Konzepte in den Berei-

---

[1] Dabei sind sowohl Leserinnen wie auch Leser angesprochen. Aus Gründen der Übersichtlichkeit wird jedoch im weiteren Text auf den Gebrauch unterschiedlicher Endungen verzichtet.

chen Internet, Intranet, Extranet und E–Commerce planen und in die Praxis umsetzen.

Terminologie

Die im Buch verwendete Terminologie orientiert sich an der im Internet–Geschäft üblichen Sprache: Begriffe wie „Website", „WWW–Präsenz" und „Online–Auftritt" werden z.B. synonym verwendet. Falls Ihnen ein Ausdruck fremd vorkommt, können Sie auch einen Blick in das abschließende Glossar werfen.

WWW–Site

Die Website zum Buch http://www.projektleitfaden.de bietet zusätzliche Informationen, Ressourcen sowie Links zu den einzelnen Kapiteln. Der Autor ist unter der E–Mail Adresse autor@projektleitfaden.de erreichbar.

Dank

Dieses Buch profitiert von den Erfahrungen zahlreicher Menschen. Stellvertretend seien hier Alexander Peters, Phillip Köhn, Heiko Zeutschner, David Rowe, Matthias Bauer, Robert Kiessling, Jürgen Holz, Markus Maurer, Arne Striegler und Linda Best genannt. Dem Lektorat des Vieweg–Verlags, insbesondere Dr. Reinald Klockenbusch, gilt mein besonderer Dank.

Erlangen, im Dezember 1999   Michael E. Sträubig

Inhaltsverzeichnis

1 Internet–Praxis im Unternehmen

1. 1 Einführung

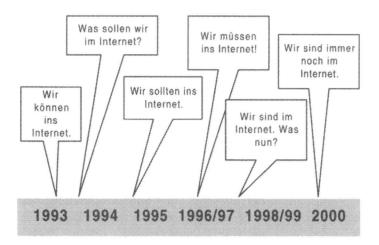

Abbildung 1: Internet-Geschichte

Die Grafik zeigt – in vereinfachter Kurzform – die Entwicklung des Internet in Deutschland aus geschäftlicher Sicht. Das zu Beginn vorwiegend von Wissenschaftlern genutzte Medium hatte bereits vor etwa zwei Jahrzehnten die Einschränkungen klassischer Nachrichtenwege aufgehoben und erlebte in Folge ein noch nie gesehenes Wachstum. In der Anfangsphase wurde die Verbreitung der Internet–basierten Technologie jedoch durch drei Schlüsselfaktoren verhindert:

1. das fehlende Angebot an Internet–Zugangspunkten, die wenigen Institutionen vorbehalten waren
2. die schwerfällige Bedienbarkeit der damals vorhandenen Programme
3. der nichtkommerzielle Status des Internet

Erst der Ausbau der technischen Infrastruktur, die Vereinfachung von Anwendungskomponenten und die kommerzielle Öffnung machten das Internet zum globalen Informations– und Kommunikationsmedium.

Frühe Versprechungen

Anschließend kamen die Konzepte Internet, Intranet, Extranet und E–Commerce in Form kurz aufeinanderfolgender „Hype"–Wellen über die Unternehmenswelt. Dabei muss der Tatsache Rechnung getragen werden, dass von Seiten einiger Anbieter anfangs mit vollmundigen Versprechungen, explodierenden Gewinnaussichten und märchenhaften Investitionsertragsrechnungen gehandelt wurde. Ein Beispiel dafür ist die früher weit publizierte Aussage, mit einem Auftritt im World Wide Web würden sich auch automatisch Millionen neuer Kunden einfinden. Viele Firmen müssen heute jedoch feststellen, dass die Zahl ihrer Online–Besucher eher im Bereich von einigen Dutzend liegt. Auf der anderen Seite kam in den letzten Jahren tatsächlich ein Markt in Gang, der inzwischen einer beträchtlichen Anzahl von Senkrechtstartern zu erstaunlichen Umsätzen verholfen hat.

Bereits relativ früh begannen Unternehmensberater jedoch wieder abzuwinken, wenn in Gründerseminaren vom Internet die Rede war. Der Markt sei gesättigt, hieß es, was die erneute Wiederholung eines früheren Irrtums bezüglich des Fachkräftebedarfs in der IT–Branche darstellte. Dieselben Consultants wurden jedoch schlagartig wieder hellhörig, wenn das anvisierte Projekt unter dem Begriff „Electronic Commerce", kurz: „E–Commerce", firmierte. Diesmal galt es schließlich, Geld zu verdienen. So nehmen heute Aktivitäten im Bereich E–Commerce den gleichen Stellenwert ein, den 1995 Internet–Projekte besaßen.

1. 2 Erfolgskonzept oder Fehlinvestition?

Auch nach der Beseitigung anfänglicher Hemmschwellen wurde in zahlreichen Firmen durch negative Erfahrungen der Eindruck vom Internet als ewiger Zukunftsmarkt verstärkt. Tatsächlich sind heute auf dem „Online–Experimentierfeld" Fehlinvestitionen an der Tagesordnung:

- Firmen verschenken die Möglichkeiten des World Wide Web, indem sie einfach „den Katalog ins Netz stellen", anstatt sich Gedanken über interaktive Inhalte zu machen.

- Großkonzerne lassen ihre Website von „angesagten" Online–Agenturen erstellen, ohne zu ahnen, dass aufgrund von Planungsfehlern die angepeilte Zielgruppe den bunten Werbeauftritt nicht zu Gesicht bekommt.

- Die Einführung von E–Mail und Internet–Zugang in der eigenen Firma stellt sich als Produktivitätshindernis heraus, da die Angestellten lieber im WWW surfen anstatt fleißig zu arbeiten.

- Über Nacht wird das lokale Firmennetzwerk zum Intranet erklärt, ohne dass die Vorteile der Technologie ansatzweise erkannt wurden.

- E–Commerce Projekte scheitern, da potenzielle Kunden durch mangelhafte Benutzerführung und Transaktionsunsicherheit abgeschreckt werden.

Mit derartigen Ansätzen wird man den bestehenden Möglichkeiten nicht gerecht. Denn zweifellos birgt das Internet unabhängig von Branche, Unternehmensgröße und Standort enorme geschäftliche Potenziale. Dabei konnten voraussehende Unternehmen, darunter eine beträchtliche Anzahl von Neugründungen, bereits seit Beginn der kommerziellen Öffnung Erfolge im Internet–Business erzielen. Unter den Erfolgsfaktoren lassen sich zwei vollkommen unterschiedliche Ansätze ausmachen:

1. 2. 1 Erfolgsstrategie 1: Schnelle Gewinne („first come – first profit")

Unter den Marktführern im Bereich des Electronic Commerce befinden sich einige ehemalige „Garagenfirmen", die auf der Basis frühzeitig gewonnener Erfahrungen und konsequenter Nutzung des Mediums beachtliche Erfolge geschrieben haben. Der teilweise widerwillige Einstieg der Konkurrenz –einschließlich großer Konzerne– erfolgte erst, nachdem die Internet–Vorreiter tatsächlich Marktanteile erobert hatten, die in den Bilanzen sichtbar wurden. Die Jagd nach den verlorenen Schätzen läuft heute zum Teil unter Einsatz beträchtlicher Investitionen.

Chancen für Neueinsteiger Dabei wird die Bedeutung strategischer Allianzen, die es ermöglichen, Ressourcen und Know–How zwischen Unternehmen auszutauschen, zunehmend deutlicher. Während die Chancen des frühen Einstiegs auf einigen Geschäftsfeldern verstrichen sind, lässt die Situation im Internet durchaus Platz für Neueinsteiger. Grund dafür ist das immer noch nachhaltige weltweite Wachstum der Benutzerzahlen bei gleichzeitiger Verbesserung der technischen Infrastruktur geprägte Von einer Sättigung auf dem Markt erfolgreicher neuer Ideen ist im Internet nichts zu spüren.

1. 2. 2 Erfolgsstrategie 2: Langfristiger Erfolg durch gezielte Planung

Nicht jede Geschäftsstrategie zielt auf den schnellen Erfolg. Langfristigen Nutzen erzielen vor allem diejenigen Unternehmen, die Internet–Technologie als einen zentralen Bestandteil des betrieblichen Informations– und Kommunikationsmanagement ansehen und einen kontinuierlichen Ausbau der damit verbundenen Infrastruktur anstreben.

In nahezu allen Unternehmensbereichen lassen sich Geschäftsprozesse identifizieren, die aus dem Einsatz von Internet–Technologie Vorteile gewinnen können:

- Informationsbeschaffung und Recherche

- Marketing, Werbung und Öffentlichkeitsarbeit

- Interne Kommunikation und Informationsverteilung

- Lieferanten– und Partnerbeziehungen

- Ausschreibungen und Einkauf

- Absatz, Vertrieb und Distribution

Ausrichtung am Gesamtnutzen
Der scheinbare Widerspruch zwischen den beiden Erfolgsmodellen lässt sich auflösen, wenn man in Betracht zieht, dass die mutigen Vorreiter die entsprechenden Strategien nach dem Prinzip „learning by doing" entwickelt haben und die auf diesem Wege gewonnenen Erfahrungen inzwischen anderen Unternehmen zur Verfügung stehen. Nicht jede Firma wird im Internet auf eine dicke Goldader stoßen. Dennoch können nahezu alle Unternehmen, darunter auch diejenigen, deren Engagement bisher von Enttäuschungen geprägt war, von einem konsequenten Einsatz der Internet–Technologie profitieren. Dabei ist es wichtig, anstelle der ausschließlichen Fokussierung auf Umsatzsteigerungen im Marketing– und Vertriebskanal WWW den Blick auf den

erzielbaren Gesamtnutzen zu richten. In diesem Zusammenhang sind unter anderem die folgenden Vorteile zu nennen:

- schnellere Verfügbarkeit von Informationen

- Optimierung von Kommunikationsabläufen

- Erhöhung der Produktivität durch bessere Zusammenarbeit

- Koordination von Geschäftsprozessen

- Beschleunigung von Produktionszyklen

- kosteneffizienter Einsatz von Software

- engere Beziehungen zwischen Unternehmen und Kunden

- dichtere Integration von geschäftlichen Abläufen zwischen Partnern

- Einsparungspotenziale durch den Aufbau einer Kommunikationsplattform auf Basis offener Standards

1. 3 Die Projektplanung: ein mehrstufiges Szenario

Kern des vorliegenden Buchs ist daher die These, dass ein sorgfältig geplanter Aufbau einer auf Internet–Technologie basierenden Informations– und Kommunikationsinfrastruktur für die meisten Unternehmen konkrete Erfolgsaussichten bietet. Eine der Voraussetzungen für die Nutzung der vorhandenen Potenziale ist dabei die Adaption einer längerfristigen Strategie. Dazu erscheint es notwendig, einen Gesamtprojektrahmen im Auge zu behalten, der mehrere zu integrierende Komponenten umfasst:

Projekt Internet

1. Das Internet als Medium für Recherche und Kommunikation durch den Einsatz von E–Mail und World Wide Web. Gleichzeitig ergibt sich in den meisten Firmen die Notwendigkeit einer klaren Regelung für den beruflichen Umgang mit den elektronischen Kommunikationsmitteln.

2. Die eigene Website, die das WWW als Werbemedium und zur Firmendarstellung nutzt. Der Schwerpunkt liegt hier auf einem mittelfristig geplanten Ausbau anstelle der heute üblichen periodischen Neugestaltung.

Projekt Intranet

3. Implementierung eines Intranet als firmeninterne Kommunikations– und Informationsressource mit anschließender Verlagerung von Applikationsstrukturen auf die Basis offener Standards wie XML, Java und CORBA.

Projekt Extranet

4. Die Einrichtung von zugangsgesicherten Kundenbereichen sowie der Zusammenschluss von Intranet–Bereichen zwischen Lieferanten und Partnerunternehmen zu gemeinsam genutzten Extranets.

Projekt E–Commerce

5. E–Commerce: die Nutzung des World Wide Web zur Errichtung von virtuellen Filialen, als Mittel der Bestellabwicklung von Produkten, der Anforderung und Erbringung von Dienstleistungen und als Vertriebskanal für digitalisierbare Waren.

Die Reihenfolge der einzelnen Planungsstufen soll nicht als vorzugebende zeitliche Sequenz im Projektverlauf verstanden werden. Beispielsweise wird in der Praxis das bestehende Internet–Engagement häufig durch eine E–Commerce Lösung ergänzt, ehe mit dem Aufbau von Intranet und Extranets begonnen wird. Andere Unternehmen stellen die mit dem Aufbau von Extranets verbundenen Effizienzgewinne in den Vordergrund und vertagen den Bereich E–Commerce auf später. Oft greifen diese Projekte, auch ineinander und werden von der gemeinsamen Basis Internet–Technologie getragen.

logische Reihenfolge

Die angegebene Abfolge stellt für Einsteiger jedoch einen logisch aufgebauten Weg dar, der wachsendes Engagement erfordert und die zunehmende Integration bestehender Geschäftsprozesse in einen sinnvoll gegliederten Gesamtrahmen ermöglicht.

Beispielsituation

Exemplarisch für diese Entwicklung ist eine (hypothetische) Firma, die sich bereits mit einer klassischen Unternehmensdarstellung im WWW befindet und die Einführung einer E–Commerce Lösung vorbereitet. Zur Markteinführung eines neuen Produkts soll eine zusätzliche, unabhängige Website erstellt werden. Um Kundenbindungseffekte zu erzielen und die Effizienz von Lieferantenbeziehungen zu steigern, ist ein Extranet–Bereich geplant, während das interne Firmennetz mittelfristig zum Intranet umfunktioniert werden soll. Im Verlauf dieser Umstellung werden zunehmend Serverdienste vom Provider in das eigene Netz verlagert und mit Sicherheitslösungen vor dem unbefugten Zugriff Dritter geschützt.

Die fünf Projektkomponenten Internet–Zugang, Website, Intranet, Extranet und E–Commerce werden in den folgenden Kapiteln ausgestaltet, wobei zusätzlich einige Fragen über den firmeninternen Umgang mit elektronischen Kommunikationsmedien geklärt werden sollen. Der im vorliegenden Buch verwendete Projektbegriff muss jedoch der Tatsache Rechnung tragen, dass eine konkrete Projektierung von zahlreichen individuellen Faktoren abhängig ist. Dazu zählen Unternehmensgröße, bestehenden Personal– und Wissensressourcen sowie unternehmensspezifischen Anforderungen und Ziele. Infolgedessen müssen beispielsweise Methoden zur Entscheidungsfindung und die Projektterminologie offen bleiben. Ob Meilensteine durch Brainstormings anvisiert oder Ziele in Entscheidungshierarchien festgelegt werden, bedarf ebenso individueller Klärung werden wie Fragen im Bereich des Budget und der Ressourcenzuteilung.

externe Dienstleister

In Projekten regelmäßig auftauchende Probleme wie unrealistische Zeitplanung, schleichende Erweiterung des Projektumfangs, häufig wechselnde Anforderungen des Managements, Unterschätzung der Verbindungen zu anderen Unternehmensbereichen und mangelnde Koordinierung lassen die Einschätzung zu, dass eine professionelle Projektbegleitung nur in individueller Beratungsleistung erbracht werden kann. Um der Tatsache Rechnung zu tragen, dass nur wenige Unternehmen alle erforderlichen Leistungen selbst erbringen, muss deshalb auch Gewicht auf Kriterien zur Auswahl von Providern und anderen externen Dienstleistern gelegt werden.

Projektschritte

Im weiteren Verlauf werden Projekte informell als Folge von Einzelschritten aufgefasst, die sich grob in die vier Phasen Planung, Vorbereitung, Umsetzung und Erfolgskontrolle einteilen lassen. Zu Beginn jedes Projekts stehen die unternehmensspezifischen Prozesse der Genehmigung, Budgetierung und Ressourcenplanung. Die goldene Projektregel besagt, dass am ehesten diejenigen Projekte genehmigt werden, die großen Nutzen, geringe Kosten und schnelle Einführung versprechen. Dagegen ist beispielsweise die Entwicklung eine Intranet als langfristige Aufgabe anzusehen, die eine fundamentale Veränderung der Kommunikationsstrukturen mit sich bringt. Auch Extranets und E–Commerce Projekte erfordern besonders im Vorfeld eine klare Zieleinschätzung und gründliche Planung.

Damit hat sich das anfänglich gezeigte Bild zu folgender Darstellung entwickelt:

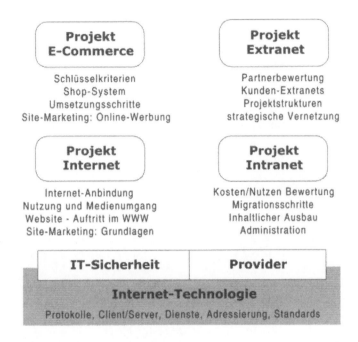

Abbildung 2: Projektrahmen

zwei Sichtweisen

Das Internet stellt die technologische Basis für alle in diesem Buch angesprochenen Projektabläufe zur Verfügung. Unterschiede zwischen Internet, Intranet und Extranets bestehen in erster Linie im Kreis der Anwender, der Art der veröffentlichten Informationen und dem Einsatz der Kommunikationswerkzeuge und Applikationen. In den folgenden Abschnitten soll Internet–Technologie unter zwei Gesichtspunkten dargestellt werden: zum einen sind dies die technischen Grundlagen TCP/IP–basierter Netzwerke, zum anderen administrative Aspekte wie offene Standards und Internet–Organisationen.

1. 4 Technik: Protokolle und Dienste

Das Internet bildet aus Sicht der „Hardware" einen weltumspannenden Zusammenschluss von Computernetzwerken, die über vielfache Übertragungsmedien, von einfachen Koaxialkabeln und Telefonverdrahtung bis zu Glasfaserverbindungen, transatlantischen Leitungen und Satellitenstrecken, miteinander verbunden sind. Knotenrechner, die Datenströme über diese Netzwerke leiten, werden als Router bezeichnet. Lokale Netzwerksegmente lassen sich über Bridges koppeln, während einzelne Rechner durch Hubs an ein Segment angeschlossen werden. Neben den an das Internet angeschlossenen Rechnern (Hosts) finden eine Vielzahl weiterer Netzwerkgeräte und zentralisierter Datenspeicher Verwendung. Die Entwicklungstendenz geht dahin, zahlreiche elektrische Gebrauchsgegenstände wie Mobiltelefone, Fernseher oder auch Kühlschränke mit Internet–Anschlüssen zu versehen und damit im technischen Sinne kommunikationsfähig zu machen.

1. 4. 1 Netzwerkprotokolle

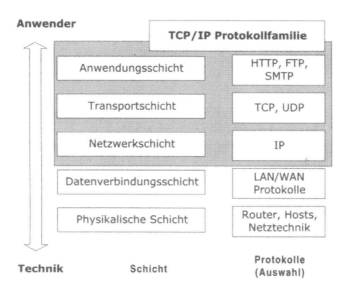

Abbildung 3: TCP/IP in vereinfachter Darstellung

Für den geregelten Datenaustausch sind Protokolle verantwortlich, die die technischen Kommunikationsvereinbarungen und Datenformate im Netzwerk definieren. Ein Hauptvorteil der Internet–Technologie ist durch die Tatsache gekennzeichnet, dass die Protokolle in mehreren Schichten angeordnet sind. Daher

erfordern beispielsweise technologische Entwicklungen im Bereich der Kommunikationsleitungen, Netzwerkhardware und
Datenverbindungsspezifikationen keine Anpassungen der Netzwerkbetriebssysteme. Auf der Ebene der Datenverbindungen
werden unterschiedliche Technologien wie Modemkanäle, ISDN,
DSL, Frame–Relay, X.25 oder ATM eingesetzt. Innerhalb eines
lokalen Netzwerks bilden LAN–Protokolle wie IPX die Grundlage
der Datenübertragung. Den Kern der TCP/IP Protokollfamilie auf
der Netzwerkschicht bilden die Protokolle IP, TCP und UDP.

**Basisprotokoll
IP**

Das Internet Protocol (IP) sorgt als Basisprotokoll für ein einheitliches Adressierungsschema und spezifiziert den Datentransfer
zwischen benachbarten Netzknoten, während das Transmission
Control Protocol (TCP) einen verbindungsorientierten, fehlertole-
ranten Datenaustausch über heterogene Netzwerkstrukturen ermöglicht. Das User Datagram Protocol (UDP) spezifiziert den
verbindungslosen Versand einzelner Datenpakete und enthält im
Gegensatz zu TCP keine Fehlerkontrollmechanismen.

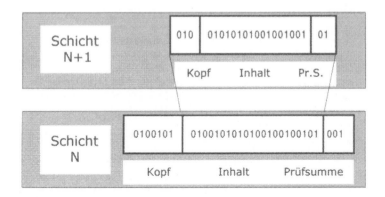

Abbildung 4: Datenpakete auf zwei Protokollschichten

**Schichten-
modell**

Das Schichtenmodell der Internet–Protokolle sieht vor, in dem
auf der jeweils niederen Schicht Pakete übertragen werden, die
als Inhalte Daten der jeweils höheren Schichten tragen. Dabei
sind IP und TCP inhaltsunabhängige Protokolle; der Charakter
der transportierten Daten ist nicht festgelegt. Dadurch lassen sich
Informationen, Applikationen, Audio– und Videodaten aus un-

terschiedlichen Anwendungsprogrammen transportieren. Protokolle höherer Ebenen sind Bestandteile von Anwendungsprogrammen und werden daher als Anwendungsprotokolle bzw. Applikationsprotokolle bezeichnet.

1. 4. 2 Anwendungsprotokolle

Jede Interaktion auf dem Internet kann im Zusammenhang der Anforderung und Erbringung von Diensten (Information Services) angesehen werden, wobei Anwendungsprozesse Quelle und Ziel der Dienstleistung darstellen. Einen wesentlichen Bestandteil der Internet–Technologie machen daher die zahlreichen Applikationsprotokolle aus. Dabei handelt es sich um Spezifikationen, die den Datenaustausch zwischen Programmen regeln. Einige Dienste und die zugehörigen Anwendungsprotokolle sind in der folgenden Tabelle dargestellt:

Tabelle 1: Anwendungsprotokolle (Auswahl)

Protokoll	Dienst bzw. Funktion
Hypertext Transfer Protocol (HTTP)	Übertragung von Hypertextseiten und Multimediadateien im World Wide Web
Simple Mail Transfer Protocol (SMTP)	Versand und Weiterleitung von E–Mail, einheitliches E–Mail Format
Post Office Protocol (POP) und Internet Mail Access Protocol (IMAP)	Aufbewahrung von E–Mail und Zustellung an den Empfänger
Multi Purpose Internet Mail Extensions (MIME)	Struktur von E–Mail Nachrichten und angehängte Dateien (Attachments) sowie Dateitypen für die Datenübertragung zwischen HTTP–Server und Client.
Telnet	Zugriff auf entfernte Rechner
File Transfer Protocol (FTP)	Einfache plattformübergreifende Dateiübertragung
Network News Transfer Protocol (NNTP)	Weltweit verteilte Online–Diskussionsbretter (USENET)
Lightweight Directory Access Protocol (LDAP)	Zugriff auf Verzeichnisdienste (Untermenge des X.500 Standards)

Neben dem Spezifikationskern der Netzwerkschicht und den Anwendungsprotokollen existieren eine Vielzahl von weiteren technischen Kommunikationsregeln, die Bestandteile der Internet–Technologie darstellen. Zu den Funktionen dieser Protkolle zählen Aufbau und Abbau von Verbindungen, Datentransport über Netzwerkgrenzen (Routing), Sicherheitsmechanismen und Netzwerkmanagement.

1. 4. 3 Client/Server Modell

Internet–Dienste werden durch verteilte Rechenprozesse erbracht, die nach dem Client/Server Prinzip abgewickelt werden. Server verwalten in einem Netzwerk die gemeinsamen Ressourcen und stellen Dienste zur Verfügung, die von Clients, anderen Servern und spezieller Netzwerkhardware (z.B. Drucker) in Anspruch genommen werden können. Ein Client sendet eine Anfrage an einen Server, der diese entgegennimmt, bearbeitet, und das Resultat an den Client zurückliefert.

Im üblichen Sprachgebrauch werden die Begriffe Client und Server sowohl zur Bezeichnung dieser Prozesse als auch für die Hosts verwendet, auf denen die entsprechenden Programme laufen. Im Folgenden werden zur besseren Unterscheidung unter Client und Server immer laufende Programme (Prozesse) verstanden; die jeweiligen Hostrechner werden als „Client–Host" bzw. „Server–Host" bezeichnet. Es ist durchaus denkbar, dass sich Server und Client auf demselben Rechner befinden. Beispielweise kann ein Webdesigner, der die Funktionalität der erstellten HTML–Seiten vor der Veröffentlichung testen möchte, auf seinem PC sowohl Webserver als auch Browser (Client) installieren und damit die spätere Umgebung der Web–Präsenz genau simulieren.

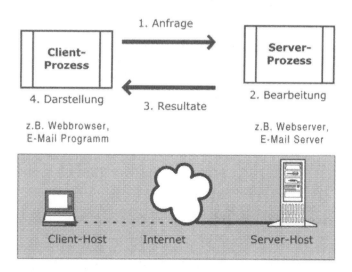

Abbildung 5: Client–Server Schema

verteilte Rechenleistung

Das Konzept der Client/Server–Architektur, das sich als gängiges Modell der Softwareentwicklung durchgesetzt hat, verlagert den Schwerpunkt der Rechenleistung auf die Server–Hosts: die Berechnung findet vorwiegend durch den Serverprozess statt, der Client übernimmt vor allem die Darstellung der Resultate (Fat Server, Thin Client). Die dezentralisierte Netzwerkstruktur des Internet ermöglicht es, dass Clients und Server an beliebigen Orten lokalisiert sein können. Die Zweierbeziehung zwischen Client und Server wird außerdem durch „multi–tier"–Modelle ergänzt, in denen Zwischenschichten die Auswahl zwischen mehreren Servern vermitteln.

Ein gängiges Beispiel für die Interaktion zwischen Client und Server ist der Datenaustausch zwischen Webbrowser und Webserver. Der Browser fordert vom HTTP–Server eine Hypertextdatei an, die vom Server anschließend zurückgeliefert wird. Ein weiteres Beispiel ist ein E–Mail Programm, das elektronische Nachrichten über einen SMTP–Server verschickt. Die E–Mail wird dann über mehrere Zwischenstationen zum Zielsystem weitergereicht. Die Aufbewahrung im elektronischen Postfach und die Zustellung an den E–Mail Client des Empfängers übernimmt schließlich ein weiterer Server unter Verwendung des Post Office Protocol.

1. 4. 4 Adressierung und Lokalisation

Im Internet werden Datenpakete über eine Vielzahl von Verbindungswegen geleitet, ehe sie am Ziel ankommen. Im Gegensatz zu älteren Netzwerkmodellen werden zwischen den Kommunikationsendpunkten keine vorher festgelegten (dedizierten) Leitungen benötigt. Die Daten werden vielmehr in Pakete aufgeteilt und über eine dynamisch ermittelte Strecke von Routern gesendet. Um die korrekte Zustellung der Datenpakete zwischen Anwendungsprozessen zu gewährleisten, muss zunächst jeder mit dem Internet verbundene Host über eine eigene Adresse verfügen.

Adressvergabe Das Adressierungsschema ist Bestandteil des IP–Protokolls und sieht generell die Aufteilung in einen Netzwerkteil und einen Hostteil vor. Die Eindeutigkeit von IP–Adressen wird durch zentrale Vergabestellen gewährleistet; in Europa ist dies die Réseaux IP Européens (RIPE), die Internet–Providern und größeren Organisationen bestimmte Adressbereiche zuteilt. Die Provider vergeben wiederum IP–Adressen an ihre Kunden. Dies kann auf zwei Arten geschehen: Bei Wählzugängen erfolgt eine dynamische Zuteilung aus einem Pool freier Adressen, während permanent an das Internet angebundene Hosts statische IP–Adressen erhalten.

Bestimmte Adressbereiche sind ausschließlich für private Netze bestimmt: Datenpakete, die an diese Adressen gerichtet sind, werden im Internet nicht weitergeleitet. Die Anbindung eines kompletten Netzwerks an das Internet benötigt daher nur eine öffentliche IP–Adresse für den Zugangsrouter; den Rechnern innerhalb des LAN können private Adressen zugeteilt werden. Der Router sorgt dabei für die notwendige Adressumsetzung und die korrekte Weiterleitung der Datenpakete (Network Address Translation).

Ports In der Praxis laufen auf einem Hostrechner oft mehrere Serverprozesse, die unterschiedliche Dienste zur Verfügung stellen. Ein Beispiel dafür ist ein Rechner, der gleichzeitig als WWW–Server und FTP–Server eingesetzt wird. Zur Unterscheidung der Prozesse, die technische Verbindungsendpunkte der Datenkommunikation darstellen, wird die IP–Adresse durch eine zusätzliche numerische Größe ergänzt: die Port–Adresse. Eine Reihe von Standardports sind für bestimmte Serverdienste reserviert und müssen daher bei der Dienstanforderung nicht extra angegeben werden. IP–Adresse und Port–Adresse definieren gemeinsam die genauen Herkunfts– und Zielorte von Datenpaketen.

**Domain–
Namen**

Um den Anwendern den Umgang mit schwer zu merkenden Zahlenkombinationen zu ersparen, werden eindeutige Systembezeichnungen in einer weltweit verteilten Datenbank, dem Domain Name System (DNS) gespeichert. Ein Domain–Name kann dabei ein Netzwerk oder einen bestimmten Rechner im Netzverbund identifizieren. Die Übersetzung zwischen IP–Adressen und Domain–Namen wird durch spezielle Dienste (Nameserver) geleistet.

Das DNS ist hierarchisch organisiert. Die oberste Stufe bilden Toplevel–Domains, die sich nach Organisationsbezeichnungen (z.B. „.com", „edu", „gov") oder standardisierten Länderkennungen (z.B. „de", „fr", „ch") richten. Die Differenzierung der Namensstruktur erfolgt durch die weitere Unterscheidung von Netzwerken (z.B. das Netz einer Firma) und schließlich die Bezeichnung der einzelnen Hosts.

Subdomains

Ein Beispiel für Domain–Namen ist die „Internet–Adresse" der Website zu diesem Buch: www.projektleitfaden.de, wobei hier der Hostrechner durch ein Alias („www") angesprochen wird. Die Spezifikation des DNS sieht eine weitere Unterteilung der Domain–Namen vor (Subdomains). Dadurch können beispielsweise mehrere Abteilungen anhand ihrer Domainnamen technisch und organisatorisch unterschieden werden. Eine (hypothetisches) Subdomain–Adresierung ist: www.buch.projektleitfaden.de.

**Universelle
Lokalisierung**

Auf der Grundlage von IP–Adressen, Domain–Namen und Ports wurde ein erweitertes Lokalisierungsschema entwickelt, das auf der Identifikation von Netzwerkressourcen durch Uniform Resource Locator (URL) beruht. Ein einfacher URL besteht aus folgenden Komponenten:

- Protokoll, Art des Dokuments oder Informationstyp

- Domain–Name

- Portadresse

- Verzeichnispfad

- Name der Datei bzw. des Objekts

- Anker, der einen Ort innerhalb des Dokuments darstellt

Ein Beispiel, das diese Komponenten (von links nach rechts) enthält, ist der URL zu einen bestimmten Abschnitt einer Datei auf der Website:

```
http://www. projektleitfaden.de:80/links/x.html#xml
```

Mit einem URL lassen sich beliebige Ressourcen wie Netzwerkdienste, Programme oder Dateien nach einem einheitlichen System auffinden. Alternative Bestandteile eines URL ermöglichen den Zugriff auf passwortgeschützte Datenbereiche oder die Übergabe von Parametern an Anwendungen, die von dem adressierten Server aufgerufen werden.

Auf einer höheren Protokollebene ermöglichen Verzeichnisdienste wie X.500 bzw. das Lightweight Directory Access Protocol (LDAP) eine einheitliche Adressierung. Für Anwender bilden Suchmaschinen und Verzeichnisse auf dem WWW die Ausgangspunkte für die Lokalisierung von Informationen.

1. 5 Standards und Organisationen

1. 5. 1 Offene Standards als Technologiebasis

Im Gegensatz zu den früher von einzelnen Herstellern entwickelten proprietären Lösungen, handelt es sich bei den in Internet, Intranet und Extranet gleichermaßen verwendeten Protokollen um herstellerunabhängige, standardisierte Regeln für den Datenaustausch. Diese offenen Standards sind daher auch weitgehend plattformunabhängig, d.h. sie lassen sich in nahezu alle existierenden Hardware– und Betriebssystemumgebungen integrieren. TCP/IP ist nicht nur Bestandteil der heute aktuellen Betriebssysteme für PCs und Workstations; es lassen sich auch die meisten älteren und exotischen Netzwerk– und Betriebssysteme mit einem Protokollstapel nachrüsten.

Wurde in der Vergangenheit der Einsatz herstellergebundener Lösungen noch als Marktvorteil angesehen und die Entscheidung für proprietäre Softwaresysteme durch Kriterien wie Service, Stabilität und Performance begründet, hat sich das Bild inzwischen grundlegend gewandelt. Offene Standards, die von internationalen Organisationen verabschiedet und von einer breiten Herstellerplattform unterstützt werden, verdrängen die proprietären

Systeme zusehends vom Markt. Heute bieten immer weniger Hersteller Software an, die nicht mit den auf offenen Standards basierenden Internet–Diensten kompatibel ist.

proprietär oder offen?

Die Entscheidung gegen offene Standards wird oft mit hohen Folgekosten bezahlt. Ist beispielsweise das vom Softwarehersteller beworbene Sicherheitskonzept ausschlaggebend für die Wahl eines proprietären Produkts, stellt sich eventuell später heraus, dass dieses mit bereits verwendeten Softwareapplikationen nicht kompatibel ist und unter hohem Programmieraufwand integriert werden muss. Mit jeder zusätzlichen Softwareanschaffung geht das „Spiel" von vorne los: unter hohem Zeit– und Personalaufwand müssen erneut die proprietären Schnittstellen und Datenformate angepasst werden.

Eine Ablösung dieser durch Plattformabhängigkeiten und Inkompatibilitäten geprägten Legacy–Strukturen ist in vielen Unternehmen bereits vollzogen. Kriterien wie ein vergleichsweise geringer Implementierungsaufwand, einfache Pflege und Wartung sowie Skalierbarkeit, Ausbaufähigkeit und Zukunftssicherheit sprechen für die Verwendung von Produkten, die auf offenen Standards basieren.

einheitliche Oberfläche

Eine Schlüsselrolle in der Internet–Technologie nimmt neben der Protokollbasis TCP/IP die einheitliche Benutzeroberfläche durchden Webbrowser dar. Dieser stellt einen einheitlichen Zugangspunkt und eine weithin vertraute Benutzerschnittstelle zu jeder Art von Informationen, Daten und Anwendungen dar.

Java

Hinzu kommt insbesondere seit der Einführung der Programmiersprache Java die Möglichkeit der plattformübergreifenden Programmierung. Ein Programm wird dabei auf einer Rechner– und Betriebssystemplattform erstellt und kann anschließend ohne Modifikation in weiteren Umgebungen ausgeführt werden.

Skriptsprachen wie Perl, PHP und ECMA–Skript (die zur Standardisierung vorgeschlagene Version von JavaScript) ergänzen das Spektrum der betriebssystemübergreifenden Programmierung, wobei der Einsatz dieser Sprachen in heterogenen Umgebungen noch einigen Einschränkungen unterliegt. Weitreichende Ansätze zur plattformunabhängigen Entwicklung bieten dagegen die Datenstrukturbeschreibungssprache XML sowie CORBA, das die Spezifikation einer offenen Systemarchitektur darstellt.

1. 5. 2 Administration ohne zentrale Verwaltungsstelle

Obwohl das Internet keine zentrale Verwaltungsorganisation kennt und die rechtlichen und kommerziellen Rahmenbedingungen ohnehin zusehends durch Politik und Wirtschaftsverbände geprägt werden, arbeiten zahlreiche Organisationen an der Weiterentwicklung von internetbasierter Technologie und offenen Standards. Daneben existieren eine Reihe von Gruppierungen und Interessensvereinigungen, deren Tätigkeit sich auf unterschiedliche Gebiete wie Verwaltung von IP–Adressen und Domain–Namen, Internet–Sicherheit oder WWW–Marketing erstreckt. Eine kleine Auswahl unter den Organisationen bietet die folgende Aufzählung:

Standards

- International Standards Organisation (ISO): Weltweiter Zusammenschluss nationaler Standardisierungsgremien. Die ISO ist verantwortlich für zahlreiche Normen einschließlich vieler Standards im IT–Bereich.

- Internet Society (ISOC): Dachgemeinschaft zahlreicher Organisationen, die in Fragen der Internet–Infrastruktur zusammenarbeiten. Dazu zählt die Weiterentwicklung technischer Standards und organisatorischer Verfahren.

- Internet Engineering Task Force (IETF): Internationale Gemeinschaft von Entwicklern, Netzbetreibern und Wissenschaftlern, die an der technischen Operation des Internet mitarbeitet sowie Spezifikationen von Protokollen und Standards erstellt.

- World Wide Web Consortium (W3C): Organisation für die Entwicklung von Standards und Spezifikationen für das WWW, z.B. HTML und XML.

- Object Management Group (OMG): Internationales Konsortium, das Industrierichtlinien für Softwareentwicklungsmodelle erarbeitet. Dabei liegen die Schwerpunkte in der objekt– und komponentenbasierten Programmierung. Die OMG ist z.B verantwortlich für CORBA.

Adressvergabe

- Internet Corporation for Assigned Names and Numbers (ICANN): Dachverband für die internationale Regulierung der Vergabe von IP–Adressen, Domain–Namen und der Koordinierung von Internet–Protokollen. Seit ihrer Gründung

Ende 1998 übernimmt die ICANN in diesen Bereichen allmählich wachsende Aufgaben.

- Réseaux IP Européens (RIPE): Europäischer Verband von Internet–Providern und Betreibern großräumiger IP–Netzwerke. Das RIPE Network Coordination Centre (NCC) ist für die Vergabe von IP–Adressen in Europa zuständig.

Sicherheit

- Computer Emergency Response Team (CERT): Zentrale Anlaufstelle für die Bekämpfung von Sicherheitsproblemen im Internet. Das CERT informiert Hersteller über Sicherheitslücken in deren Software, koordiniert Maßnahmen zur Abwehr von Netzattacken und informiert Anwender über Maßnahmen zur Beseitigung neu aufgetauchter Sicherheitsrisiken.

- Bundesamt für Sicherheit in der Informationstechnik (BSI): Behörde, die neben der Entwicklung und Evaluierung von Verfahren im Bereich der IT–Sicherheit auch für die Zulassung und Zertifizierung von Sicherheitssystemen zuständig ist.

nationale Interessensverbände

- Electronic Commerce Forum e.V. (eco): Interessenverband der deutschen Internet–Provider. Der eco betreibt Lobbyarbeit für Internet Provider und steht im Austausch mit politischen und wirtschaftlichen Kräften.

- Deutsches Network Information Center (DE–NIC): Vergabestelle für Domainnamen in Deutschland (.de Domains). Der DE–NIC vertritt gleichzeitig die Interessen der deutschen Internet–Provider in internationalen Gremien.

- Deutscher Multimedia Verband e.G. (DMMV): Vereinigung der Multimediabranche, der zahlreiche Unternehmen aus den Bereichen Werbung, Online–Marketing und Multimedia–Gestaltung angehören.

- Informationsgemeinschaft zur Feststellung der Verbreitung von Werbeträgern e.V. (IVW): Unterorganisation der deutschen Werbewirtschaft. Hauptaufgabe der IVW ist die Bereitstellung objektiver Daten zur Verbreitung von Werbeträgern. Darunter fällt unter anderem die Entwicklung von Verfahren zur Messung der Besucherzahlen im WWW.

1. 6 Ausblick auf die weiteren Kapitel

Das Internet hat aufgrund seiner schnellen weltweiten Verbreitung heute eine Bedeutung erlangt, die neben den beiden geschilderten Aspekten zunehmend wirtschaftliche, kulturelle, soziologische, politische und juristische Sichtweisen auf das Netz mit sich bringt. Im weiteren Verlauf des Buches soll die Berücksichtigung geschäftlicher Einsatzgebiete der zugrundeliegenden Technologie im Mittelpunkt stehen. Dies umfasst neben Entwicklung und Einsatz von Anwendungen innerhalb einer wachsenden Informations– und Kommunikationsstruktur auch organisatorische Aspekte sowie die Gestaltung der Zusammenarbeit mit externen Dienstleistern.

Kapitel 2
Provider

Kapitel 2, „Provider", enthält Kriterien zur Auswahl von Internet–Dienstleistern und beleuchtet Aspekte der Zusammenarbeit mit Providern und Agenturen.

Kaptel 3
Projekt
Internet

Kapitel 3, „Projekt Internet", beginnt mit der technischen Anbindung an das weltweite Datennetz und diskutiert anschließend Fragen des innerbetrieblichen Umgangs mit E–Mail und Internet–Zugang. Schwerpunkt des Kapitels ist die Planung, Gestaltung und Betreuung der eigenen Web–Präsenz. Diese Vorgänge werden als kontinuierliche Entwicklungsprozesse verstanden, die Raum für die Erweiterbarkeit des Online–Auftritts bilden. Abschließend werden einige technische Grundlagen für das Site–Marketing beleuchtet.

Kapitel 4
Projekt
Intranet

Kapitel 4, „Projekt Intranet", behandelt die Einführung und den Ausbau einer unternehmensinternen Informations– und Kommunikationsplattform. Dabei wird zunächst versucht, die durch ein Intranet erzielbaren Anwendungsvorteile abzuschätzen und einige Fragen der Migration von Legacy–Strukturen zu klären. Der geschilderte Intranet–Ausbau erfolgt über die Implementierung von Mitteln für Inhaltsdarstellung und Nachrichtenaustausch sowie die Einbindung individueller Anwendungen und Geschäftsprozesse.

Kapitel 5
Projekt
Extranet

Kapitel 5, „Projekt Extranet", beschreibt die Erweiterung der in den vorigen Kapiteln beschriebenen Infrastruktur um Anwendungsfelder zur Einbindung externer Partner. Diese reichen von der Einrichtung von Kunden–Extranets auf einer abgesicherten Web–Präsenz bis zur Vernetzung von Intranets zwischen Partnerunternehmen.

Kapitel 6 **Projekt** **E–Commerce**	Kapitel 6, „Projekt E–Commerce", ergänzt den bisher entwickelten Gesamtrahmen um die Realisierung von Online–Shops, die den Verkauf von Waren und Dienstleistungen über das Internet ermöglichen. Dabei wird die Planung wichtiger Faktoren wie Angebot, Gestaltung und Zahlungsabwicklung besprochen und einige Hindernisse für den Electronic Commerce diskutiert. Die Beschreibung der Bestandteile eines Web–Shops soll vor allem Kriterien für die Auswahl dieser Systeme liefern. Ergänzend werden einige Konzepte der Online–Werbung und des One–to–One Marketing dargestellt und bewertet.
Kapitel 7 **Zentrale** **Sicherheits-** **aspekte**	Kapitel 7 „Zentrale Sicherheitsaspekte" erörtert knapp die Notwendigkeit technischer und administrativer Maßnahmen zur Absicherung von Datenübermittlungsvorgängen und Zugangspunkten. Dabei sollen Sicherheitsfragen im Rahmen der allgemeinen IT–Sicherheit betrachtet werden.

2 Provider

2. 1 Überblick

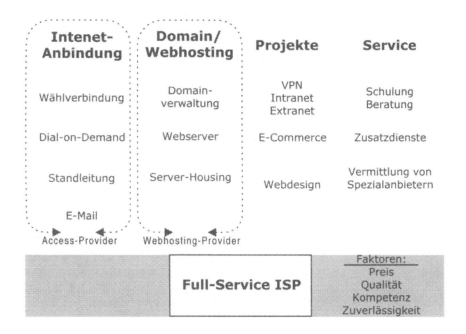

Abbildung 6: Leistungsspektrum eines ISP

Die reibungslose Zusammenarbeit mit kompetenten und zuverlässigen Dienstleistungsunternehmen ist ein häufig unterschätzter Erfolgsfaktor im Internet–Geschäft. Dieses Kapitel soll neben einem Überblick über die Angebote der Provider vor allem Kriterien für die Auswahl von Dienstleistern anbieten. Dazu kommen einige praktische Empfehlungen, deren Ziel es ist, die Projektdurchführung. von Anfang an auf solide Füße zu stellen.

gemeinsame Planung Der Auswahl von externen Dienstleistern gehen in der Regel interne Vorbereitungsphasen voraus, in denen die Ziele von Onli-

23

ne–Anbindung, E–Mail, Web–Auftritt oder des Einsatzes von Intranet, Extranet und E–Commerce Lösungen formuliert werden. Die Planungskriterien können dabei mit den Angeboten der Provider und Agenturen abgeglichen werden. In der Regel lohnt es sich, den Provider zur Konkretisierung der Projektvorhaben so frühzeitig wie möglich „ins Boot zu holen".

2. 2 Angebote der Internet–Dienstleister

Internet Service Provider (ISP)

Während sich das Angebot der großen Online–Dienste vorwiegend an Privatkunden richtet, werden die für Unternehmen relevanten Dienstleistungen durch spezialisierte Internet Service Provider (Business–ISP) erbracht. Bei der Entscheidung für den richtigen Partner sind vor allem die sogenannten Full Service Provider interessant. Diese haben sich auf die Fahnen geschrieben, alle relevanten Internet–Dienstleistungen abzudecken. Große Full Service Provider betreiben eigene Internet–Backbones, wobei der IP–Verkehr zwischen den jeweiligen Netzen über Peering–Punkte ausgetauscht wird.

Access, Hosting, und Design

Neben den Komplettanbietern existieren einige auf die Internet–Anbindung spezialisierte Access Provider, deren Rolle zunehmend von großen Telekommunikationsanbietern übernommen wird, und Webhosting–Firmen, die (oft preiswerte) Web–Auftritte inklusive Domain–Verwaltung und Seitenerstellung anbieten. In diesem Bereich haben sich inzwischen auch Vermarktungsagenturen und zahlreiche Reseller etabliert. Einen Spezialfall stellen die Cybermalls dar, die Online–Shops in einem virtuellen Einkaufszentrum einrichten. Webdesign–Agenturen führen die Konzeption, Gestaltung und Betreuung von maßgeschneiderten Web–Auftritten durch und dringen zunehmend auch in die Bereiche Intranet, Extranet und E–Commerce vor, die bisher spezialisierten Unternehmen vorbehalten waren.

spezielle Dienstleister

Daneben wirken auf komplexe technische Lösungen spezialisierte Systemhäuser sowie zahlreiche Spezialanbieter in den Bereichen Technik, Software, Content und Vermarktung an der Realisation von Projekten mit. Auf den Bereich Internet–Sicherheit haben sich Security Provider spezialisiert, die Maßnahmen zur Netzwerkabsicherung sowie praxisorientierte Überprüfungen (Audits), Softwarelösungen und Schulungen anbieten. Zusätzlich spielt in den meisten Projekten die Beratung durch qualifizierte Consultants und zunehmend auch durch spezialisierte Rechtsanwälte eine immer größere Rolle.

Application Service

Ein relativ neuer Dienstleitungsbereich ist durch den Auftritt der Application Service Provider entstanden. Diese verstehen sich als Anbieter von Softwaredienstleistungen über das Internet. Dazu zählt das Leasing von Software, das durch Herunterladen einzelner Module gestaltet wird, die dem Anwender zur Abwicklung bestimmter Aufgaben zur Verfügung stehen. Ein weiterer Angebotsbereich ist die Einrichtung geschäftlicher Applikationen im WWW, auf die Benutzer über geschützte Bereiche Zugriff haben („Projekt–Extranets", vgl. Abschnitt 5.6.2). Es ist zu erwarten, dass hierzulande die meisten Systemhäuser den Bereich Application Service in ihre Angebotspalette aufnehmen werden.

Angebot

Der primäre Ansprechpartner für Internet–Projekte ist in den meisten Fällen ein auf Geschäftskunden spezialisierter Full Service Provider, dessen Dienstleistungspalette üblicherweise die folgenden Angebote umfasst:

1. Internet–Zugänge in skalierbaren Anbindungsvarianten. Dazu zählen neben Wählzugängen via Modem bzw. ISDN und Standleitungen verschiedener Bandbreiten auch zunehmend Mobiltelefonzugänge, Funkstrecken und Satellitenübertragung. Einen besonderen Stellenwert nehmen dabei Zugänge auf der Basis von DSL–Technik ein.

2. Weiterleitung von E–Mail. Dabei können eingegangene elektronische Nachrichten beim Provider zwischengespeichert und bei Bedarf abgeholt werden (Mailbox) oder direkt an einen Zielrechner im Netz des Kunden weitergeleitet werden (Mail–Forwarding). Im ersten Fall übernimmt der Provider auch die Verwaltung von E–Mail Adressen und Aliasnamen.

3. Registrierung und Verwaltung von Internet–Domains und IP–Adressen. Die Vergabe und Verwaltung von Domainnamen erfolgt auf Landesebene durch Network Information Center (NIC). Für die Beantragung deutscher Top–Level Domains ist der DE–NIC zuständig, über den die Domainregistrierungen inzwischen direkt durchgeführt werden können. Allerdings ist die Registrierung über einen Provider aufgrund von Mengenrabatten oft günstiger.

4. Webhosting auf virtuellen Servern sowie Server–Housing (vgl. Abschnitt 3.2).

5. Webdesign, Seitengestaltung und Pflege. Dabei können die meisten Provider auf spezialisierte Agenturen als Kooperationspartner zurückgreifen. Umgekehrt bieten Webdesign–A-

genturen zunehmend Komplettlösungen für Auftritte im WWW an.

6. Errichtung von VPN sowie Einrichtung von Intranets und Extranets (siehe Kapitel 4 und 5).

7. Aufbau und Betrieb von E–Commerce Lösungen (siehe Kapitel 6).

8. Service, Schulung und Beratung.

9. Gateways zu Telefondiensten, SMS, Fax sowie Wirtschaftsanbindungen (z.B. SAP).

10. Zusatzdienste wie die Vermietung von Hardware (z.B. Router), Betrieb eigener News–Server oder die Einrichtung von Spam–Filtern.

11. Vermittlung von Spezialanbietern wie z.B. Security Provider oder Application Service Provider.

Der genaue Angebotsumfang der Internet–Dienstleister lässt sich am einfachsten den Websites der Provider selbst sowie den regelmäßigen Vergleichen der Fachpresse entnehmen. Business–Provider senden in der Regel umfangreiches Prospektmaterial zu und bieten telefonische und persönliche Beratung an.

2. 3 Kriterien zur Auswahl eines Providers

Klärung von Kernfragen

Normalerweise sind weder ISP noch Agenturen gewillt und in der Lage, unverbindliche Anfragen von Telefonbuchumfang zu beantworten. Auf der Suche nach einem neuen Provider kann man sich mit einigen gezielten Fragen einen ersten Eindruck verschaffen, der anschließend im persönlichen Gespräch mit einem Vertriebsbeauftragten gefestigt werden kann.

2. 3 .1 Anbindung

Ist der Zugang an allen Firmenstandorten möglich?

Neben den angebotenen Alternativen für Einwahlzugänge und Standleitungen ist die Frage nach bestehenden oder geplanten DSL–Zugängen im Hinblick auf die Zukunftssicherheit interessant. Nicht alle Provider bieten hundertprozentige Flächendeckung bei der Einwahl an. Die meisten Anbieter sind jedoch in der Lage, Festverbindungen zwischen beliebigen Standorten zu schalten. Oft besteht die als „Roaming" bezeichnete Möglichkeit, sich von unterwegs an beliebigen Einwahlknoten des Providers einzuwählen. Für internationale Konzerne sind ohnehin nur Dienstleister interessant, die auch im europäischen Ausland bzw. global vertreten sind.

Wie groß ist die durchschnittliche Verfügbarkeit am Einwahlpunkt?

Bandbreite und Auslastung

Garantiert der Provider beispielsweise 98 Prozent Verfügbarkeit, bedeutet dies, dass im Monat bis zu 14 Stunden Ausfallzeit möglich sind, bei 99,8 Prozent sind es immerhin noch mehr als eine Stunde. Einige Provider geben ausführliche Auskünfte über Backbonestruktur, technische Anbindung, Überbuchungsfaktoren, Leitungsverkehr, Redundanz und Auslastungsschwankungen. Umsichtige Provider garantieren eine Erweiterung der Leitungskapazitäten ab einer bestimmten durchschnittlichen Auslastung. Die reine Angabe von Bandbreiten („34 Mbps Datenleitungen") bezieht sich oft auf das Backbonenetz des „Provider–Providers", ein Telekommunikationsunternehmen oder großer ISP, der dem Provider Leitungskapazitäten zum Wiederverkauf zur Verfügung stellt. Fragen Sie ruhig, ob der Anbieter das Backbone selbst unterhält. Freilich ist der Rückgriff auf fremde Backbonenetze kein Ausschlusskriterium, solange Verfügbarkeit schriftlich garantiert ist und der Reseller die Anbindung nicht nur vermarktet, sondern auch sachkundig betreut. Sie wissen allerdings nicht, wie viele Kunden sich die Datenkapazitäten teilen. Hat ein Provider 100 Kunden auf einer Leitung mit der Kapazität von 2 Mbps, ist dies zumindest rein rechnerisch besser als eine 34 Mbps Leitung, die 2000 Kunden versorgt.

Ist der Kandidat Mitglied im DE–NIC und im eco e.V.?

Das Deutsche Network Information Center (DE–NIC) ist für die Vergabe deutscher Toplevel–Domains zuständig und vertritt die Interessen der deutschen Provider in internationalen Gremien. Der Verein eco e.V bildet einen Interessensverband der Internet–Industrie, in dem sich die meisten großen Internetprovider zusammengeschlossen haben (vgl. Abschnitt 1.5.2). Verbandsmitgliedschaften sind ein guter Hinweis auf die Qualität und Seriosität des Providers.

2. 3 .2 IP–Adressen und Domainverwaltung

Bietet der Provider an, feste IP–Adressen zu reservieren?

Werden nur dynamische Adressen vergeben, ist die Skalierbarkeit des Angebots nicht gegeben und erzwingt im Fall einer späteren Standleitungsverbindung den Wechsel des Dienstleisters.

Verfügt der Provider über eigene DNS Server und nimmt die Registrierung von Domains selbst vor?

Admin–C =
„Eigentümer"

Vorgänge, die Domains betreffen, berühren sowohl technische Prozesse als auch Verwaltungsangelegenheiten. Daher ist es wichtig, zu erfahren, ob der Provider selbst über die technische und administrative Infrastruktur verfügt, um die Vorgänge schnell und reibungslos abzuwickeln. Es ist in jedem Fall auch festzulegen, dass Sie als berechtigter Domain–Betreiber („Admin–C") eingetragen werden (der geläufige Begriff „Eigentümer" ist etwas irreführend, da lediglich Nutzungsrechte vergeben werden). Der Provider fungiert als technischer Kontakt der Domainvergabestelle („Admin–T"). Einige Billiganbieter tragen sich selbst als Domain–Betreiber ein, was vor allem im Fall des Providerwechsels zu Verzögerungen und Ärger führt.

2. 3 .3 Webhosting

Werden die Leistungen selbst erbracht oder handelt es sich um einen Reseller?

Im zweiten Fall ist der Hosting–Partner herauszufinden und die genaue Verantwortlichkeit der Ansprechpartner festzulegen. Kritisch sind hier auch garantierte Reaktionszeiten in Problemfällen. Der Standort des Host, auf dem der Webserver eingerichtet wird, ist besonders wichtig, da man beispielsweise von amerikanischen Servern längere Antwortzeiten erwarten kann und sich im Fall technischer Probleme keine Ansprechpartner in der Nähe befinden. Andererseits existieren auch amerikanische Provider, die Systemüberwachung und Erreichbarkeit rund um die Uhr garantieren.

technische
Kriterien

Ausserdem sind einige Informationen einzuholen, die den Planungskriterien des Web–Angebots entsprechen. Besonders der vom Provider eingesetzte Webserver und die technische Unterstützung von eingebetteten Skriptsprachen wie PHP oder ASP sind für die Bewertung des Angebots wichtig. Meistens werden vom Provider fertige CGI Skripte gestellt. Die Möglichkeit zur Installation eigener Skripte sowie der freie FTP Zugriff auf sämtliche eigene Verzeichnisse und Dateien einschließlich Server–Logfiles sollten selbstverständlich sein.

Im Hinblick auf E–Commerce Angebote ist zu erörtern, ob eine Lösung verfügbar ist, die in ihrem Kosten– und Funktionsumfang mit dem geplanten Projektziel übereinstimmt (vgl Kapitel).

2. 3 .4 Sicherheit

Ist das Netz des Providers redundant angelegt, und sind bei Einwahlproblemen alternative Zugangspunkte verfügbar?

Im optimalen Fall verfügt der Provider über ein rund um die Uhr betreutes Rechenzentrum und lässt Wartungsarbeiten in vorher angekündigten, genau definierten Zeitfenstern durchführen. Besonders kritisch sind hier die Reaktionszeiten bei Netz– oder Rechnerausfall.

stabile Umgebung

Sind die Server des Providers durch Sicherheitsmaßnahmen vor Missbrauch geschützt, und werden regelmäßige Datensicherungen (Backups) bzw. Datenspiegelungen durchgeführt? Stehen Backupserver bereit, die bei Ausfall innerhalb kurzer Zeit einspringen? Verfügt der Provider über eine unterbrechungsfreie Stromversorgung (USV), die im Notfall für den Weiterbetrieb sorgt? Wichtig ist, dass diese Angaben nicht nur im Gespräch erwähnt werden, sondern sich auch in den AGBs des Providers wiederfinden.

2. 3 .5 Webdesign

Hauptkriterium für die Auswahl von Designern sind Referenzprojekte, die einen Überblick über die gestalterischen Fähigkeiten und Designvorstellungen des Kandidaten geben. Die Einschätzung der speziellen Kompetenz, Technik, Funktionalität, Inhalt und Ästhetik durch angemessenen Einsatz gestalterischer und programmiertechnischer Mittel zu einem Ganzen zu verbinden, fällt meistens nicht leicht. Dazu kommt, dass sich hinter optisch gut gestalteten Web–Oberflächen in einigen Fällen Abgründe der Programmierung verbergen, die dem Erfolg der Site technische Hindernisse in den Weg stellen.

Im Zweifel: Berater

Im Zweifelsfall kann der Einsatz eines Beraters sinnvoll sein, der die Kompetenz einer Webdesign–Agentur beurteilen kann. Neben der Bewertung von Referenzprojekten ist die Kommunikation mit den Agenturen anzuraten, da die Gestaltungsergebnisse vielfach durch die Wünsche der Kunden bestimmt werden und von den Designern oft wider besseren Wissens umgesetzt werden.

Man sollte in den Sondierungsgesprächen zusätzlich fragen, in welchem HTML–Standard die Seiten programmiert werden und ob verschiedene Browser und Rechnerplattformen benutzt werden, um die erstellten Seiten zu testen. Auch die verschiedenen eingesetzten Multimediaformate und Skriptsprachen geben einen Hinweis auf die Kompetenz der Agentur.

kontinuierliche Zusammenarbeit

Für die Kosten/Nutzen–Abwägung ist auch entscheidend, ob die Web–Präsenz von der Agentur kontinuierlich gepflegt wird und in welchem Umfang Updates im Preis enthalten sind. Daneben ist die Eintragung in Suchmaschinen und Verzeichnisse zu regeln sowie das Angebot weiterer Vermarktungsmethoden, z.B. Bannerschaltungen oder Partnerprogramme, zu erfragen .

2. 3 .6 Service

Kann der Provider Schulungen durchführen, Techniker für Installationsarbeiten stellen oder fertige Hardware/Software Lösungen anbieten? In erster Linie interessieren hier die Erreichbarkeit via Hotline, E–Mail oder Fax, garantierte Antwortzeiten und der Gesamteindruck des Service–Personals.

Je ambitionierter Ihr Projekt ist, desto mehr Antworten sollten Sie erwarten, um sicherzugehen, dass die gestellte Umgebung Ihren Anforderungen entspricht. Auf jeden Fall ist festzustellen, in welchem Zeitraum das Angebot realisierbar ist.

2. 4 Tarifmodelle

Internet–Zugänge für Privatkunden werden in einigen Fällen kostenlos oder im Bundle mit anderen Produkten angeboten. Im geschäftlichen Bereich bestehen derzeit drei Tarifmodelle, wobei fast alle Provider mehrere Modellvarianten zur Auswahl anbieten.

Zeittarife

Der Zeittarif, bisher vorwiegend an Privatkunden der Online–Dienste gerichtet, wird durch Telekommunikationsanbieter, die Internet-Zugang einschließlich Telefongebühren anbieten („Internet by call"), wieder aktuell. Der Zeittarif wird in der Regel nur bei Einwahlverbindungen mit kleinen Bandbreiten angeboten.

Pauschal-angebote

Pauschaltarifangebote richten sich sowohl an Geschäftskunden im Bereich der Standleitungsanbindungen, als auch (zu deutlich reduzierten Preisen) an Privatkunden. Business–Provider versuchen damit vor allem, die außerhalb der üblichen Geschäftszeiten vorhandenen Leitungskapazitäten zu nutzen, wobei die wesentlich höheren Business–Tarife durch höheren verfügbaren Datendurchsatz, skalierbare Angebote, Zusatzleistungen und weitaus umfangreicheren Service gerechtfertigt werden. Zunehmend werden auch Anstrengungen unternommen, Angebote zur „Flatrate" (Internet–Zugang inklusive Telefongebühren zum Pauschalpreis) zu etablieren, die dem Ansturm der meist privaten Kunden standhalten.

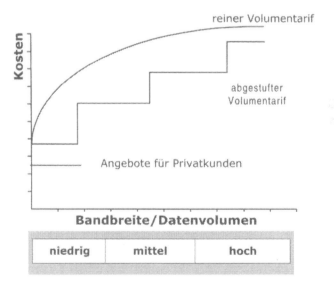

Abbildung 7: Tarifmodellschema

Volumentarife   Volumenbasierte Tarifmodelle werden nach der übertragenen
Datenmenge (IP–Traffic) berechnet. Die Einheit des Datenvolu-
mens ist ein Megabyte (MB), was (in leichter Abweichung von
der informationstechnischen Definition) einer Million Byte entspricht. Volumentarife werden ausschließlich für Standleitungsanbindungen angeboten. Meistens gibt es zusätzlich die Variante
„unlimited", die dem Pauschalmodell entspricht und von der
Bandbreite der Leitung begrenzt wird. Die Gesamtkosten setzen
sich oft aus einer Einrichtungspauschale, einer monatlichen
Grundgebühr und einem volumenabhängigen Anteil zusammen.

Webhosting   Im Webhosting–Bereich sind neben Pauschalangeboten ebenfalls
Tarife   volumenbasierte Tarife üblich. Dabei bildet das durch Seitenabrufe am Webserver generierte Transfervolumen die Berech-
nungsgrundlage. Transfervolumina lassen sich jedoch schwerer
abschätzen als Zugangsvolumen, da hier der kostenerzeugende
Faktor –die Anzahl der Zugriffe auf die Website– kaum be-
grenzbar ist. Dafür werden Transfervolumina meistens zu niedri-
geren Preisen angeboten.

Auch hier kommt zur monatlich zu zahlenden Pauschal– oder
Volumengebühr meist eine Einrichtungspauschale, die den technischen und administrativen Aufwand des Providers bei der
Neueinrichtung decken soll. Für die Registrierung einer Domain
ist, oft neben einer Einmalzahlung, eine Jahresgebühr zu ent-
richten. Weitere Dienste wie die Anmietung von Routern schlagen zusätzlich zu Buche. Schließlich ist eine entscheidende
Preiskomponente die Vergütung für Service und Kundendienst.

Vielfalt an   Das insgesamt komplizierte Preisgefüge wird durch individuell
Angeboten   vereinbarte Preise, Mengenrabatte für Wiederverkäufer, kostenlose werbefinanzierte Angebote und die Konkurrenzentwicklung
auf dem Telekommunikationsmarkt nicht gerade übersichtlicher.
Die meisten Provider schnüren ihre Dienstleistungen daher zu
Komplettpaketen. Fachzeitschriften veröffentlichen regelmäßig
Preisvergleiche der großen Anbieter, denen bestimmte Modell-
konfigurationen (wie z.B. 64 kbps Standleitung, Webserver mit
unbegrenztem Transfervolumen, Domainverwaltung und Einrichtung von zehn Mailboxen) zugrundegelegt werden.

2. 5 Empfehlungen

Den richtigen Dienstleister wählen

Wenden Sie sich bei mittleren und großen Projekten an Business–ISP bzw. Online–Agenturen, die das Spektrum Internet, Intranet, Extranet und E–Commerce abdecken. Insbesondere die Realisierung anspruchsvoller Projekte wie Intranet–Einrichtung, umfassende E–Commerce Lösungen oder Standortvernetzung über ein VPN erfordern umfangreiches Know–How und ausreichende Kapazitäten auf Seiten des Dienstleisters.

Ein Ansprech-partner
Auch wenn der Provider einzelne Leistungen von Partnerfirmen erbringen lässt, liegt der Vorteil für Sie auf der Hand: Der Full Service Provider ist alleiniger Ansprech– und Vertragspartner für alle geschäftlichen, organisatorischen und technischen Belange. Business–ISP sind auch meist an längerfristigen Projektbeziehungen interessiert.

Legen Sie an die Infrastruktur des Providers die üblichen Maßstäbe für EDV–Systeme an: Sicherheit, Zuverlässigkeit, Performance, Skalierbarkeit und Kosten/Nutzen–Relation. Der Einsatz spezialisierter Anbieter ist sinnvoll, wenn hochindividuelle Lösungen gefunden werden müssen. Achten Sie beim Angebot von Anfang an auf skalierbare Lösungen, die Ausbaufähigkeit und Zukunftssicherheit versprechen.

Designer-kriterium: Referenzen
Für die Auswahl einer Webdesign–Agentur sind neben dem oben genannten Kriterium der Referenzprojekte vor allem Fragen zum Umfang des Angebots und zum Projektablauf zu klären. So früh wie möglich sollte die Gestaltung von Angebotsentwürfen vereinbart werden, die über den weiteren Verlauf der Zusammenarbeit entscheiden.

Eine stabile Anbindung ermöglichen

Router statt PC
Personal Computer lassen sich theoretisch über einen Proxyserver als Internetzugangspunkt einrichten. Wenn Sie mehrere Arbeitsplätze an das Internet anbinden, führt dies jedoch häufig zu einer instabilen, mit hohem Aufwand verbundenen Lösung. Daher lohnt es sich, in einen eigenen Router zu investieren oder ein Gerät vom Provider anzumieten; bei Standleitungsverbindungen ist ein Mietgerät meist im Preis enthalten. Wenn Sie den

Router vom Provider anmieten oder kaufen, bekommen Sie eine anschlussfertige Lösung. Das Gerät wird vom Provider vorkonfiguriert, so dass lediglich der Anschluss an das LAN und die Telefonleitung bzw. ISDN–Anlage nötig ist. Dies stellt gegenüber der PC–Lösung eine zeitsparende und nervenschonende Alternative dar.

Testen, dann kaufen

Testen Sie die Angebote des Providers, soweit möglich, bevor Sie den Vertrag unterschreiben. Lassen Sie sich beispielsweise einen Probezugang einrichten. Werfen Sie bei dieser Gelegenheit einen kritischen Blick auf die Web–Präsenz der Kandidaten. Dort finden Sie unter anderem AGBs, Details zu Angeboten und Dienstleistungen und Informationen zur Netzinfrastruktur. Auch sollte die Gestaltung der Website nicht Anlass zu der Befürchtung geben, der Provider nehme es in technischen Dingen nicht so genau. Für Webhosting–Projekte ist es sinnvoll, die Ladezeiten von Sites einiger Kunden des Anbieters zu testen. Sehen Sie sich Referenzprojekte von Webdesignern an.

Gesamtkostenstruktur offen legen

Legen Sie gleich zu Beginn die Gesamtkostenstruktur offen: Einrichtungspauschale, monatliche Fixkosten, Verbindungskosten, Traffic–Gebühren, Update–Kosten, Hotline. Vergleichen Sie Zeittarife, Volumentarife und Pauschalangebote. Zeitbasierte Tarifmodelle weisen mehrere gravierende Nachteile auf. So ist die online verbrachte Zeit in der Regel nicht kalkulierbar. Bei Preismodellen, die Telefongebühren beinhalten, können in der Regel keine Sondertarife und Rabatte der Telefongesellschaften in Anspruch genommen werden. Als Hauptargument gegen den Zeittarif ist das umgekehrte Verhältnis von Preis und Leistung zu nennen: schlechte Leitungsqualität und die damit verbundenen längeren Wartezeiten treiben den Preis in die Höhe. Rechnen Sie auf jeden Fall Modelle mit verschiedenen Online–Zeitspannen durch.

Kontrolle des Daten- volumens

Der von Provider–Kunden oft beklagten mangelnden Transparenz und Kalkulierbarkeit von Volumengebühren ist relativ leicht zu begegnen: die übertragene Datenmenge lässt sich exakt protokollieren. Zudem bekommen Sie auf Anfrage von den meisten Providern eine genaue Aufstellung der Verbindungsdaten (IP–Einzelnachweis). Für den Kunden ist es wichtig, bei rapide

zelnachweis). Für den Kunden ist es wichtig, bei rapide steigenden Übertragungsmengen frühzeitig zu reagieren und gemeinsam mit dem Provider die Ursache zu klären. Bei Standleitungsanbindungen mit hohen Bandbreiten sind Volumenmodelle üblich. Wenn Sie variable Kosten scheuen, so sollten Sie zumindest
überprüfen, ob Festpreise durch lange Mindestvertragslaufzeiten
erkauft werden müssen („Fitnessstudio–Verträge").

Projektplan erstellen

Legen Sie fest, welche Arbeiten im eigenen Haus durchgeführt
werden können und sprechen Sie das Projekt mit dem
Dienstleister gründlich durch. Klären Sie frühzeitig die zeitliche
Realisierbarkeit, und bestimmen Sie von Anfang an Ansprechpartner auf beiden Seiten für den weiteren Projektverlauf.

Technische
Projekte
Internet–Anbindung, Verwaltung von Domains und IP–Adressen
und die technische Betreuung der Netzwerkstrukturen und Webserver werden in vielen Fällen komplett vom Provider übernommen. Handelt es sich um ein umfangreicheres IT–Projekt,
wie die Umstellung eines Legacy–Netzwerkes zu einem Intranet,
ist in der Planungs– und Einführungsphase oft ein Einsatz externer Berater notwendig, die die entsprechenden Dienstleiter vermitteln können. Viele Unternehmen verfügen inzwischen über
eigene Internet– und Intranetabteilungen: eine Investition, die
hohe Zukunftssicherheit verspricht.

Projektablauf
Design
Die Zusammenarbeit mit einer Design–Agentur kann sich an
dem folgenden Schema orientieren, wobei die genaue Reihenfolge des Ablaufs zu Beginn jedes Projekts individuell vereinbart
werden muss:

1. grobe Anforderungsanalyse, Vorgespräch, Aufwandsein-
   schätzung

2. Erarbeitung eines oder mehrerer alternativer Konzepte

3. Konzeptpräsentation

4. Auswahl und Konzeptannahme (Vorvertragsabschluss)

5. Verfeinerung der Anforderungen, Pflichtenheft

6. Vertragsabschluss

7. Produktion

8. eventuelle Zwischenabnahmen

9. Endabnahme

Gestaltung und Programmierung

Online–Layout kann heute zu einem gewissen Anteil durch Designwerkzeuge realisiert werden, wobei gutes Design in jedem Fall zusätzliche Handarbeit erfordert. In die Erstellung einer Web–Präsenz fließen zunehmend Programmierarbeiten (z.B. Datenbankanbindung, Integration von E–Commerce Lösungen) ein.

Mit zunehmender Komplexität des Projekts bildet eine intensive Kommunikation zwischen Dienstleister und Kunde, die Fixierung von zeitlich festgelegten Zwischenzielen im Projektplan und die Bereitschaft, auf neue Entwicklungen im Projektverlauf einzugehen, eine gute Ausgangsbasis für den Projekterfolg.

Budget fordern

Hauptkriterium: Qualität

Seien Sie generell misstrauisch gegenüber Billigangeboten. Die Strategie einiger ISP, durch unwirtschaftlich kalkulierte Tiefstpreise Marktanteile abzujagen, hat in vielen Fällen zu verstopften Leitungen, ärgerlichen Kunden und roten Zahlen geführt. Wenn Ihre Budgeterwägungen zu einem äußerst günstigen Internet–Angebot raten, sollten Sie sich vorher ausführlich in Fachzeitschriften informieren.

Ein Provider, der in seine Infrastruktur investieren und das eigene Backbonenetz kontinuierlich ausbauen kann, bietet meistens weitaus bessere technische Qualität und umfangreicheren Service. Im Gesamtbild ist der Internet–Zugang in Deutschland immer noch zu teuer. Dies gilt jedoch vor allem bezüglich der Telefongebühren und Kosten für den Datenverkehr auf den Backbones. Da die Preise in diesen Bereichen bei zunehmender Konkurrenz der Netzanbieter stetig fallen, ist insgesamt eine positive Entwicklung im Preisbereich zu erwarten.

Kosten für Design

Etablierte Webdesign–Agenturen verlangen Preise, die Ihnen eventuell den Atem nehmen; vor allem, wenn ein Nachbar Ihnen versprochen hat, Sie auch für einen Minimalbetrag „ins Internet zu bringen". Erstklassiges Design hat jedoch seinen Preis. Für Unternehmen, deren Werbebudget Spielraum für TV–Werbung und umfangreiche Anzeigenkampagnen in Printmedien lässt, ist die Zusammenarbeit mit einer Spitzenagentur unverzichtbar. Als günstigere Alternative haben sich auch in Deutschland zahlreiche Agenturen gegründet, die von kreativen Jungdesignern bevölkert werden und äußerst attraktive Websites gestalten.

Vertragslaufzeiten beachten

Binden Sie sich am Anfang so kurz wie möglich. Bei einigen Providern ist eine lange Mindestvertragslaufzeit Bestandteil der Kalkulation. Wählen sie ein längerfristiges Angebot nur, wenn Sie die Leistungen vorher einer kritischen Überprüfung unterziehen konnten. Üblich sind längere Kündigungsfristen bei Einrichtung von Standleitungen. Einfache Einwahlzugänge oder Web–Angebote sollten zumindest zum Monatsende kündbar sein.

rechtzeitiger Wechsel

Bedenken Sie, dass ein Wechsel des Dienstleisters nach längerer Vertragslaufzeit aufgrund der wachsenden Integration von Geschäftsprozessen zunehmend höhere Kosten verursacht. Achten Sie daher besonders am Anfang der Zusammenarbeit auf die Qualität der gebotenen Dienstleistungen und zögern Sie nicht, im Ernstfall auf einen anderen Anbieter umzusteigen.

2. 6 Providerwechsel

Einige gute Gründe, ihrem bisherigen Provider Lebewohl zu sagen, sind hohe Kosten, häufige Serverausfälle oder fehlende Reaktion auf Anfragen. Ein gut geplanter Providerwechsel kann reibungslos vonstatten gehen, wenn Sie folgende Punkte beachten.

Legen Sie einen Zeitplan für den „Umzug" fest. Planen Sie dabei Datentransfer, Domainübertragung und die Einrichtung der Serverdienste am neuen Ort. Planen Sie auch eine großzügig bemessene Überlappungsphase ein, in der alter und neuer Zugang parallel existieren, um in dieser Zeit alle notwendigen Anpassungen vorzunehmen. Lassen sie sich die Kündigung schriftlich bestätigen und beachten Sie dabei die Kündigungsfristen.

E–Mail– Nachsendung

Ein einfacher Internet–Zugang sollte problemlos zu wechseln sein. Wichtig ist nur, dass E–Mail Postfächer geleert werden und alle Kommunikationspartner von dem Wechsel informiert sind.

Ein guter Provider bewahrt E–Mail eine gewisse Zeitspanne nach Vertragsende auf und sendet diese abschließend im Paket zu. Noch besser ist es, wenn vertraglich eine befristete Weiterleitung vereinbart wurde. Nutzen Sie diese Zeit, um jeden Ihrer Ansprechpartner über die neue E–Mail Adresse zu informieren. Dies sollte vom neuen Zugang aus geschehen, damit Antworten via Reply–Funktion an die neue Anschrift gelangen.

Umzug einer Website

Beim Umzug einer Website ist ein rechtzeitiger Transfer der Dateien wichtig. Wenn der aktuelle Zustand der Site im Haus bzw. bei der Agentur vorliegt, lassen sich die Seiten einfach neu aufspielen. Wichtig ist, anschließend die Funktionalität von Skripten zu überprüfen, da die neue Server–Umgebung gravierend von der alten Situation abweichen kann.

Falls ihre Web–Präsenz bisher unter einer Adresse des Providers erreichbar war und keine eigene Domain besaß, sind umfangreichere Änderungen nötig. Ist die Site bereits in Verzeichnisse und Suchmaschinen eingetragen, verweisen diese nach dem Umzug ins Nichts. Eventuell kann mit dem alten Provider eine automatische Weiterleitung vereinbart werden. Zusätzlich müssen in diesem Fall auch alle Werbemittel, Visitenkarten und das Briefpapier geändert werden. In den meisten Fällen läuft die Site unter einer eigenen Domain, was aufwendige Anpassungsarbeiten überflüssig macht.

Domain–Transfer

Bei dem Transfer einer Domain spielen vier Parteien mit: der Kunde, der alte Provider, der neue Provider und die Domainregistrierungsstelle. Der Umzug läuft nach folgendem Schema ab:

1. Der Kunde schließt einen Vertrag mit dem neuen Provider und kündigt den alten Vertrag schriftlich bzw. per Fax.

2. Der neue Provider stellt einen Antrag zur „Konnektivitätskoordinierung" (KK–Antrag) bei der Domain–Registrierungsstelle. Diese leitet den Antrag an den alten Provider weiter.

3. Der alte Provider bestätigt den Antrag. Hierzu muss meistens ein Fax oder Schreiben zur Kündigung vorliegen.

4. Die Registrierungsstelle verschickt die Bestätigung an den neuen Provider und aktualisiert die entsprechenden Daten-

bankeinträge. Schließlich muss der neue Provider die eigenen Serverkonfigurationen anpassen.

5. Ab diesem Zeitpunkt werden Web–Präsenz und E–Mail Weiterleitung über den neuen Provider abgewickelt.

Das Zusammenspiel zwischen den verschiedenen Parteien kann durchaus einige Zeit in Anspruch nehmen. Länger als zehn Tage sollte ein Umzug jedoch nicht dauern.

Umzugs-
experten

Falls Sie über eigene Router verfügen, ist eine Umstellung von Wähl– bzw. Festverbindungen relativ einfach zu bewerkstelligen. Im Fall mehrerer Standleitungen oder umfangreicher Anbindungsmodelle ist der Providerwechsel stark von den individuellen Gegebenheiten abhängig und muss mit Hilfe von Experten geplant und durchgeführt werden. Es ist zu hoffen, dass die in diesem Kapitel angegebenen Hinweise dazu beitragen, derartige Situationen zu vermeiden. In jedem Fall ist ein Umzugsplan in der Schublade die beste Voraussetzung für einen reibungslosen Wechsel.

3 Projekt Internet

3.1 Überblick

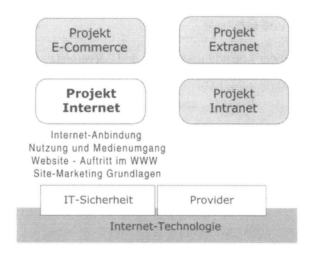

Abbildung 8: Projekt Internet

Anbindung

Der erste konkrete Planungspunkt eines Internet–Projekts ist die Wahl des geeigneten Netzzugangs. Während Privatleute vorwiegend über Wählleitungen im Internet „surfen", stellt sich für Firmen eher die Frage nach einer Festverbindungsvariante, die den permanenten Zugriff auf Internet–Inhalte und die Einrichtung von Serverdiensten im eigenen Netz ermöglicht. Dazu werden im Folgenden zunächst drei Anbindungsmodelle betrachtet, die gleichzeitig einen wachstumsbegleitenden Migrationspfad darstellen können.

Internet– Nutzung

Anschließend werden Aspekte der Nutzung des Internet als Informationsquelle und Kommunikationsmedium diskutiert. Der geschäftliche Nachrichtenaustausch per E–Mail erfordert zudem die Berücksichtigung einiger medienspezifischer Besonderheiten. Die Hinweise zum Medienumgang sollten als Vorschläge für eine

41

firmeninterne Regelung des Umgangs mit E–Mail und WWW verstanden werden.

WWW–Site   Der dritte Abschnitt befasst sich mit dem Auftritt des Unternehmens im World Wide Web, der vorwiegend unter dem Gesichtspunkt eines kontinuierlichen Engagements betrachtet wird. Die Erweiterbarkeit einer WWW–Site stellt sicher, dass diese die Ausgangsbasis für die spätere Integration von Extranets und E–Commerce–Applikationen bilden kann.

3. 2 Anbindung und Einstieg

3. 2. 1 Planung der Anbindungsvariante und Serverplatzierung

Während ein versuchsweiser „Einstieg ins Internet" meist schnell realisiert ist, setzt eine vernünftige technische Anbindung der eigenen Firma an das Internet einige Planung voraus. Ziel ist eine von Anfang an ausbaufähige Lösung, die Bestandteil eines durchdachten Gesamtkonzepts ist und hohe Umstellungs- und Folgekosten vermeidet. Konzeption und Durchführung der Anbindung werden in der Regel in Zusammenarbeit mit Internet–Providern und Systemhäusern geleistet. Dabei sind einige Planungskriterien zu betrachten, die vor der Auswahl einer Anbindungsvariante stehen:

- Die Anzahl der Arbeitsplätze, die Internet–Zugang und E–Mail erhalten sollen. Dabei sollte zusätzlich eine sechsmonatige und zwölfmonatige Projektion berücksichtigt werden.

Datenauf-
kommen
- Das zu erwartende durchschnittliche Datenaufkommen pro Arbeitsplatz: Hierbei ist für die Informationsrecherche im WWW und Kommunikation per E–Mail eine relativ geringe Datenbandbreite bei häufigem Verbindungsaufbau anzusetzen. Die Übertragung großer Datenmengen, wie sie beispielsweise bei WWW–basierten Videokonferenzen oder beim Dateitransfer im graphischen Gewerbe oder bei Konstruktionsbetrieben anfallen, erfordern dagegen eine sporadisch anfallende höhere Bandbreite. Einen Überblick über einige Zugangsvarianten gibt folgende Tabelle:

Tabelle 2: Anbindungsvarianten

Zugangsart	Bandbreite
Einwahl über Modem	bis zu 56 kbps
Einwahl über ISDN	64 kbps mit Kanalbündelung 128 kbps
Einwahl über DSL	Minimum: 768 kbps mit 128 kbps Rückkanal höhere Bandbreiten möglich
Standleitungen	typische Bandbreiten: 64 kbps, 128 kbps, 2 Mbps Hochgeschwindigkeitsanbindungen bis zu 622 Mbps möglich (je nach Datenübertragungstechnik)
Funkstrecken	typische Bandbreiten: 128 kbps, 512 kbps, 2 Mbps
Broadcast–Verfahren, z.B. über Satellit	typische Bandbreiten: 400 kbps, 4 Mbps (skyDSL)

Ausstattungs-bedarf

- Der Bedarf an Client–Ausstattung für die Online–Arbeitsplätze. Hierzu zählt die Browser–Suite (Webbrowser, E–Mail und FTP–Client) und Zusatzprogramme wie Konferenzsoftware, Kryptographieprogramme und Virenschutz. Die meisten dieser Programme werden bei den heute gängigen Betriebssystemen mitgeliefert oder sind für einen Testzeitraum kostenlos als Shareware erhältlich. Einige kommerzielle Anbieter bieten ebenfalls Client–Programme an. Falls –das entsprechende Know–How vorausgesetzt– Inhaltsaktualisierung oder Webdesign im Haus selbst erstellt werden, sind zusätzlich entsprechende Applikationswerkzeuge notwendig.

LAN–Anbindung

Falls Serverdienste aus dem eigenen Netz angeboten werden sollen, ist die Minimalausstattung ein TCP/IP fähiger Einzelrechner, der an das Internet angebunden wird. In vielen Fällen ist jedoch bereits eine interne LAN–Struktur vorhanden, welche die TCP/IP Netzwerkprotokolle verwendet oder durch zentrale Konfiguration angepasst werden kann. Ein LAN wird über Router mit dem Internet verbunden, wobei die Entscheidung nach Kapazitätsgesichtspunkten zwischen Wählzugang (Dial–on–Demand Verfahren) oder Festverbindung getroffen wird. Einige Router

43

unterstützen beide Varianten, so dass bei einem Umstieg keine zusätzlichen Hardwareinvestitionen notwendig sind.

IP–Konfiguration

Für kleinere LANs, die bereits über ein aktuelles Netzwerkbetriebssystem verfügen, ist die Konfiguration von TCP/IP meist schnell erledigt und kann in der Regel von einem Full–Service–Provider geleistet werden. Ein wichtiges Kriterium dabei ist die Vergabe von IP–Adressen. In vielen Fällen hat es sich als vorteilhaft herausgestellt, den Rechnern im Netz private IP–Adressen zuzuteilen. Lediglich der Verbindungsrouter erhält eine öffentliche, aus dem Internet zu erreichende Adresse. Der Router leistet die Adressumsetzung und die Verteilung der Datenpakete an die einzelnen Rechner im Netz. Außerdem wird für das interne Netz ein vom Internet getrennter Namensdienst (DNS) eingerichtet.

Die Umstellung großer LANs erfordern grundsätzlich den Einsatz von Spezialisten, die im Vorfeld eine detaillierte Planung unter Einbeziehung von Änderungen der LAN–Struktur sowie technischer Netzkonzeption erstellen.

Server–Ausstattung

Bei der Einrichtung von Serverdiensten ist auf eine ausreichende, den Anforderungen angepasste Ausstattung zu achten. So sind gängige Personal Computer in der Regel nicht für den Serverbetrieb (stabiler 24–Stunden Einsatz unter hoher Auslastung) konzipiert. Die Serversoftware ist sowohl von kommerziellen wie auch von nichtkommerziellen Anbietern zu erhalten. Ein weit verbreiteter Webserver ist beispielsweise Apache, der mit einem speziellen Lizenzmodell (GNU Public License) versehen ist und kostenlos aus dem Internet bezogen werden kann. Im Lieferumfang der gängigen Betriebssysteme sind bereits einige Serverapplikationen enthalten. In die Planung einbezogen werden muss auch eine personell und technisch ausreichend ausgestattete Netzwerkverwaltung.

Schulungs-bedarf

Ein zentraler Punkt in der Vorbereitungsphase ist die Schulung der Mitarbeiter, insbesondere im Umgang mit Browser und E-Mail Client. Da diese Programme einen hohen privaten Nutzungsgrad aufweisen und in der Regel intuitiv zu bedienen sind, sollte der Aufwand im Vergleich zu proprietären Applikationsprogrammen geringer sein. Jedoch ist die praktische Vermittlung der grundlegenden Anwendungskonzepte ein kritischer Faktor für die effiziente Nutzung der Internet–Technologie (siehe auch Abschnitt 3.3).

3. 2. 2 Anbindungsszenarien

Mit ausreichenden Daten versehen kann ein geeigneter Internet–Dienstleister leicht eine den Umständen angepasste Lösung anbieten. Die folgenden Szenarien sollen dazu dienen, Sie mit einigen typischen Anbindungsmodellen vertraut zu machen. Sie geben dabei keineswegs eine bindende Struktur vor, können jedoch auch als Entwicklungspfad angesehen werden, der Sie mit zunehmendem Engagement in das Internet–Business begleitet.

Einstiegsmodell

Dieses einfache Modell eignet sich vor allem für freiberuflich Tätige und kleine Firmen, die den Einstieg ins Internet planen und selbst wenige technische Ressourcen zu Verfügung haben. Es entspricht in Grundzügen einem Zugang für Privatkunden.

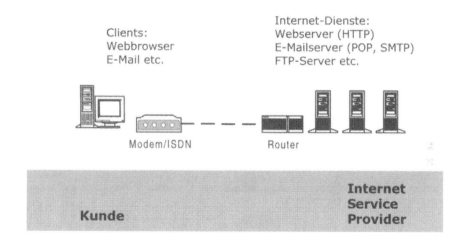

Abbildung 9: Einwahlverbindung

ISDN–Einwahl Die Anbindung besteht hier aus einer Wählleitung (Modem bzw. ISDN), die vom eigenen PC zum Einwahlknoten des Providers eingerichtet wird. Auf den Rechnern des Providers werden eine oder mehrere Mailboxen sowie ein virtueller Webserver eingerichtet. In einer Mailbox werden E–Mail Nachrichten beim Provider zwischengespeichert und bei jedem Verbindungsaufbau auf den eigenen Rechner übertragen. Bei der Einwahl wird dem ei-

45

genen Rechner normalerweise die IP–Adresse dynamisch zuge-
wiesen. Die Nutzung einiger Internet–Dienste erfordert jedoch
eine statische Adresse, die über den Provider beantragt werden
kann.

Domain   Der Provider beantragt auch die gewünschte Domain (wie z.B.
www.projektleitfaden.de) und richtet auf Wunsch zusätzliche E–
Mail Aliase ein. Durch Aliase ist die Erreichbarkeit unter unterschiedlichen Mail–Adressen möglich. Optional lassen sich auch
Faxdienste ansprechen oder über ein GSM–Gateway die Ankunft
von E–Mail auf dem Mobiltelefon anzeigen.

mittleres, sporadisches Datenaufkommen

Dieses Modell ist für Firmen geeignet, die über kleinere Netzwerke verfügen und keine ständige Verbindung zum Internet
benötigen. Gleichzeitig sind E–Mail–Nutzung und Internet–Zugang von mehreren Arbeitsplätzen aus möglich.

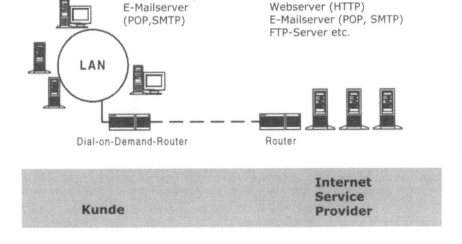

Abbildung 10: Dial–on–Demand

automatische Einwahl
Die Verbindung wird mit einem Zugangsrouter als Dial–on–Demand Verbindung eingerichtet. Wenn aus dem LAN eine Zieladresse angesprochen wird, die außerhalb des eigenen Netzes liegt, baut der Router automatisch eine Verbindung ins Internet auf und nach Beendigung der Übertragung wieder ab.

Callback
Zum Empfang eingehender Datenpakete wird dabei oft ein Verfahren angewendet, bei dem der Router auf Seiten des Providers die Ankunft eines Datenpakets signalisiert, während die eigentliche Datenverbindung durch den eigenen Router geöffnet wird (Callback).

Bei geringeren Bandbreiten sind vorwiegend ISDN–Router im Einsatz, die auch Kanalbündelung unterstützen. Bei allen Rechnern im lokalen Netz, die Internet–Dienste nutzen sollen, muss das TCP/IP Protokoll implementiert und aktiviert sein. Für die eigenen Rechner werden private IP–Adressen vergeben, die über das Dynamic Host Configuration Protocol (DHCP) automatisch von einem Server bezogen werden können.

privates IP–Netz
Oft erhält nur der Router eine aus dem Internet erreichbare, öffentliche Adresse. Dadurch werden die eigenen Hosts vor direkten Angriffen aus dem Internet effektiv abgeschirmt. Der Router stellt die Übersetzung zwischen privaten und öffentlichen Adressen her (IP–Masquerading bzw. Network Address Translation). Zusätzlich ist die Implementierung weiterer Sicherheitsmaßnahmen durch eine Firewall notwendig (siehe Abschnitte 7.4 und 7.5).

E–Mail Transport
Für den Transport von eingehender E–Mail existieren zwei Varianten: entweder werden die Mailboxen auf dem Server des Providers periodisch abgefragt (polling) oder der Provider leitet die E–Mail automatisch in das Zielnetz weiter (SMTP–Forwarding). Im zweiten Fall ist ein eigener Mailserver für die Verteilung an die einzelnen Arbeitsplätze verantwortlich. Zur Kostensenkung kann zusätzlich ein Proxyserver im internen Netz installiert werden, der die aus dem Internet angeforderten Daten lokal zwischenspeichert und dadurch die Anzahl der Verbindungsvorgänge reduziert.

Da der Webserver kontinuierlich aus dem Internet erreichbar sein muß, wird dieser beim Provider eingerichtet. Dabei sind zwei Alternativen üblich:

Virtuelle Server

Die meisten Webserver–Programme können so konfiguriert werden, dass sie unter mehreren Adressen bzw. Domain–Namen angesprochen werden können. Dadurch lassen sich auch mehrere Web–Angebote auf einem Host parallel betreiben. Ein virtueller Server besitzt einen eigenen Verzeichnisbaum, in dem HTML–Dateien, Grafiken und Skripte abgelegt werden, und lässt sich auch individuell konfigurieren (beispielsweise können Zugriffsrechte für einzelne Verzeichnisse festgelegt werden). Solange die Web–Präsenz ohne Anbindungen an Datenbanken oder ähnliche Hintergrundsysteme auskommt, sind virtuelle Server die geeignete Lösung. Eventuell stellt der Provider die Einrichtung eigener Datenbanken in einem Datenbanksystem als Option zur Verfügung.

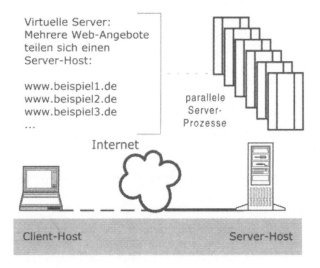

Abbildung 11: Virtuelle Server

Dedizierter Server–Host

Für ambitionierte Projekte ist es sinnvoll, einen eigenen Rechner, auf dem Webserver, Datenbank, E–Commerce Lösungen und andere Dienste installiert sein können, beim Provider unterzustellen (Server–Housing).

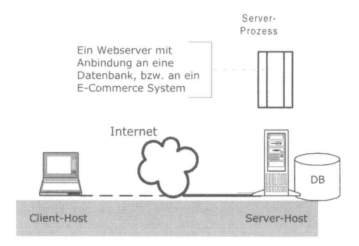

Server-
Prozess

Ein Webserver mit
Anbindung an eine
Datenbank, bzw. an ein
E-Commerce System

Internet

Client-Host

Server-Host

DB

Abbildung 12: Dedizierter Server–Host

Der Vorteil dieser Lösung liegt darin, dass der Webserver um beliebige Serverdienste ergänzt werden kann und der Kunde die freie Auswahl bei Hardware, Betriebssystem und Anwendungsprogrammen hat. Zudem bieten einige Provider relativ ausfallsichere Umgebungen an. In den meisten Fällen werden bei umfangreicheren Projekten, wie z.B. Datenbankanbindungen, die eigenen Rechner beim Provider untergebracht.

konstant hohes Datenaufkommen

**Standleitungs-
anbindung**
Übersteigen Datenmenge und Verbindungsfrequenz eine kritische Grenze, wird es sinnvoll, das eigene Netz über eine Festverbindung permanent an das Internet anzuschließen. Das Hauptkriterium für die permanente Anbindung ist die Tatsache, dass aus dem eigenen Netz dann neben dem eigenen WWW–Server beliebige Serverdienste angeboten werden können. Die interne Verteilung von E–Mail wird über den eigenen Mail–Server abgewickelt. Die im letzten Abschnitt genannten Alternativen in

Bezug auf E–Mail Dienste und Servereinrichtung fallen also zu Gunsten der Varianten SMTP–Forwarding und dedizierter Server–Host aus.

**Standort-
Kriterien**

Der Standort von Server–Hosts kann dabei immer noch frei gewählt werden, wobei für die Abwägung einige Kriterien berücksichtigt werden müssen:

- Kritische Daten und Prozesse, wie sie bei der Anbindung von Warenwirtschaftssystemen entstehen, sind komplett im eigenen Haus. Dazu zählen Kundendaten, Abrechnungsinformationen und Protokolldateien.

- Kosten für Server–Housing und –Betreuung entfallen. Serviceverträge machen oft einen größeren Kostenanteil aus als die technischen Kerndienstleistungen. Der kritische Punkt ist hier die Frage, ob das Know–How im eigenen Haus vorhanden ist beziehungsweise aufgebaut werden soll.

- Im eigenen Netz können Hardware und Software ohne Abhängigkeit vom Dienstleister administriert werden. Sind regelmäßige Erneuerungen bzw. Ergänzungen notwendig, bleiben die ansonsten notwendigen Fahrten ins Rechenzentrum des Providers erspart.

Langfristig gesehen ist die Investition in das eigene Netzwerk besonders im Hinblick auf den Einsatz von Intranet und Extranets eine nicht zu unterschätzende Maßnahme für die Sicherung der Zukunftsfähigkeit des Unternehmens. Eventuell werden beim Einsatz von Servern im eigenen LAN jedoch hohe Investitionen erforderlich, die eine Standortentscheidung zugunsten des Providers ausfallen lassen. Falls dieser außerdem über eine hochperformante Infrastruktur verfügt, die den unterbrechungsfreien Betrieb und hohe Sicherheit garantiert, kann Server–Housing im Netz des Providers die bessere Alternative darstellen.

**Sicherheitsan-
forderungen**

In jedem Fall wird mit der permanenten Verbindung die Installation einer Firewall–Lösung unumgänglich, die neben den oben angesprochenen Abschirmungstechniken (IP–Masquerading, Network Address Translation) erweiterte Sicherheitsmechanismen wie das Filtern von Datenpaketen und die Abwehr unautorisierter Verbindungsversuche ermöglicht. Es empfiehlt sich, eine zusätzliche Backup–Wählleitung einzurichten, die bei einem Ausfall der Standleitung automatisch einspringt. Um die Verfügbarkeit von Serverdiensten zu garantieren, sind technische Maßnahmen wie der Betrieb einer unterbrechungsfreien Stromversorgung (USV) ebenfalls Pflicht.

Größere Unternehmen, die verschiedene Abteilungen mit dem Internet verbinden, benötigen komplexere Anbindungskonzepte, die von Spezialisten individuell ausgearbeitet werden müssen. Eine mögliche Variante ist die Vernetzung räumlich getrennter Standorte über das Internet. Niederlassungen, Filialen und mobile Mitarbeiter können über ein Virtual Private Network (VPN) verbunden werden (vgl. Abschnitt 4.9.3).

3. 3 Internet–Nutzung: Recherche und Kommunikation

3. 3. 1 Informationsrecherche im Internet

Der Unterschied zwischen „Surfen" im World Wide Web und gezielter Informationsrecherche und –beschaffung verschwimmt oft im täglichen Umgang mit dem Internet. Während das Internet zeit– und kosteneffizienten Zugriff auf relevante Daten und Informationen durchaus ermöglicht, klagen immer mehr geschäftliche Nutzer über eines der folgenden Kernprobleme: Unklarheit über den Weg zu Informationen, Zeitmangel und Informationsüberangebot. Die nächsten fünf Schritte können als Anhaltspunkte im Rahmen eines Schulungskonzepts dienen und bei der Bewältigung der Informationsflut helfen:

Schritt 1: Umgang mit Client–Programmen

Browser–Suite   Clients für E–Mail, News und direkte Kommunikation (Chat bzw. Messenger–Komponente) sind mit den Webbrowser zu einer sogenannten Browser–Suite, gebündelt. Der Umgang mit diesem Programmpaket sollte nach relativ kurzer Eingewöhnungszeit vertraut sein. Dazu gehört beim Browser beispielsweise der Einsatz von History–Funktion (Verlauf der besuchten Websites), Bookmarks (Lesezeichen) und Offline–Reading, bei dem Inhalte auf die lokale Festplatte übertragen und später in aller Ruhe gelesen werden können.

Sie werden die zeitliche Investition später zu schätzen wissen, wenn Sie im Internet und Intranet über die einheitliche Browseroberfläche auf Anwendungen, Dokumente und Daten unabhängig von Ort und Rechnerplattform effizient zugreifen können.

Um den sicheren Austausch vertraulicher Daten über das öffentliche Internet zu gewährleisten, beispielsweise über verschlüsselte E–Mail, ist der souveräne Umgang mit Kryptographieprogrammen notwendig.

Schritt 2: Anlegen einer Themenübersicht

Stellen Sie eine Ihrem Informationsbedarf entsprechende Themenübersicht auf. Suchen Sie über Presse oder Online–Verzeichnisse bekannte WWW–Adressen auf und informieren Sie sich über Gestaltung und Angebote dieser Sites. Stellvertretend für die zahllosen Möglichkeiten sind hier einige Beispiele genannt:

- Adressen

- Börsenkurse

- Fachkräftemärkte

- Firmenprofile

- Konjunkturdaten

- Marktforschungsanalysen

- Marketingstudien

- Mediadaten

- Nachrichten, insbesondere Wirtschaftsnachrichten

- Pressemitteilungen

- Produkte und Investitionsgüter

- Software

- Statistiken

- Technische Informationen

- Unternehmensdarstellungen, vor allem die Web–Auftritte von Unternehmenspartnern und Konkurrenz

Schritt 3: Verwendung von Suchmaschinen

Die meisten Adressen im WWW werden über Suchmaschinen, Verzeichnisse, Werbung, Verlinkung von anderen Sites und Mundpropaganda gefunden. Machen Sie sich mit den wichtigsten Suchmaschinen und Verzeichnissen im WWW vertraut. Während Suchmaschinen in regelmäßigen Abständen Programme („Crawler", „Spider" bzw. „Robots") ins Internet schicken, die WWW–Sites automatisch indizieren, unterhalten Verzeichnisdienste redaktionelle Teams, die Sites besuchen und in die Link–Kataloge aufnehmen.

Anleitungen von Suchmaschinen
Nehmen Sie sich bei Suchmaschinen die Zeit, um die Anleitungen zur Suchworteingabe zu lesen. Dies ist vor allem wichtig, wenn spezifische Informationen gefunden werden sollen (beispielsweise alle Autohändler in Bergisch–Gladbach, die eine bestimmte Kraftfahrzeugsmarke führen). Es ist eine bekannte Tatsache, dass eine Vielzahl von Websites nicht in den Datenbanken der Suchmaschinen auftauchen. Den Bemühungen der Betreiber steht das ungebremste Wachstum des WWW entgegen.

Etablierte Unternehmen sind meistens unter den eigenen Firmen- bzw. Produktnamen aufzufinden. Metasuchmaschinen sind Programme bzw. Angebote im Web, die mehrere Suchmaschinen parallel abfragen, und können eine gute Hilfe bei der Recherche darstellen.

Schritt 4: Einrichtung einer Bookmark–Sammlung

Browser bieten die Möglichkeit zur Einrichtung einer aktualisierten und gepflegten Bibliothek von WWW–Adressen. Legen Sie daher kontinuierlich hierarchisch gegliederte Bookmark–Verzeichnisse an. Die im WWW gefundenen Bookmarks lassen sich durch die Adressen, die regelmäßig in Zeitschriften oder auf CD–ROM veröffentlicht werden, ergänzen. Thematisch gegliederte Verzeichnisse von Bookmarks können in Textdateien exportiert und im unternehmenseigenen Intranet Mitarbeitern zur Verfügung gestellt werden. Browser ermöglichen es außerdem, die gesammelten Links automatisch zu überprüfen und anzuzeigen, wenn die durch ein Bookmark referenzierte Quelle nicht mehr existiert.

Schritt 5: Nutzung weiterer Internet–Dienste

Die Begriffe „World Wide Web" und Internet werden oft synonym gebraucht. Das WWW ist aber nur einer von mehreren Internet–Diensten, die als Informationsquellen in Frage kommen können. Dies sind vor allem Newsletter, Mailing–Listen und Newsgroups. Newsletter sind E–Mail Abonnements, die von zahlreichen Firmen und Organisationen angeboten werden. Die regelmäßig versandten Informationen können nach einer automatisierten Anmeldung bezogen werden. Einige Newsletter enthalten vorwiegend Werbung, die jedoch für Produkteinkauf und Mitbewerberanalyse durchaus interessant sein kann. Mailinglisten sind moderierte Diskussionsforen via E–Mail. Jeder Teilnehmer kann Beiträge an ein Verwaltungsprogramm (Listserver) senden, das die Nachricht anschließend an die anderen Bezieher der Liste verteilt.

Newsgroups

Ein Teil des Internet, das Usenet, besteht aus mehreren tausend hierarchisch gegliederten Nachrichtenbrettern (Newsgroups). Einige Newsgroups sind hervorragende Informationsquellen und werden insbesondere von zahlreichen Programmierern, Technikern und Wissenschaftlern zum Nachrichtenaustausch genutzt. Das Schreiben (posten) von Nachrichten in eine Newsgroup ist zunächst ein heikler Punkt. Beispielsweise ist in den meisten Nachrichtenbrettern Werbung streng untersagt. Insbesondere das Verteilen von Botschaften in zahlreiche Gruppen ist verboten und wird mit Sanktionen der Netzgemeinde bestraft. Teilnehmer, die sich nicht an die im Usenet üblichen Kommunikationsregeln (Netiquette) halten, werden in den Gruppen öffentlich gebrandmarkt. Daher sollte man besonders in Newsgroups die Netiquette beachten, die oft in Form einer Liste häufig gestellter Fragen („FAQ") in den Gruppen zu finden sind.

weitere Dienste: IRC, Internet–Telefonie

Häufig stößt man im Netz auch auf Dienste wie Sprach- und Videoübertragung. Internet–Telefonie ist bei den derzeit vorhanden Bandbreiten noch nicht ausgereift, wird aber mit steigenden Leitungskapazitäten zunehmend interessant. Sie können diese Techniken auch als Anregungen für das unternehmenseigene Intranet ansehen (siehe Abschnitt 4.10.2). Chat–Systeme wie das klassische Internet Relay Chat (IRC) oder Java–basierte Diskussionsbretter sind zumindest einen Ausflug wert. Ein privater Kommunikationskanal im IRC kann beispielsweise verwendet werden, um Kommunikation von Technikern getrennter Niederlassungen zu ermöglichen, wobei auf den Austausch vertraulicher Daten verzichtet werden sollte.

Anders als in Medien gelegentlich behauptet, sind zahlreiche Informationen im Internet nicht kostenfrei: Zugriffe auf Fachdatenbanken, spezialisierte Archive und Datensammlungen werden meistens gegen Gebühr angeboten. Der Trend geht jedoch dahin, immer mehr derartiger Angebote –durch Werbung finanziert– zum kostenlosen Informationspool des Internet hinzuzufügen.

Konkurrenz-
beobachtung

Bei Anfragen an Konkurrenzunternehmen per E–Mail können Sie wichtige Hinweise darüber erhalten, wie ernst der Mitbewerber sein Online–Engagement nimmt. Wundern Sie sich nicht, wenn selbst einfache Anfragen erst nach zwei Wochen bzw. überhaupt nicht beantwortet werden. Wenn Kunden bzw. Interessenten über E–Mail Kontakt aufnehmen, stellen sich Unternehmen und Organisationen oft buchstäblich tot und beruhigen sich intern mit dem Hinweis, dass hartnäckiges Schweigen die unbequeme Kundschaft von weiteren Vorstößen abhalten werde: eine Taktik, die meist funktioniert. Nehmen Sie Ihre im WWW gewonnenen Erfahrungen ernst und übertragen Sie diese Hinweise auf Ihre eigenen Web–Projekte.

Auf jeden Fall sollten Angestellte den Umgang mit den wichtigsten Internet–Programmen beherrschen. In diesem Bereich können durchaus auch Praktikanten oder studentische Hilfskräfte zu Schulungsbeauftragten geadelt werden.

3. 3. 2 Kommunikation über E–Mail

Der Nachrichtenaustausch über E–Mail ist in den meisten Unternehmen so selbstverständlich geworden wie der Gebrauch von Telefon, Fax oder Brief. Anders als bei herkömmlichen Kommunikationskanälen fehlt es in Organisationen oftmals an Regeln, die den Umgang mit der elektronischen Post festlegen. Die Folge sind vielfach Missverständnisse, Produktivitätseinbußen und Zeitverschwendung, die die möglichen Vorteile des Mediums wieder in Frage stellen.

Heraus-
forderungen

Ob es sich um große Konzerne oder kleine Betriebe handelt: Viele Unternehmen scheinen durch die Kommunikation via E–Mail überfordert zu sein. Ein mögliches Anzeichen dafür ist die

Konservierung der gewohnten „Aktenmethode": Eingehende E–Mail wird ausgedruckt, abgestempelt, in eine Aktenmappe gesteckt, mit der Rohrpost verschickt, mit dem Rollwagen zum Empfänger gebracht, auf den Schreibtisch gelegt, gelesen, die Antwort in ein Memo diktiert und über die Poststelle zum Empfänger gesandt. Beinahe schon legendär ist der Fall eines Ministeriums, das E–Mail empfangen, aber nicht versenden konnte.

Im folgenden sollen einige allgemeine Aspekte der externen Kommunikation angesprochen werden, die als mögliche Bestandteile einer firmenweiten Regelung (Policy) zur effizienten Nutzung von E–Mail beitragen können.

organisatorische Handhabung

Die Kommunikation mit Kunden und Geschäftspartnern via E–Mail sollte als zentraler Geschäftsprozess angesehen werden und in die Planung der Gesamtkommunikationsstruktur einbezogen werden. Zu den Maßnahmen, die eine Umstellung auf elektronische Kommunikationswege begleiten, zählen daher:

- Festlegung der innerbetrieblichen Verantwortung für Kommunikationsvorgänge

- klare Definition von Informationswegen

- rechtzeitige Ankündigung neuer Kommunikationsmittel

- Schulung und Betreuung der Mitarbeiter

- prioritätenabhängige Bestimmung von Reaktions- und Antwortzeiten

- Bereitstellung von Ersatzkanälen, falls das primäre Medium ausfällt

- Etablierung von Maßnahmen, die die Vermischung privater und geschäftlicher Kommunikation auf ein Minimum reduzieren

- Konsistente Vergabe von E–Mail Adressen für einzelne Benutzer bzw. Aliasen für Anwendergruppengruppen

**E–Mail
Adressen
und Aliase**

Bei der Einrichtung von E–Mail Adressen lassen sich zwei Kategorien unterscheiden:

1. Adressen, die einer bestimmten Person zugeordnet sind und meist nach dem Schema Vorname.Nachname@domain.de vergeben werden.

2. E–Mail Aliase, die sich auf eine Personengruppe oder einen Kommunikationszweck beziehen, wie zum Beispiel: service@domain.de, info@domain.de, kontakt@domain.de

Im Fall der direkt zugeordneten Adressen liegt die Verantwortung für die Abwicklung von E–Mail bei den entsprechenden Mitarbeitern. In diesem Zusammenhang ist anzumerken, dass die Beantwortung von E–Mail eine eigenständige Arbeitsleistung darstellt. Mitarbeiter, die die zusätzlich anfallende elektronische Kommunikation nebenbei erledigen sollen, schätzen die Priorität dieser Aufgabe dementsprechend niedrig ein. Die Folgen „angeordneter Nachlässigkeit" sind leicht abzusehen. Kundendienstmitarbeiter sollten von Anfang an mit dem neuen Medium vertraut gemacht werden und die Beantwortung eingehender Anfragen als integralen Arbeitsbestandteil auffassen.

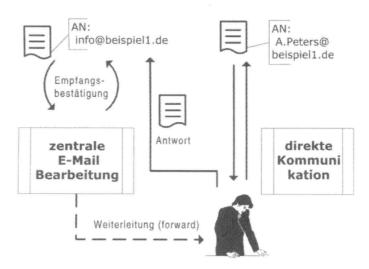

Abbildung 13: E–Mail Bearbeitung

**zentrale
Bearbeitung**

E–Mail Aliase werden oft von einer zentralen Stelle bearbeitet und gegebenenfalls an einzelne Empfänger oder Gruppen weitergeleitet. Diese Sekretariatsaufgabe erfordert in jedem Fall Schulungsaufwand, der sich durch die später erzielte Beschleunigung der Kommunikationsvorgänge rasch bezahlt macht. Der Umgang mit E–Mail Clients ist dabei leichter zu erlernen als die Beherrschung altertümlicher EDV–Programme. Zu Dokumentationszwecken sind die zentrale Speicherung der eingegangenen Mail, die statistische Erfassung des E–Mail Aufkommens und die Anfertigung von Papierkopien bei wichtigen Inhalten anzuraten.

**Bedrohung
durch Spam**

Der gesamtwirtschaftliche Kostenaufwand für den innerbetrieblichen Umgang mit massenweise versandter Werbe–Mail („Spam") geht in die Millionen. Inhalte von Spam–Mail sind meistens dubiose Geldvermehrungsschemata, waghalsige Gewinnversprechungen, Kettenbriefe oder Viruswarnungen. Der Zeitaufwand, den Mitarbeiter aufbringen müssen, um unerwünschte elektronische Werbung zur Kenntnis zu nehmen, auszusortieren und zu löschen, ist mittlerweile erschreckend hoch. In einigen Firmen nehmen diese Vorgänge so viel Zeit in Anspruch, dass die durch die Einführung des elektronischen Kommunikationsmediums erhofften Effizienzsteigerungseffekte kaum erreicht werden können.

**Umgang mit
Spam**

Eingehende Spam–Mail sollte allenfalls mit einer Beschwerde an den Provider des Absenders beantwortet werden. Durch eine direkte Antwort erhält der Absender der elektronischen Massenpost die Gewissheit, tatsächlich eine aktive E–Mail Adresse angeschrieben zu haben. Als Maßnahmen gegen Spam werden bei einigen Providern Blacklist–Filter eingesetzt, die bekannte Versender von Spam effektiv ausblocken. Über die Konfiguration des Mailservers im Unternehmen oder die firmenweite Einstellung der E–Mail Clients lässt sich der Aufwand für den Umgang mit Spam ebenfalls stark reduzieren. Die Einleitung juristischer Schritte gegen die Versender unerwünschter Werbung wird durch das Problem, einen konkret entstandenen Schaden nachzuweisen und die international uneinheitliche Rechtssituation erschwert.

Reaktionszeiten

Immer noch weit verbreitet ist der Fehler, potenziellen oder bestehenden Kunden das Gefühl zu vermitteln, ihre E–Mail lande im Nichts. Während von Seiten der Internet–Vermarkter viel über

Interaktivität, die neuen Möglichkeiten individueller Dialog-schnittstellen und One–to–One Marketing erzählt wird, fehlen in der Internet–Strategie vieler Unternehmen die beiden goldenen Regel der E–Mail Kommunikation. Die beiden Regeln lauten:

1. Mit Ausnahme von Spam wird jede E–Mail beantwortet.

2. E–Mail sollte schnell, am besten sofort, beantwortet werden.

medien-spezifische Reaktion

Bei der Kommunikation per E–Mail ist die Einhaltung der me-dienspezifischen Reaktionszeit ein kritischer Faktor: Die meisten Kommunikationspartner erwarten eine Antwort innerhalb von Stunden bzw. höchstens einem Tag. In den USA werden Anfra-gen per E–Mail oft augenblicklich beantwortet, wodurch bei Inte-ressenten und Kunden ein äußerst positives Image erzielt wird. Knapp ausgedrückt: Diese Firmen haben den Charakter des In-ternet verstanden.

Empfangs-bestätigung

Dauert die Beantwortung länger, bietet es sich an, eine kurze Empfangsbestätigung zurückzusenden und darin eine ausführli-che Antwort anzukündigen. Kann man die Information besser durch einen anderen Übertragungsweg oder direkte Kontaktauf-nahme vermitteln, so sollte eine Antwort per E–Mail dem Wech-sel des Kommunikationsmediums vorausgehen. Die automatische Beantwortung durch ein Programm (Responder) kann zur Über-brückung von Spitzenzeiten hilfreich sein, stellt jedoch keine dauerhafte Lösung dar. Zumindest sollte die persönliche Antwort kurz auf die automatisch generierte Bestätigung folgen.

Technische und inhaltliche Aspekte

Umlaute

Besonders bei der Kommunikation mit ausländischen Partnern ist zu berücksichtigen, dass Umlaute in der Regel nicht richtig dar-gestellt werden. Auch zwischen verschiedenen E–Mail Program-men gibt es Konvertierungsprobleme, da mehrere Verfahren für die Codierung von Sonderzeichen existieren und die Clients in einigen Fällen nicht auf dieselbe Ländersprache konfiguriert sind. Daher sollten Umlaute und Sonderzeichen erst dann verwendet werden, wenn davon ausgegangen werden kann, dass der E–Mail Client des Empfängers diese auch korrekt anzeigt. Der zuverlässigste (wenn auch paradoxe) Hinweis auf die sichere Verwendung von Umlauten und Sonderzeichen ist, dass die entsprechenden Zeichen in den vom Kommunikationspartner empfangenen Nachrichten korrekt angezeigt werden.

Standard-formate

In E–Mail Programmen lässt sich ein bestimmtes Format für den Versand der Nachrichten einstellen. Der übliche Standard ist die Versendung im reinen Textformat unter Verwendung von Multi Purpose Internet Mail Extensions (MIME). Mit HTML Formatanweisungen versehene E–Mail sollte nur nach Absprache verschickt werden.

Attachments

Dasselbe gilt für die Möglichkeit, Dateien an E–Mail anzuhängen (Attachments). Attachments sollten samt Dateigröße und Dateiformat immer vorher angekündigt werden. Hat der Empfänger eine langsame Verbindung zum Internet, stellen große Dateianhänge ein besonderes Ärgernis dar, da in den meisten E–Mail Programmen alle Nachrichten vom Server auf den eigenen Rechner geladen werden müssen, ehe eine Auswahl stattfinden kann.

plattform-unabhängiger Dokumenten-austausch

Ebenfalls problematisch ist die Versendung von Attachments, die in einer proprietären Anwendung, beispielsweise einer Textverarbeitung, erstellt wurden. In einigen Fällen verfügt der Empfänger nicht über ein entsprechendes Programm zur Anzeige oder Weiterverarbeitung der Datei. Es haben sich allerdings eine Reihe von relativ plattformunabhängigen Formaten etabliert. Dazu zählen das Rich Text Format (RTF), HTML oder auch das Public Display Format (PDF). Das letztere benötigt allerdings einen Dateibetrachter (zum Beispiel den kostenlos zu beziehenden Acrobat Reader des Herstellers Adobe).

Umgangs-formen

Dem üblichen geschäftlichen Umgang entsprechend, ist auch bei der Formulierung von elektronischen Briefen auf inhaltliche Sorgfalt zu achten. Dies drückt sich sowohl in der Anrede als auch in Stil, Grammatik und Orthografie aus. Mit Ausnahme einiger deutschsprachiger Newsgroups, in denen das „Sie" als Anrede verpönt ist, orientiert sich die Kommunikation an den üblichen Standards. Oft werden allerdings die Umgangsformen im Internet unbewusst an Freizeitgewohnheiten angepasst, was bei einigen Empfängern möglicherweise Unbehagen auslösen kann.

Signatur

Die Angaben in der geschäftlichen Signatur am Ende von E–Mails oder Beiträgen in Newsgroups entsprechen dem Inhalt der klassischen Visitenkarte (Anmerkung: Der Begriff Signatur steht hier nicht für die zur Authentisierung von Nachrichten eingesetzten digitalen Signaturen, vgl. Abschnitt 7.3.3). Auch wenn E–Mail Programme dem Empfänger die Möglichkeit bieten, per

Mausklick zu antworten, sollte die eigene Mail–Adresse Bestandteil der Signatur sein. Signaturen können durch das E–Mail Programm automatisch jeder ausgehenden Nachricht hinzugefügt werden. Da innerhalb einer Firma oft einheitlich gestaltete Signaturen verwendet werden, lassen sich diese in zentral gelagerten Textdateien oder Benutzerverzeichnissen ablegen.

**Willens-
erklärungen**

Bei Willenserklärungen und geschäftlichen Transaktionen ist auf die im Schriftverkehr üblichen Angaben, wie z.B. Rechtsform, Geschäftsführer oder Handelsregistereintrag zu achten. Nach allgemeiner Auffassung sind elektronisch abgegebene Willenserklärungen verbindlich, wobei sich eine Regelung von Verträgen, die der Schriftform bedürfen abzeichnet.

3. 3 .3 Umgang mit Medienbrüchen

Eine durchaus vorstellbare Situation: Sie haben bereits mehrfach mit einem Kunden bezüglich eines Auftrags telefoniert. Einige Tage später erhalten Sie eine E–Mail von einem Ihnen unbekannten Absender, die sich inhaltlich auf das Gespräch bezieht, wobei sich herausstellt, dass die E–Mail von Ihrem Telefonpartner stammt. In der Mail werden Sie eindringlich gebeten, ein während eines Telefonats erwähntes Dokument per Fax zuzusenden. Leider ist die entsprechende Aktennotiz verschwunden. Der Ansprechpartner ist telefonisch nicht erreichbar. Zwei Tage später trifft ein Brief ein, der den Wechsel des Kunden zur Konkurrenz verkündet.

**Anstieg der
Kommunika-
tionskanäle**

Das etwas überspitzte Beispiel dokumentiert einen tatsächlich vorhandenen Trend: Mit der Zunahme der Kommunikationswege steigt die Schwierigkeit, die Übersicht über die zahlreichen Nachrichtenwege und Informationsquellen zu behalten. In einigen Firmen wird E–Mail als zusätzliche Belastung empfunden und deshalb kaum genutzt. Zahlreiche Projekte verzögern sich auch, weil die Beteiligten in elektronischen Diskussionsforen zu Randthemen abschweifen.

In derartigen Situationen kann beispielsweise die Integration von Kommunikationskanälen im Intranet Abhilfe schaffen (siehe auch Abschnitt 4.10.1). Auch mit Unterstützung eines derartigen Systems bleibt dem Einzelnen die Verantwortung nicht genommen, Voraussetzungen für eine nachvollziehbare „Kommunikationslinie" zu schaffen, deren Etablierung durchaus einige Zeit in Anspruch nehmen kann. Dazu gehört beispielsweise, bei der Einführung von neuen Kommunikationsmitteln nach einer gewissen Übergangsphase auf das alte Medium auch tatsächlich zu verzichten, um ein langfristiges Nebeneinander verschiedener Kanäle zu vermeiden.

Dass ausufernde Kommunikationsvorgänge bei Entscheidungen Probleme verursachen können, ist eine wohlbekannte Tatsache. Konkreten Ärger bringt jedoch garantiert die Einführung von neuen Kommunikations- und Informationsstrukturen im Unternehmen, solange deren Umgang nicht klar geregelt ist.

3. 3. 4 Internet–Policy: Trennung von privaten und geschäftlichen Zugängen

Die Handhabung elektronischer Medien erfordert ein großes Maß an Flexibilität. Einerseits sollen neue Kommunikationsansätze nicht durch allzu starre Vorschriften im Keim erstickt werden, andererseits bringt die ungeregelte Einführung des Internet–Zugangs zahlreichen Firmen hohen Ärger ein. Ein nicht geringer Teil der Investitionsrentabilität von Internet–Technologie liegt darin, dass die einheitliche Benutzeroberfläche Mitarbeiter befähigt, mit sehr geringem Schulungsbedarf zentrale Information– und Kommunikationsvorgänge abzuwickeln. Kurz: der Umgang mit der Software ist aus der Freizeit bekannt.

Internet als Produktivitätsbremse

Analog zur Einführung des Personal Computer birgt auch der geschäftliche Einsatz des Internet gewisse Risiken. Waren es früher Spiele auf den Festplatten der Angestellten, die Vorgesetzte zur Verzweiflung trieben, werden heute durch „Surfen", „Chatten", „Downloads" und vor allem durch die Vermengung privater und geschäftlicher Kommunikation die angestrebten Effizienzpotentiale wieder begraben. Häufig eingesetzte Maßnahmen gegen den Missbrauch sind z.B.:

- Festlegung der Verbindungseinstellungen und Sicherheitskonfigurationen der Browser durch zentrale Adminstration

- Einrichtung eines Proxy–Server als zentrales Durchgangstor für Web–Inhalte

- Beschränkung des Internet–Zugangs durch zentrales Ausfiltern von zweifelhaften Web–Angeboten (Content–Filter)

- Protokollierung des Datenverkehrs

In der oben geschilderten Situation versuchen viele Firmen, allein durch aufwendige technische Kontrollmaßnahmen den angepeilten Produktivitätsrahmen wieder herzustellen. Gravierende Probleme dabei sind beispielsweise die hohe Fehlerrate der Filterprogramme, generelle Möglichkeiten, die meisten Sicherheitsschranken zu umgehen (z.B. kann man sich WWW–Seiten auch per E–Mail zusenden lassen, falls der Web–Zugang blockiert ist) und das hohe Motivationspotenzial menschlicher Neugier. Auf der anderen Seite kann der Ruf einer Firma durchaus durch eine einzige, mit der Firmensignatur versehene Nachricht zweifelhaften Inhalts in einer Newsgroup ernsthaft beschädigt werden. Daher ist beispielsweise ein Verbot der Versendung privater Nachrichten, die eine geschäftliche Signatur aufweisen, durchaus angebracht. Der Umfang der getroffenen Einschränkungen muss sich generell nach den eigenen Erfahrungen im Medienumgang richten.

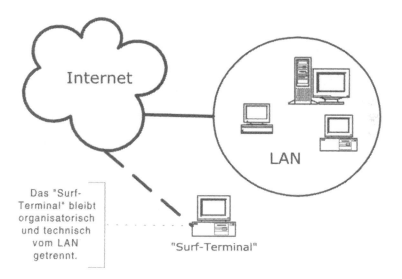

Abbildung 14: getrennte Privatzugänge ("Surf–Terminals")

Dabei erscheint es vorteilhaft, eine einheitliche Richtlinie anzustreben, die die klare Trennung von privater und geschäftlicher Internet–Nutzung sicherstellt. Ein Lösungsmodell, das für Arbeitgeber und Arbeitnehmer zufriedenstellend ausfallen kann, ist, die private Nutzung des Firmenzugangs grundsätzlich zu untersagen, den Angestellten jedoch zusätzlich Internetzugänge zur persönlichen Nutzung einzurichten. Diese können von zu Hause aus oder über offene, vom Firmennetz isolierte PC–Terminals während den Arbeitspausen genutzt werden. In Analogie zum Geschäftswagen, der auch privat benutzt werden kann, würde dies einen „Fahrtkostenzuschuss auf der Datenautobahn" mit folgenden Vorteilen darstellen:

1. Die Verantwortung für die Nutzung des privaten Zugangs wird vertraglich beim einzelnen Anwender festgeschrieben, das den Angestellten lediglich den Zugang zum Internet ermöglicht. Nach allgemeiner Auffassung, die auch im Informations- und Kommunikationsdienstegesetz (IuKDG) festgelegt ist, ist die rechtliche Lage für Zugangsanbieter grundsätzlich von der Situation der Inhaltsanbieter verschieden.

2. Es wird eine saubere Trennung von privater und geschäftlicher Korrespondenz über E–Mail erreicht, was die Verwaltung und Dokumentation erleichtert und aufwendige Kontrollmaßnahmen überflüssig machen kann.

3. Wenn Mitarbeiter im Unternehmen den Umgang mit Browser und E–Mail Client beherrschen, können sie diese Programme ohne weiteren Schulungsbedarf für den Einsatz interner Betriebsabläufe im Intranet verwenden.

4. Angestellte gehen motiviert und unverkrampft mit den neuen Medien um, wenn sie nicht ständig befürchten müssen, „der Chef schaue ihnen über die Schulter" oder lese E–Mail privaten Inhalts mit.

5. Die zum Surfen eingerichteten Terminals können vom Firmennetz komplett getrennt bleiben. Mögliche Schäden durch Viren oder Sicherheitslöcher der Client–Software bleiben auf definierte Bereiche begrenzt.

Zusätzlich lässt sich das vorgeschlagene Modell so gestalten, dass die Firma lediglich die Kosten für die Privatzugänge übernimmt, während die Providerverträge mit den Angestellten direkt geschlossen werden: Beim Ausscheiden eines Mitarbeiters kann der private Zugang behalten werden. Provider bieten bei Anbindungsverträgen oft zusätzliche Accounts zu günstigen Preisen an.

Hier wäre auch die Überlegung angebracht, die Privatzugänge der Mitarbeiter über einen Online–Dienst abzuwickeln. Die gesamte Prozedur sollte für alle Mitarbeiter transparent sein und im Arbeitsvertrag geregelt werden.

**Problem-
bewusstsein**

Derartige Konzepte dürfen auf Seiten der Anwender in keinem Fall als Freibrief missverstanden werden, zweifelhaftes Material aus dem Internet zu holen. Es wäre auch naiv anzunehmen, dass sich alle Probleme, welche die Einführung neuer Kommunikations- und Informationsdienste begleiten, auf einen Schlag beseitigen ließen. Problematisch bleibt beispielsweise die Handhabung von strafbaren Inhalten, die auf Firmenrechnern auftauchen. Aufklärung der Mitarbeiter und klare Vereinbarungen im Arbeitsvertrag können dazu beitragen, dass sich Kontrollmaßnahmen auf Stichproben bei konkretem Missbrauchsverdacht beschränken können und die Kommunikationsinfrastruktur nicht in einem immensen Überwachungsaufwand erstickt. Zur Abwägung stehen die Notwendigkeit administrativer Eingriffe, Mitarbeiterrechte, Betriebsklima und das unbestrittene Interesse des Unternehmens an geregelter Kommunikation. Über die Gegebenheiten der sich ständig ändernden Rechtslage sollte man sich auf jeden Fall anwaltlich beraten lassen.

In der Kommunikation mit der „Außenwelt" nehmen unternehmenseigene Websites eine zentrale Stellung ein. In den nächsten Abschnitten werden daher einige Aspekte des Auftritts im World Wide Web diskutiert.

3.4 Auftritt im World Wide Web

Die Web–Präsenz dient heute noch vielen Firmen als relativ planlose Spielwiese. Dies reicht vom Einsatz des fast schon sprichwörtlichen Schwagers, der das weltweit sichtbare Aushängeschild der Firma nach Feierabend „zusammenstrickt" bis zur feierlichen Übergabe des Firmenprospekts an die Webdesign–Agentur, verbunden mit dem Auftrag, das Faltblatt möglichst originalgetreu im Internet unterzubringen. Während gegen experimentelle Ansätze in Aufbruchszeiten grundsätzlich nichts einzuwenden ist, hat sich das World Wide Web inzwischen vom reinen Experimentierfeld zu einer gewachsenen Struktur emanzipiert, in der von bereits bestehenden Erfahrungen profitiert werden kann. Der professionelle Auftritt im WWW sollte heute ein selbstverständlicher und integraler Bestandteil der Außendarstellung eines Unternehmens sein.

In großen Unternehmen haben sich inzwischen eigene Internet-Abteilungen etabliert, die unter Mithilfe zahlreicher Berater mit innovativen Konzepten durchaus Maßstäbe setzen. Auch öffentliche Einrichtungen bieten immer mehr Service über das WWW an. Daneben haben eine Reihe junger Unternehmen im Bereich Webdesign, Vermarktung und E–Commerce unter großem Einsatz neue Ideen realisiert. Besonders Klein- und Mittelbetriebe lassen dagegen die Potenziale des Online–Auftritts häufig ungenutzt. Selbst wenn Ihre Site anfänglich aus wenigen HTML–Seiten bestehen sollte, lohnt sich die rechtzeitige Einbeziehung der im Folgenden geschilderten Konzepte. Spätestens wenn die nächste größere Änderung der Web–Präsenz anliegt, macht sich eine gründliche Planung und sorgfältige Umsetzung bezahlt.

3. 4. 1 Eine Frage des Nutzens

Von einer professionell gestalteten Site können Kunde und Anbieter gleichermaßen profitieren. Im Folgenden finden Sie einige Kriterien, die sowohl zur Konzeption einer neuen Site als auch zur Überprüfung der bestehenden Web–Präsenz herangezogen werden können.

- Trägt der Auftritt als Marketinginstrument zur Imageverbesserung bei?

- Werden Werbebotschaften effizient transportiert?

- Nehmen Kunden Kontakt über die Web–Präsenz auf?

- Zeigen Online–Maßnahmen zur Kundenbindung Erfolg?

- Werden über das WWW Neukunden gewonnen?

- Können Prozess- und Transaktionskosten durch Direktverkauf über das WWW (E–Commerce, vgl. Kapitel 6) eingespart werden?

- Ist ein möglicher Wettbewerbsvorteil erkennbar?

- Sind neue Geschäftsmöglichkeiten ersichtlich?

- Entspricht die Site den rechtlichen Rahmenbedingungen?

Fragen aus Sicht der Besucher

Versetzen Sie sich in die Lage eines Besuchers Ihrer Site und fragen Sie sich, welcher konkrete Nutzen Sie dort erwartet:

- Können Sie ohne Rücksicht auf Bürozeiten einfach Kontakt aufnehmen, beispielsweise um eine Anfrage zu einem Produkt zu stellen?

- Erhalten Sie schnelle Antwort per E–Mail? Dauert die Beantwortung einer E–Mail –wie vielerorts üblich– eine Woche, könnten Sie auch auf postalischem Weg anfragen.

- Werden zusätzlich herkömmliche Kontaktmöglichkeit angeboten (Anruf, Fax, Informationsmittelversand, Gesprächstermin)?

- Finden Sie Informationen zu Produkten und Dienstleistungen wie beispielsweise detaillierte Produktbeschreibungen, tagesaktuelle Preise, Verfügbarkeit, Lieferzeiten, Konditionen?

- An welchen Benutzerkreis richtet sich die Site?

- Ist das Angebot mehrsprachig gestaltet?

- Wird Ihnen Service geboten, der von der Aktualität des Mediums profitiert und einen echten Zusatzwert zu den Angeboten der Firma darstellt?

- Können Produkte direkt bestellt werden?

- Ist der Ablauf des Bestellvorgangs einfach, transparent und rechtlich einwandfrei?

Zielgruppe und Besucherverhalten

Nach dem identifizierbaren Nutzen einer Website ist ein weiterer Planungsaspekt die onlinegerechte Ansprache der Zielgruppe. Will man die klassische Zielgruppe des Unternehmens erreichen oder soll sich das Angebot an neue Kundenschichten unter den Online–Benutzern richten? Ist die Site für private oder geschäftliche Kunden konzipiert?

Wandel der Online– Zielgruppe

Im Hinblick auf eine expansive Zukunftsplanung empfiehlt es sich, nicht die Schnittmenge von Unternehmenszielgruppe und Onlinebenutzern anzupeilen, sondern eher deren Vereinigung: Dabei kann davon ausgegangen werden, dass die klassischen Unternehmenskunden mit ziemlicher Sicherheit früher oder später „ins Internet" kommen und von der wachsenden Anzahl der bereits im Web befindlichen Benutzer ein möglichst großer Teil angesprochen werden soll. Allgemein kann man sagen, dass sich die typische Online–Zielgruppe zu einer immer breiteren Bevölkerungsschicht erweitert hat. Um es mit einem in der Mediensprache verbreiteten, etwas kruden Schlagwort zu formulieren: „Die Online–Benutzer werden älter und weiblicher".

Besucher- verhalten

Über das typische Besucherverhalten, das sich inzwischen an vielen Sites herauskristallisiert hat, lässt sich mit großer Sicherheit folgende Aussage treffen: Die ersten beiden Besuche der Website sind entscheidend.

Während beim Erstkontakt mit einer Website vor allem funktionelles und ästhetisch ansprechendes Design und großer Umfang des Angebots zum Wiederkommen animieren, ist das Kriterium beim zweiten Besuch, in welchem Umfang Änderungen auf der Site erkennbar sind.

Erstkontakt

Den Erfolg des Erstkontakts kann man noch eher mit Kriterien statischer Promotions- bzw. Infotainmentmaßnahmen vergleichen. Wichtig sind dabei unter den obengenannten Marketingaspekten vor allem die folgenden drei Fragen:

- Ist das Erscheinungsbild der Website zielgerecht und zeitgemäß?

- Wurden Informationen schnell gefunden?

- Entsprach das Kommunikationsverhalten des Anbieters den Erwartungen?

Zweitkontakt

Während des zweiten Kontakts entscheiden andere Hauptaspekte über die Entscheidung, die Site in Zukunft wieder aufzusuchen:

- Sind neue Inhalte hinzugekommen?

- Wirkt die Site dynamisch und lebendig?

- Hat sich die Wiederkehr durch konkreten neuen Nutzen gelohnt?

Wie im Folgenden dargelegt werden soll, ist nicht jede Site auf hohe Besucherzahlen ausgelegt. Wollen Sie mit ihrer klassischen Unternehmenspräsenz vor allem treue Stammkunden ansprechen, sind Maßnahmen zur Bindung bestehender Besucher weitaus wichtiger als Erstkontaktkriterien. Dabei ist das zu Beginn des Projekts definierte Ziel der Site verantwortlich für die weitere Planung der Web–Präsenz.

3. 4. 2 Projektschritte: Zielorientierung von Anfang an

Bei der Planung des Web–Projekts ist es oberstes Gebot, von Anfang an das unternehmerische Ziel der Website zu definieren und durch den gesamten Projektverlauf im Auge zu behalten. Die Prioritätensetzung bei einem Neueinstieg bzw. einer Erweiterung der Online–Aktivitäten hat sich dabei vor allem am Kerngeschäft des Unternehmens zu orientieren sowie an die Entwicklungen des Online–Marktes anzupassen.

Auch wenn sich WWW–Sites nicht in ein starres Gliederungskonzept zwängen lassen, haben sich doch einige Standardtypen ausdifferenziert, die sich in Zielsetzung und Umsetzung unterscheiden und als Richtschnur für eigene Projekte dienen können.

3. 4. 3 Fünf prototypische Web–Angebote

1. Unternehmensdarstellung

Die Unternehmens–Site ist eine Eigendarstellung, die das gesamte Erscheinungsbild einer Firma oder Organisation nach außen repräsentiert. Die Unternehmensdarstellung soll einen breiten Nutzerkreis, vor allem aber potenzielle und bestehende Kunden, Interessenten, Kooperationspartner, Investoren und Stellensuchende ansprechen. Während viele Anbieter die Umsetzung der vielbeschworenen „Interaktivität" mit der Darstellung durch Mausklicks beeinflussbarer animierter Grafiken oder ähnlicher Online–Spielereien verwechseln, ist der Kernpunkt der Unternehmens–Site die interaktive Kommunikation mit den Besuchern. Daher ist ein besondereres Augenmerk auf die Ausgestaltung der Dialogkomponenten zu richten.

2. E–Commerce

Ziel einer E–Commerce Site ist der Verkauf von Produkten und Dienstleistungen über das Web. Bei Online–Dienstleistungen ist das WWW auch gleichzeitig Ort der Dienstleistung, in Fall digitaler Waren zusätzlich Distributionskanal. Aspekte des E–Commerce, wie z.B. Kriterien für Online–Bestellsysteme, werden ausführlicher in den Abschnitten 6.4 und 6.5 besprochen.

3. Produktpräsentation

Eine Image–Site mit klassischer Artikeldarstellung dient vor allem zur Erhöhung des Bekanntheitsgrades von Produkten, die sich nur schwer über das WWW verkaufen lassen (z.B. frisches Speiseeis, Staudämme, Fabrikanlagen). Die Produktpräsentation kann immer häufiger als Teil der E–Commerce Aktivitäten angesehen werden, da inzwischen eine wachsende Anzahl von Produkten über das WWW bestellt werden kann.

4. Information/Unterhaltung

Hier bestehen die Inhalte aus aktuellen Informationen, Nachrichten und Unterhaltungselementen. Diese können eher genereller Natur sein („Neuigkeiten") oder interessen- und branchenspezifischen Charakter haben: z. B. ein Stellenmarkt, Börsendaten oder Touristikinformationen. Kommerzielle Informationsangebote werden inzwischen von den Anbietern im klassischen Mediengeschäft beherrscht, deren Websites kontinuierlich hohe Zugriffszahlen aufweisen. Spezielle Zielgruppen werden jedoch weiterhin von kleinen bzw. privaten Anbietern erreicht, die Informationen in ausreichender Qualität zur Verfügung stellen. Neben kommerziellen Informationsanbietern treten wissenschaftliche und kulturelle Einrichtungen, Institute, Lehranstalten, Behörden, Vereine, Organisationen, Städte, Länder und Gemeinden auf. Daneben enthalten die zahlreichen privaten Homepages den Ursprungsgedanken des Internet als Medium, in dem jeder nicht nur Information konsumiert, sondern diese auch für andere bereitstellen kann.

5. Traffic–Site

Das Primärziel einer Traffic–Site ist die Anziehung breiter Besucherströme. Die Finanzierung erfolgt dabei vorwiegend durch die auf den Seiten platzierte Werbung wie Bannerschaltungen, Herstellereinträge oder „sponsored Links", während die Besucher in der Regel kostenlose Angebote erwartet. Inhaltlich bieten Traffic–Sites vorwiegend Information, Unterhaltung und zusätzliche Dienstleistungen, die Besucher zum häufigen Besuch animieren sollen. Daneben werden zunehmend Hersteller eingebunden, die ihre Produkte auf den vielbesuchten Attraktionspunkten anbieten. Es haben sich einige Modelle herauskristallisiert, die hohe Besucherzahlen erreichen können.

Portal   Mit dem Begriff der Portal–Site ist der äußerst hohe Anspruch verbunden, als bevorzugte Einstiegsseite und zentrale Anlaufstelle einer großen Masse von Online–Nutzern zu gelten. Als erfolgreiche Geschäftsmodelle haben sich Marktplätze für Kontaktanzeigen, Online–Auktionen, Anbietersuche und Gebrauchtwarenmärkte entwickelt. Viele heutige Portal–Sites sind aus Suchmaschinen hervorgegangen und ziehen regelmäßig beträchtliche Besucherströme an.

Virtual Communities   Ein vieldiskutierter Ansatz ist die Schaffung von Virtual Communities, die den Gemeinschaftsgedanken in das Web übertragen und die Kommunikation der Mitglieder fördern sollen. Virtuelle Gemeinschaften können sich an Ansatzpunkten wie gemeinsamen beruflichen Interessen oder Hobbys orientieren. Die meisten Betreiber von Cybermalls und virtuellen Händlernetzwerken setzen ebenfalls Werkzeuge ein, um Besucherverkehr zu generieren und damit den Absatz der in den virtuellen Einkaufszentren vertretenen Shops zu erhöhen.

Die fünf genannten Modelle dienen im weiteren Verlauf des Kapitels als Beispiele, die in struktureller und inhaltlicher Hinsicht sowie unter Gestaltungsgesichtspunkten genauer betrachtet werden.

3. 4. 4 Planung und Konzeption

Projektrahmen

Nachdem die Zielrichtung der Site erfasst ist, steht der Projektverantwortliche vor der Aufgabe, den Aufwand bezüglich Budget, Zeitrahmen, Personal und Know–How sowie den Einsatz von Hardware- und Softwaremitteln abzuschätzen. Dabei ist vor allem zu berücksichtigen, welche Ressourcen in der eigenen Firma vorhanden sind. Die Zusammenarbeit zwischen den hauseigenen Mitarbeitern und externen Dienstleistern fordert die Festlegung klarer Verantwortlichkeiten und Ansprechpartner. In diesem Zusammenhang ist auch zu prüfen, ob inhaltliche Aktualisierungen der Website selbst erbracht werden können. Einen zentralen Punkt in der personellen Planung nimmt die Festlegung der Verantwortlichkeit für die Beantwortung eingehender E–Mail ein.

Angebots-einholung

Es empfiehlt sich, frühzeitig Angebote von Providern und Webdesign–Agenturen einzuholen, um eine Übersicht über Dienstleistungen und Kostenstruktur zu erhalten (vgl. Kapitel 2). Adressen von Providern und Agenturen findet man über Suchmaschinen im Web sowie in Branchenverzeichnissen und Fachzeitschriften und über die Berufsverbände. Die Bewertung existierender Online–Auftritte bietet eine weitere Möglichkeit, den geeigneten Dienstleister zu finden.

3. 4. 5 Technische Konzeption

Falls die gewählte Variante der Internet–Anbindung den Betrieb des Webservers als virtueller Server bei einem Provider vorsieht, stellt dieser die gesamte technische Umgebung. Dies umfasst neben Hardware, Betriebssystemumgebung, Datenschnittstellen und Serversoftware auch die weiteren Serverprogramme wie beispielsweise FTP, E–Mail, Spezialserver und Backoffice–Anbindungen.

Falls Sie eigene Rechner beim Provider unterstellen (Server–Housing), sollten Sie die Anschaffung, Installation und Konfiguration dieser Komponenten gemeinsam mit dem Provider planen, der in der Regel auch Fertiglösungen anbietet. Wird die Website bei einer Design–Agentur erstellt, sollte diese möglichst frühzeitig in die Planung der technischen Voraussetzungen eingebunden werden.

Sicherheits-aspekte

Gegen Serverausfälle muss der Provider durch redundante Hardware- und Softwareausstattung gerüstet sein. Regelmäßige Datensicherungen oder permanente Datenspiegelung sind dabei Pflicht. Konzepte zur sicheren Datenübertragung und Absicherung der Server vor unautorisierten Zugriffen bilden einen essenziellen Bestandteil der technischen Planung (vgl. Kapitel 7). Bei Angeboten mit sehr hohen Zugriffzahlen ist die Implementierung eines hochverfügbaren Systems unter Einsatz von Rechnerclustern, parallel betriebenen, redundanten Servern und die permanente Systemüberwachung unerlässlich.

Im Fall der Netzanbindung im eigenen Haus können dieselben Kriterien an die Einrichtung der technischen Infrastruktur durch die eigene IT–Abteilung oder technische Dienstleister angelegt werden.

3. 4. 6 Domain und Web–Hosting

Mehr noch als die Nutzung des Internet zur E–Mail Korrespondenz verlangt der Auftritt im World Wide Web die Beantragung eines eigenen Domain–Namens. Es wirft kein günstiges Licht auf eine Firma, wenn deren Web–Präsenz unter einer fremden Adresse erreichbar ist. Eine Ausnahme bilden die oben erwähnten Cybermalls, deren Namen sich durch einen hohen Bekanntheitsgrad auszeichnen sollten.

Domain–Namen unter der deutschen Toplevel–Domain (.de) müssen derzeit aus mindestens drei Zeichen bestehen und können Zahlen und Bindestriche, aber keine Umlaute oder Sonderzeichen enthalten. Beispielsweise enthält der Uniform Ressource Locator `http://www.kaffee-roestung1874.de` den gültigen Domain–Namen `kaffee-roestung1874`; der Name `röstkaffee.de` ist dagegen nicht zulässig. Die mit der Registrierung einer Domain verbundene Datenübermittlung an die Domainvergabestelle kann vom Provider durchgeführt werden. Streitigkeiten um den Besitz von Domain–Namen und markenrechtliche Konflikte waren und sind Gegenstand zahlreicher juristischer Auseinandersetzungen. Gezielte Beratung kann im Zweifelsfall nur durch eine spezialisierte Anwaltskanzlei geleistet werden.

Im Vorfeld der Gestaltung einer Web–Präsenz sind vor allem Fragen zu klären, die das technische Umfeld betreffen, wie zum Beispiel:

- voraussichtlicher Umfang des Speicherplatzbedarfs

- Serverhardware

- Webserver–Software

- Servererweiterungen

- Statistikwerkzeuge zur Analyse der Online–Besuche

**Techniken für-
interaktive E-
lemente**

Weiterhin ist die Auswahl der Werkzeuge bzw. Techniken zu bestimmen, mit denen interaktive Komponenten und dynamische Inhalte generiert werden und Schnittstellen zu Datenbankinhalten, Spezialservern und Applikationen programmiert werden können. Dazu zählen unter anderem:

- Server Side Includes (SSI)

- Common Gateway Interface (CGI)

- Microsoft Internet Server Application Programming Interface (ISAPI)

- Netscape Server Application Programming Interface (NSAPI)

- Dynamic HTML (DHTML)

- Skriptsprachen wie beispielsweise Netscape JavaScript oder Microsoft VBScript

- Medienformate, z.B. Macromedia Flash/Shockwave

- Streaming Media wie Real Network RealAudio

- Java Applets und Servlets

- PHP (ursprünglich „Personal Home Page Tools")

- Microsoft Advanced Server Pages (ASP)

- Allaire Cold Fusion

- weitere Plug–Ins (Netscape) bzw. ActiveX–Komponenten (Microsoft)

**Methoden-
vielfalt**

In den meisten Fällen existieren mehrere unterschiedliche Methoden zur Implementierung einer gewünschten Funktionalität. Dabei ist grundsätzlich darauf zu achten, dass die Funktionen der Site möglichst von Serverapplikationen geliefert werden. Während früher versucht wurde, die Berechnungslast vom Webserver auf die Clients zu übertragen, wird heute zunehmend die Mehrzahl der zu erledigenden Aufgaben durch in den HTML–Quellcode eingebettete Abfragesprachen wie PHP, ASP oder Cold Fusion übernommen.

Drei Gründe sprechen für den Servereinsatz:

1. Der Webserver bietet eine technisch weitaus stabilere Plattform als die Clients der Benutzer.

2. Die Browser bilden eine äußerst heterogene Umgebung, die je nach Hersteller und Version stark variieren kann.

3. Zudem bergen durch den Browser ausgeführte Skriptsprachen das Problem, dass die Anwender diese nach Belieben abschalten können.

angepasste Versionen

Der Einsatz von Animationstechniken wie DHTML oder Flash und die Verwendung zusätzlicher Plug–Ins erfordert vom Besucher der Site in der Regel den Gebrauch aktueller Browser und die Aktivierung von Skriptsprachen. Eine häufig anzutreffende Lösung ist die Erstellung mehrerer Versionen der Website: eine Standardvariante, die ausschließlich Texte, Grafiken und CGI–Formulare enthält, sowie eine zweite Version, die alle Möglichkeiten des Webdesign ausschöpft. Dabei sollte auf jeden Fall dem Benutzer die Möglichkeit gegeben werden, unter den Darstellungsalternativen auszuwählen. Die oftmals fehlerhaften Erkennungsfunktionen, die in einige Sites eingebaut sind, erfordern in der Regel bereits eine aktivierte Skriptsprache.

3. 4. 7 Struktur der Website

Zwei – besonders in Hinblick auf die langfristigen Kosten – wichtige Eigenschaften einer Site sind Modularität und Skalierbarkeit des Online–Auftritts. Bei der Strukturplanung sollte man daher darauf achten, dass die Site grundsätzlich modular und ausbaufähig ist. Teilbereiche sollten sich problemlos auswechseln lassen, ohne dass die Umprogrammierung einen kompletten Neuauftritt (Re–Launch) erfordert.

Komponentenansatz

Beispielsweise kann der Servicebereich bei wachsenden Besucherzahlen von einem statischen Informationsteil zu einem dynamisch generierten Abfragesystem ausgebaut werden, ohne dass große Anpassungen an die übrigen Komponenten der Site notwendig werden. Software–Werkzeuge ermöglichen es in einem derartigen Fall, Links automatisch anzupassen, während die einheitlichen Layoutvorgaben aus Gerüstseiten (Templates) übernommen werden.

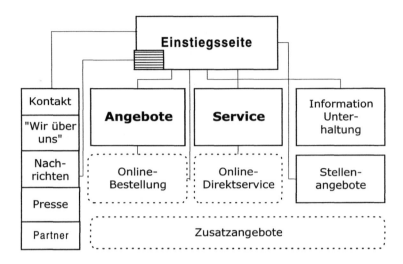

Abbildung 15: Schematische Struktur einer Website zur Unternehmensdarstellung

Zu diesem Gesichtspunkt kommen die weiter oben erwähnten, während der Konzeptfindung erarbeiteten Kriterien der Zielgruppenanpassung, Übersichtlichkeit und Interaktivität, die in die Strukturentscheidung einfließen. Die Auswahl der einzelnen Bestandteile richtet sich nach dem Ziel der Web–Präsenz, wobei durch die ständige Entwicklung neuer Marketingkonzepte und Medientechnologien der Phantasie kaum Grenzen gesetzt werden.

3. 4. 8 Inhaltliche und funktionelle Komponenten

Die folgende Aufzählung von einzelnen Komponenten der fünf prototypischen Websites erhebt keinen Anspruch auf Vollständigkeit und soll vorwiegend als Anregung dienen, die eigene Site durch einige Punkte zu erweitern. Werden in der Projektplanungsphase weitere unternehmensspezifische Anwendungen identifiziert, lassen sich diese in der Regel zu bereits bestehenden Komponenten hinzufügen. Die einzelnen Bestandteile können ebenfalls als Bausteine einer dynamisch wachsenden Gesamtlösung aufgefasst werden, die schrittweise geplant und realisiert wird.

1. Unternehmensdarstellung

- Gesamtdarstellung des Unternehmens, z.B. Ziele, Geschichte, Umsatzdaten, etc.

- Pressemitteilungen

- Produkte/Dienstleistungen/Angebote

- Daten für Investoren und Anteilseigner

- Stellenangebote, Praktika

- Service/Kundendienst

- Downloads (z.B. Werbegrafiken)

- Kontaktmöglichkeiten, z.B. über E–Mail, HTML–Formulare oder die Anforderung eines telefonischen Rückrufs (Call–Back–Button)

- zeitlich festgelegte Events, z.B. Übertragung einer Pressekonferenz

- virtuelle Betriebsführungen

- Extranet

2. E–Commerce

- Online–Dienstleistungsbereich bzw. Produktpräsentation

- Zusatznutzen zu den Produkten

- ausführliche Hilfestellung und Beratung

- Informationen zu Bestellabwicklung und Garantieumfang

- Bestellfunktion (Warenkorb, Bestellformular)

- AGB

3. Produktpräsentation

- Produktabbildungen

- Informationen, Dienstleistungen und Mehrwert zum Produkt

- Hinweise zur Verfügbarkeit

- Unterhaltungselemente, Gewinnspiele

- Online–Chats

- Events, z.B. Chats unter prominenter Beteiligung

- Umfragen

- Kontaktmöglichkeiten

4. Information/Unterhaltung

- informationstragende Artikel

- Unterhaltungsinhalte

- Download umfangreicher Dokumente und Dateien

- Recherchemöglichkeiten, Stichwortsuche

- weiterführende Hyperlinks

- Zusatzfunktionen, z.B. die Möglichkeit, den Artikel per E–Mail oder Fax zu versenden

- zum Ausdruck geeignete Version der Artikel

- interaktive Elemente wie Leserforen, Diskussionen, Online–Chats, Leserkommentare

- erweiterte Kontaktfunktionalität

5. Traffic–Site

- gemischtes Informations- und Unterhaltungsangebot

- Suchmaschinen und Verzeichnisdienste

- Events

- Chat

- virtuelle Marktplätze, z.B. Auktionen

- Kontaktanzeigen

- Web–basierte E–Mail

- kostenlose Homepages

einfache Navigation

Die grundlegende Navigationssystematik der Site, zumeist eine Baumstruktur, kann durch Bereiche, die den Benutzer durch lineare und zirkuläre Pfade führen, ergänzt werden. Aus Gründen der Übersichtlichkeit sollte man bei klassischen Sites auf allzu experimentelle Bereiche verzichten. Im Vordergrund steht eine einfach nachzuvollziehende Navigation, in der sich auch unerfahrene Anwender leicht zurechtfinden. In Imageprojekten, wie beispielsweise die Bewerbung eines „angesagten" Produkts, haben experimentelle Ansätze dagegen durchaus ihren Platz. Die Möglichkeiten des kreativen Umgangs mit dem Medium kann man bei den regelmäßig stattfindenden Designwettbewerben bewundern.

Verzeichnisstruktur

Für den technischen Strukturaufbau der Site und die Ablage von Dateien existieren verschiedene Ansätze, die die äußere Struktur wiederspiegeln können. Der Einsatz von Subdomains (vgl. Abschnitt 1.5.1) und die Verzeichnisstruktur werden in Zusammenarbeit mit dem Designer festgelegt. In der Regel erhalten Grafiken und CGI–Skripte eigene Verzeichnisse. Dateisysteme kennen normalerweise zwei Arten von Dateipfaden: vom Wurzelverzeichnis ausgehende absolute Pfade und relative Pfade, die die jeweilige Datei zum Ausgangspunkt haben. Um bei einem „Umzug" der Dateien keine umfangreichen Anpassungen notwendig zu machen, sind die internen Verknüpfungen der Dateien meistens relativ angelegt.

Cookies

Ein weiterer Bestandteil der Strukturüberlegungen ist der Einsatz von Cookies. Dabei handelt es sich um kleine Textblöcke, die vom WWW–Server an den Browser geschickt werden und prinzipiell beliebige Informationen enthalten können. Zwei Arten von Cookies lassen sich unterscheiden:

Nichtpersistente Cookies bleiben während des Besuchsvorgangs einer Website im Hauptspeicher des Rechners eines Benutzers und werden nach Beendigung des Browserprogramms wieder

gelöscht. Dies ermöglicht vor allem die Verfolgung zusammen-
hängender Benutzeraktionen.

Persistente Cookies enthalten im Unterschied dazu ein „Verfalls-
datum" und bleiben bis zu diesem Zeitpunkt auf der Festplatte
des Benutzers gespeichert. Dadurch können Besucher bei einem
erneuten Besuch „wiedererkannt" werden. Dies verringert für
den Anwender den Aufwand bei der Eingabe persönlicher Daten, lässt jedoch Sicherheits- und Datenschutzfragen offen.

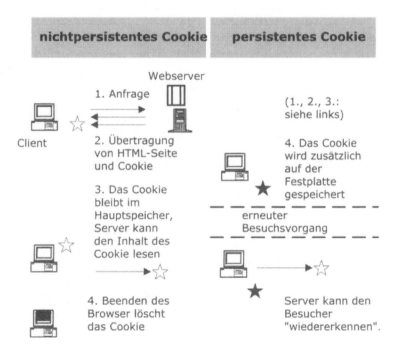

Abbildung 16: Cookies

Durch den Einsatz von Cookies können Seitenabrufe auf einfache Weise zu Besuchsvorgängen zusammengefasst werden. Außerdem lassen sich Besucher identifizieren und „wiedererkennen". Auf der anderen Seite haben Benutzer die Möglichkeit, die
Übertragung von Cookies zu deaktivieren. Zudem kann die
Funktionalität der umstrittenen „Datenkekse" durch Server–seiti-

ge Programmierung vollständig ersetzt werden. Deshalb verzichten viele Anbieter von Websites auf ihre Anwendung.

3. 4. 9 Struktur der HTML–Seiten

Der Aufbau der Seitenstruktur wird zu Beginn der Designphase festgelegt. Ein für das Online–Design wesentliches Merkmal ist die Häufigkeit von Änderungen der Seiteninhalte. Dazu kann man jede Seite in unterschiedliche Aktualisierungsbereiche unterteilen, die in entsprechende Layoutvorgaben umgesetzt werden.

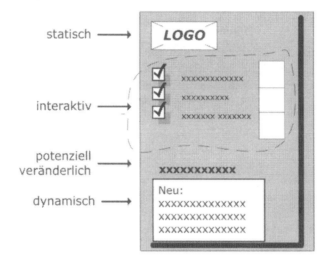

Abbildung 17: Seitenstruktur

statisch

Statische Inhalte werden in der Regel nur bei der kompletten Neuerstellung mit anschließendem Re–Launch der gesamten Site geändert. Ist ein maßgeschneidertes, grafikorientiertes Layout erst einmal erstellt, lassen sich Änderungen nachträglich nur sehr schwer einbauen. Dies gilt vor allem, wenn Struktur und Inhalt der Site nicht klar getrennt wurden. Statische Inhalte wie Firmenlogo, Kerninformationen und Navigationselemente legen den Grundaufbau der Seite fest.

potenziell veränderlich

manuelle Änderungen

Beispiele für potenziell veränderliche Elemente sind Telefonnummern von Ansprechpartnern oder externe Hyperlinks, die auf der Website veröffentlicht sind. Die Aktualisierung derartiger Informationen kann in der Regel „per Hand" durchgeführt werden. Sind die zu ändernden Teile über die gesamte Site verstreut, helfen Designwerkzeuge mit umfangreichen Projektverwaltungsfunktionen; in vielen Fällen genügt auch der geschickte Einsatz von Standardfunktionen. Wichtig ist, dass das Layout derartige, nicht exakt vorhersehbare Änderungen aushält. Müssen für kleinere Updates erst zahlreiche Grafiken neu erstellt werden, wird die Aktualität der Site mit unzumutbar hohem Aufwand erkauft.

dynamisch

Datenbankeinsatz

Unter diese Kategorie fallen geplante Änderungen wie z.B. aktuelle Nachrichten auf der Homepage, neue Produkte und Preisinformationen. Dynamische Anteile des Erscheinungsbilds werden bereits beim technischen Layoutkonzept berücksichtigt und lassen sich am ehesten unter Einsatz von Datenbanken oder Content–Management–Systemen realisieren.

interaktiv

Interaktivität erfordert die unmittelbare Reaktion auf Benutzeraktionen wie Mausklicks oder die Betätigung der Return–Taste. Ein Standardbeispiel sind sogenannte Roll–Over–Effekte, bei denen durch das „Überfahren" einer Grafik mit der Maus eine sichtbare Veränderung im Bild oder an einer anderen Stelle der Seite ausgelöst wird. Weitere Mittel sind auf Benutzereingaben reagierende Animationen, dialoggeführte Menüs und „intelligente" Kontaktformulare, bei denen der Besucher nur diejenigen Angaben eingeben muss, die für die jeweilige Transaktion notwendig sind und die auf Fehleingaben reagieren können. Dynamisch erzeugte, wechselnde Inhalte werden mit bereits genannten Techniken wie SSI, CGI, ASP, PHP, Skriptsprachen, Java, DHTML oder Multimediaformaten wie Flash generiert.

3. 4. 10 Hinweise zur Umsetzung

Mit der Festlegung von Inhalten und Layout beginnt die Umsetzung, die gemeinsam mit der beauftragten Agentur zeitlich festgelegt wird. Texterfassung, Umwandlung und Erstellung von Grafiken sowie die Programmierung der Seiten kann eine gewisse Zeit in Anspruch nehmen. Auffällig schnelle Resultate sind oft Ergebnis von mangelnder Sorgfalt: Konvertierungsprogramme, die Textdokumente in HTML–Code umsetzen, sind kein Ersatz für gut ausgebildete Webdesigner.

1. Unternehmensdarstellung

Corporate Identity

Ein einheitliches Layout ist Bestandteil der Corporate Identity: Besucher müssen die Firma im Web wiedererkennen. Zudem sollen die Informationen klar gegliedert, schnell erreichbar und einem möglichst breiten Nutzerkreis zugänglich sein. In der Praxis bedeutet dies, dass mit Grafiken und Animationen zurückhaltend umgegangen werden sollte. Kunden, die durch lange Ladezeiten oder den Zwang, ein Zusatzprogramm (Plug–In) aus dem Netz zu laden, verärgert werden, verlassen die betreffende Web–Präsenz fluchtartig und wenden sich der Konkurrenz zu.

2. E–Commerce

stabile Technik

Die technische Implementierung muss hier in Hinblick auf Stabilität und Sicherheit weitaus kritischer beurteilt werden als die Unternehmenspräsenz. Ist diese eine Stunde lang nicht erreichbar, bedeutet das sicherlich einen unangenehmen Imageverlust. Dieser wächst sich im Fall einer Site mit E–Commerce Funktionalität jedoch zu einem ernsthaften Schaden aus. Eine Site, die Ort von Online–Dienstleistungen oder Produktverkauf ist, muss permanent verfügbar sein. Zusätzlich muss in funktioneller Hinsicht die sichere Übermittlung von Kunden- und Zahlungsdaten ebenso gewährleistet sein wie eine zuverlässige Transaktionsabwicklung, die dem Kunden eine klare, einfache „Bestellstraße" anbietet und dabei die rechtlichen Rahmenbedingungen berücksichtigt. (vgl. Abschnitte 6.4 und 6.5.5).

3. Produktpräsentation

kreativer Einsatz von Multimediaformaten

Hier kann den kreativen Mitarbeitern einer Webdesign–Agentur freie Hand gegeben werden. Mittlerweile können auch über schmale Bandbreiten Animationen übertragen werden, die von der Wirkung her Werbespots im Fernsehen nahe kommen und zusätzlich interaktive Elemente enthalten. Man muss dabei freilich in Kauf nehmen, dass Besucher, die über ältere Webbrowser verfügen, die in die Seiten eingearbeitete Kunstwerke nicht zu

Gesicht bekommen. Andererseits kann eine multimedial ausgestaltete Produkt–Site gute Außenwirkung haben und durch ein positives Medienecho Besucherverkehr auf die Präsenz ziehen. Hier ist also eine sorgfältige Abwägung angesagt, die insbesondere die Auswahl des Multimediaformats berücksichtigt. Kleine Animationseffekte lassen sich bereits im Standardgrafikformat herstellen; einige Plug–Ins sind auch bereits im Lieferumfang der gängigen Browser enthalten. Auf jeden Fall sollte das technische Layout Fallback–Mechanismen bereithalten, damit beispielsweise ein Besucher, der einen älteren Browser besitzt, anstatt der Animation eine Grafik zu Gesicht bekommt, während ein Palmtop–Benutzer Textinformationen erhält. Besondere Produktsparten wie beispielsweise Medikamente bedürfen einer sorgfältigen Formulierung der auf der Website veröffentlichten Aussagen, da gesetzliche Vorschriften die Bewerbung dieser Produkte einschränken.

4. Information und Unterhaltung

Schwerpunkt: Strukturierung

Am besten finden sich Anwender auf der Suche nach Informationen in einer stark strukturierten, um Recherchefunktionen erweiterten Umgebung zurecht. Die Inhalte werden aus Datenbanken oder mit Hilfe von Redaktionssystemen generiert und dynamisch in die Seitenstruktur eingebunden. Besonders bei Anbietern großer Informationsmengen finden komplexe Systeme für die Verwaltung von Inhalten (Content–Management) mit teilweise mehrstufigen Publikationsvorgängen ihren Einsatz. Bei Texten ist es inzwischen fast üblich, eine zum Ausdruck geeignete Version anzubieten. Längere, mit Grafiken versehene Texte werden häufig in plattformunabhängigen Formaten wie PDF angeboten. Oft kann man Artikel auch auf Mausklick per E–Mail weiterversenden.

Artikel-gestaltung

Das Layout sollte vor allem den Kriterien der Übersichtlichkeit und Benutzerergonomie Rechnung tragen. Besonderen Augenmerk verdient auch die Gestaltung der Kontaktformulare: Das Ausfüllen von Informationsanforderungen oder Anträgen sollte einfach und unmissverständlich vonstatten gehen. Artikel müssen unter anderem mit dem Namen des Verfassers bzw. presserechtlich Verantwortlichen gekennzeichnet sein. Bei Hyperlinks auf fremde Artikel sollte man sich besonders in Deutschland die noch im Fluss befindlichen rechtlichen Gegebenheiten vergegenwärtigen.

5. Traffic–Site

Die Etablierung einer Traffic–Site stellt, auch unter enormem Marketingaufwand und mit Hilfe eines hohen Werbebudget, eine gewaltige und langfristige Herausforderung. Das in Abschnitt 1.2.1 erwähnte Modell des „first come – first profit" ist im WWW in vielen Bereichen nicht mehr zu realisieren. Die frühzeitig etablierten Anbieter kämpfen inzwischen mit großem Aufwand um die Marktanteile. Demgegenüber bietet der Online–Markt innovativen Geschäftsideen durchaus Potenziale, solange mindestens einer der Kernfaktoren Bandbreite, Zahl der Benutzer und online verbrachte Zeit steigt. Sieht man sich erfolgreiche Sites an, fallen klare Struktur, Textlastigkeit und eine breite Palette kostenloser Dienstleistungsangebote ins Auge. Unter dem oben genannten Nutzenaspekt nehmen Sites, deren Einnahmen von der Zahl der Besucher abhängig sind und sich daher an deren Bedürfnissen orientieren müssen, oft eine Vorreiterrolle ein.

3. 4. 11 Webdesign

Designer–Auswahl

Allgemein lässt sich sagen, dass die Zielsetzung des Designs in einer engen Zusammenarbeit zwischen Auftraggeber und Agentur entstehen und die Hauptzielrichtung des Projektes tragen sollte. Dazu werden frühzeitig Konzeptentwürfe in Form von Grafiken, Ausdrucken oder Testseiten benötigt. Wie bei der Designer–Auswahl üblich, findet die Auswahl des Dienstleisters erst statt, nachdem Entwürfe verschiedener Anbieter präsentiert wurden. Hat man aus Zeit– oder Kostengründen nur eine Agentur zur Auswahl, sollte diese ihre Fähigkeiten durch Referenzprojekte genügend unter Beweis gestellt haben. Die Empfehlung von Bekannten reicht in der Regel nicht aus, um eine qualifizierte Entscheidung treffen zu können.

online–gerechtes Design

Die Einschätzung von Design ist ein weites Feld und berührt unentscheidbare Fragen individueller Ästhetik. Richtlinien, die aus dem klassischen Layoutbereich stammen, lassen sich durchaus auf die Darstellung von Inhalten im WWW übertragen. Dazu müssen jedoch zusätzlich die Besonderheiten und Beschränkungen des Mediums sorgfältig berücksichtigt werden. Das Maß an Gestaltungsmöglichkeiten nimmt kontinuierlich zu und ermöglicht die funktionale und ansprechende Vermittlung des geplanten Erscheinungsbilds. Gleichzeitig stellt die exakte Kontrolle visueller Präsentation in einer multi–Plattform–Umgebung eine nichttriviale Aufgabe dar.

**Designan-
forderungen**

Einige Anforderungen an die Gestaltung und Programmierung von Web–Seiten sind:

- Berücksichtigung von Corporate Identity / Product Identity, dem gesamten Erscheinungsbild eines Unternehmens bzw. Produkts

- Trennung von Seitenstruktur und Layout mittels Formatvorlagen auf der Basis von Cascading Style Sheets (CSS)

- Eine vernünftige, zielangepasste Balance zwischen Text, Grafik und Hintergrundfläche

- Unauffällige Integration automatisch generierter Inhalte, die das geschlossene Layout der Site nicht stören dürfen

- Klare Erkennbarkeit der Navigationselemente: Besucher sollten nicht gezwungen werden, auf der Fensterfläche „wild umherzuklicken", bevor sie zufällig einen Link treffen.

- Wording: die Einbeziehung von Begriffsauswahl, sprachlichem Stil und Textlänge. Zum Beispiel ist die Frage, ob ein Verweis auf einen Unterbereich mit „Service", „Support" oder „Kundendienst" bezeichnet wird, von Zielgruppe und Nutzerkreis der Site abhängig. Ein weiterer zentraler Punkt ist die Entscheidung, ob längere Texte auf der Seite dargestellt oder in einem portablen Datenformat zum Download angeboten werden.

- Zukunftskompatibilität zu kommenden Standards wie Extensible Markup Language (XML).

- Fallback–Mechanismen für Besucher, die über ältere Browser verfügen und für Sehbehinderte, die mit speziellen Lesegeräten die Texte, jedoch nicht die grafischen Inhalte einer HTML–Seite erfassen können.

Ein große Herausforderung an das Webdesign besteht in der „Paradoxie der retrograden Funktionalität": In Zukunft werden zahlreiche Geräte, die auf höchst unterschiedlichen Plattformen beruhen, auf Informationen aus dem Internet zugreifen. Diese Entwicklung bringt zudem ständig neue Standards wie das Wireless Applikation Protocol (WAP) hervor. Fernseher, Mobiltelefone, Palmtops und Haushaltsgeräte, wie die berühmte Mikrowelle, die ihre Rezepte aus dem Web abruft, werden die Webdesigner vor ständig neue Aufgaben stellen.

3. 4. 12 Test und Veröffentlichung

**Browser–
Abhängigkeit**

Ehe der Auftritt öffentlich im Netz steht, sollten umfangreiche Tests der Präsenz auf inhaltliche und funktionale Korrektheit eingeplant werden. Für die Überprüfung von HTML und zur Verifikation der Links steht eine große Anzahl von Softwarewerkzeugen zur Verfügung. Bei Skriptsprachen muss das Augenmerk besonders auf die Tatsache gelenkt werden, dass Browser je nach Version und Hersteller unterschiedliche Implementierungen aufweisen und der Benutzer die Skriptfunktionalität jederzeit deaktivieren kann. Lassen Sie sich vom Designer auch vertraglich zusichern, dass beide gängigen Browserplattformen getestet wurden.

Es lohnt auf jeden Fall, die eigene Site bereits während der Erstellung unter folgenden Bedingungen zu testen:

- langsamer Modemzugang

- ältere Browser–Version

- Skriptsprachen und Cookies deaktiviert

- keine Plug–Ins

Tests sollten sich auf möglicht umfangreiche Kriterienkataloge stützen: Dies schließt die rechtliche Beurteilung der Inhalte ebenso ein wie technische Belange. Bei einer hastigen Produktionsweise werden oft Probleme übersehen, die später zu umfangreichen Nachbesserungsarbeiten führen. Der HTML–Standard sieht beispielsweise vor, dass Grafiken mit einer alternativen Textbezeichnung versehen werden. Sehbehinderte können sich dann den Inhalt einer Website einschließlich Grafikbeschreibungen von speziellen Geräten vorlesen lassen. In den USA werden bereits seit längerer Zeit für Behinderte schwer zugängliche Websites an den Pranger gestellt. Es steht zu erwarten, dass sich das Problembewusstsein in diesem Bereich auch hierzulande durchsetzen wird.

**Transfer-
problematik**

Wird die Website nicht direkt auf dem Server des Providers erstellt, birgt der abschließende Dateitransfer oftmals böse Überraschungen: Die in den Hyperlinks angegebenen Pfade stimmen nicht mehr, ein für die CGI–Programme benötigter Interpreter ist nicht auffindbar, bestimmte Zusatzprogramme fehlen. Eine alternative Vorgehensweise bei der Programmierung ist daher, die Erstellung von Anfang an in einem vor Suchmaschinen und Besuchern geschützten Bereich der bereits eingerichteten Web–Präsenz vorzunehmen. Dabei haben ausschließlich Provider, Designagentur und Kunde Zugang zu diesem Bereich, der eine echte Baustelle hinter einem entsprechenden Bauzaun darstellt. Der Kunde kann dabei, weitaus aussagekräftiger als durch zugesandte Ausdrucke, das Layout der Präsenz einschätzen und Änderungswünsche schneller an die Agentur übermitteln.

3. 4. 13 Empfehlungen: Sieben vermeidbare Fehler

Falls Sie die Web–Präsenz bei einer fähigen Designagentur erstellen lassen, können Sie die folgenden Abschnitte überspringen. Da jedoch bei der Seitenerstellung vielfach auf preisgünstige Angebote oder do–it–yourself Methoden zurückgegriffen wird, sind einige Hinweise auf Probleme angebracht, die bei der Gestaltung Ihrer Site vermieden werden können.

Veraltete Informationen

Stellen Sie sich vor, Sie geben eine Zeitung heraus, in der jeden Tag dasselbe abgedruckt ist: Tag für Tag, Woche für Woche, Monat für Monat. Immer noch richten sich die Sites vieler Firmen nach diesem Prinzip, obwohl es als erwiesen gilt, dass ein Hauptanziehungsfaktor einer Web–Präsenz ein ständig wechselndes, aktuelles Informationsangebot ist.

Fehlende Möglichkeiten zur Kontaktaufnahme

Auf einigen Websites sucht man geradezu verzweifelt nach einer Möglichkeit zu kommunizieren. Manchmal sind E–Mail Adressen, Firmenanschrift oder Kontaktformulare einfach zu geschickt versteckt angebracht. Auch große Betreiber verzichten leider allzu oft auf die traditionelle E–Mail Adresse des Webmasters.

Visuelle Gigantomanie

kritsiche Dateigröße Die Erfahrung zeigt, dass Besucher einer Website, die man schneller verlassen als betreten kann, von ihrem „Recht auf Weitersurfen" auch Gebrauch machen. Eine Faustregel besagt, dass vor allem die Einstiegsseite inklusive der eingebundenen Grafiken maximal 30–40 Kilobyte (KB) umfassen sollte – ein Richtwert, der sich in Zukunft mit dem Anstieg der auf breiter Basis verfügbaren Bandbreite ändern wird. Überlassen sie dem Besucher die Wahl bei der Anzeige bzw. dem Download umfangreicher Audio– und Videodaten. Falls Ihre Auswertung der Zugriffe anzeigt, dass außer der Einstiegsseite keine weiteren Bereiche der Präsenz besucht werden, ist dies eine mögliche Fehlerquelle.

Zwang zu exotischen Plug–Ins

Zusatz-komponenten

Plug–Ins sind Zusatzkomponenten für Webbrowser, die mit den Programmen entweder mitgeliefert werden oder aus dem Web oft kostenlos bezogen werden können. Durch den Einsatz entsprechender Plug–Ins lassen sich Datenformate und Multimediainhalte anzeigen und bearbeiten, die in der Grundfunktionalität der Browser nicht enthalten sind. Dennoch kann nicht davon ausgegangen werden, dass alle oder wenigstens eine Vielzahl der Besucher über die gewünschten technischen Möglichkeiten verfügen.

Daher ist vor dem Einsatz eines Plug–In grundsätzlich anzuraten, über eine aktuelle Statistik den Prozentsatz der Benutzer herauszufinden, welche die entsprechende Zusatzkomponente besitzen. In einigen Fällen ist auch ein Link auf die Site des Herstellers, von dem das Zusatzprogramm bezogen werden kann, umsonst: Bestimmte Plug–Ins werden von einigen Betriebssystemen (noch) nicht unterstützt. Man sollte sich vergewissern, dass der Benutzer in jedem Fall ein adäquates Erscheinungsbild zu Gesicht bekommt. Es ist auch anzuraten, Plug–Ins nicht unbedingt auf der Einstiegsseite zu platzieren, sondern diese beispielsweise gezielt für Produktpräsentationen oder Unterhaltungselemente einzusetzen.

Unklare Navigationssystematik, nichtssagende Bezeichnungen und halbfertige Angebote

Die klare Gliederung der Navigationsstruktur stellt für gute Webdesigner keine wesentliche Herausforderung dar und kann sich am Aufbau bekannter Sites orientieren. Dennoch gibt es zahlreiche Websites, die den Besuchern Rätsel aufgeben: Wo findet man grundlegende Informationen? Wie kommt man zu einer

Kontaktmöglichkeit? Wo sind Firmenanschrift, Telefon– und Fax-
nummern versteckt?

**Namens-
probleme**

Vielfach liegt das Problem weniger an der Struktur der Site an
sich, als eher an den Bezeichnungen, welche die meist als Grafiken gestalteten Verweise schmücken. Hinter einem Link mit dem
Namen „Information" mag sich alles mögliche verbergen. Sagen
Sie lieber, wen und über welche Themen sie informieren möch-
ten. Links zu aktuellen Neuigkeiten sollten auf der Einstiegsseite
stehen und sich nicht hinter einer mit „News" beschrifteten Grafik verstecken. Verzichten Sie auch eher auf Bereiche mit der
Bezeichnung „Aktuelles" oder „Neuigkeiten", wenn die Inhalte
der Site nicht in kurzen Abständen aktualisiert werden können.
Hyperlinks, hinter denen sich eine Nachricht befindet, der Bereich „werde noch aufgebaut", erinnern an einen Versandkatalog,
der Leerseiten enthält. Halbfertiges hat auf Ihrer Web–Präsenz
nichts zu suchen.

Altlasten

**Zähler und
animierte
Baustellen**

Die in der Anfangszeit des World Wide Web sehr beliebten grafischen Zähler (Counter), die deutlich sichtbar die Anzahl der eigenen Besucher anzeigen, haben auf der Website eines Unternehmens keinen Sinn. Verkünden Sie lieber auf der Homepage,
wenn Ihr Produkt zehnmillionenfach verkauft wurde. Counter
stoßen auf mangelndes Interesse und erzeugen eher Misstrauen.
Stellen Sie Ihren Online–Werbekunden und Interessenten in einem Unterbereich der Site detaillierte Besucheranalysen zur
Verfügung. Weitere bekannte Ärgernisse sind animierte Baustel-
len-Schilder, automatisch spielende Hintergrundmusiken und
ähnliche Kinderkrankheiten des Online–Layouts.

Technische Fehler

**Vorrang:
Qualität**

Reine HTML–Fehler sind dank der toleranten Umgehensweise
der Browser mit unvollständigen Formatauszeichnungen selten
geworden. Dagegen verursachen Skriptsprachen häufig Probleme. Besonders ärgerlich sind auch nicht abgefangene Daten-
bankfehler, die eine HTML–Seite in einen Haufen über den Bild-
schirm wandernde SQL–Anweisungen verwandeln. Relativ häufig
sind im WWW auch fehlerhafte Links und zahlreiche Recht-
schreibfehler zu beobachten. Zum Teil liegt das sicherlich an der
(immer seltener anzutreffenden) Einschätzung des Internet–Auftritts als ein Versuchsballon, für dessen Umsetzung sich weder

Investitionen noch Qualitätsbewusstsein lohnen. Qualitätsprobleme sind auch Ausdruck einer Philosophie, die sich am treffendsten mit dem Begriff „erstellen und anschließend liegen lassen" bezeichnen lässt.

3. 4. 14 Kontinuierliche Pflege und Ausbau

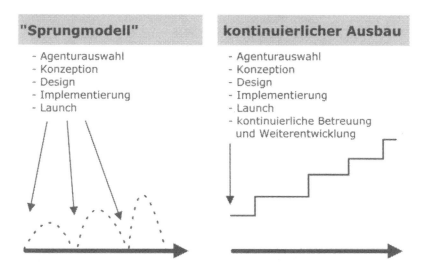

Abbildung 18: „Sprungmodell" und kontinuierlicher Ausbau

Die ursprüngliche Vorgehensweise der einmaligen Erstellung ist inzwischen der Erkenntnis gewichen, dass eine erfolgreiche Website anstelle animierter Grafiken in erster Linie ständig neue Inhalte sowie kontinuierliche Betreuung und Pflege benötigt.

Mit dem Ausbau der technischen Mittel kommen in rascher Folge neue Möglichkeiten der Präsentation auf den Markt. Viele Firmen lassen ihre Websites deshalb in jeweils kurzen Abständen vollständig neu programmieren: spätestens alle sechs Monate ist Zeit für den Re–Launch. Designer und Agenturen arbeiten dafür jedes Mal von neuem an Layouts, Funktionen und Inhalten.

Kosten-faktoren

Gegen eine gelungene, weitpublizierte Wiedereröffnung einer Site, z.B. kurz vor Weihnachten, ist nichts einzuwenden. Gegen ein konstantes Vorgehen nach dem „Sprungmodell" (Erstveröffentlichung, Re–Launch, erneuter Re–Launch, ...) sprechen dagegen vor allem die Kostenfaktoren, aber auch Aspekte der mangelnden Wiedererkennung bei den Besuchern. Natürlich kann es einige Zeit dauern, bis eine Website ihr „Gesicht" gefunden hat. Bei ständig steigendem Aufwand fragen sich Verantwortliche zu Recht, ob sich das Abenteuer WWW auf Dauer lohnt.

Allmählich verlagert sich daher der Fokus der Projektplanung auf die Methodik des kontinuierlichen, erfolgsgesteuerten Ausbaus der Web–Präsenz. Dazu sind regelmäßige Treffen zwischen Agentur und Kunden notwendig, in denen neue Projektziele besprochen und festgelegt werden. Vor jedem Re–Design ist eine präzise Einschätzung des Änderungsbedarfs angesagt:

kleine Änderungen

Das Layout einer Website muss kleine Änderungen, wie das Auswechseln einer E–Mail Adresse, aushalten (vgl. Abschnitt 3.4.9). Derartige Aktualisierungen sollten auch von Laien durchgeführt werden können. Falls eine Agentur die Website komplett betreut, müssen Vereinbarungen über den Zeitrahmen von Updates vorliegen: eine kleine Änderung auf der Website darf nicht zwei Wochen in Anspruch nehmen. Dies würde dem hochaktuellen Charakter des Mediums World Wide Web gravierend widersprechen.

geplante Aktualisierungen

dynamische Inhalte

Unter diesen Punkt fallen alle aktuellen Bereiche der Site wie Neuigkeiten, Pressemitteilungen und Produktangebot. Wurden diese Änderungsvorgänge bereits bei der Erstellung der Web–Präsenz berücksichtigt, ist die Erstellung regelmäßiger Updates relativ einfach. Dabei ist von Beginn an geregelt, ob die Durchführung durch eigene Kräfte oder die Agentur geleistet wird und auf welchem Weg die Informationen an die verantwortliche Stelle weitergeleitet werden. Bei kleinerem Aktualisierungsumfang kann der Einsatz von einfachen Werkzeugen ausreichen. Zum Beispiel können mit einem HTML–basierten Interface per Knopfdruck Texte oder Datenbankinhalte in die entsprechenden Teile der Site übertragen werden. Die Aktualisierungstools müssen sich jedoch zumindest in einem passwortgeschützten Bereich der Site befinden. Regelmäßige komplexe Updates erfordern die Verwendung von Redaktionssystemen, die den parallelen Einsatz mehrerer

mehrerer Bearbeiter ermöglichen und umfangreiche Funktionen zur Verwaltung von Inhalten (Content–Management) enthalten.

Funktionalitätsprobleme bei gutem Layout

Anpassung von Skripten

Im Prinzip bereitet es wenige Schwierigkeiten, einzelne Funktionen in einer ansonsten ansprechenden Website zu erneuern. Viele Kontaktformulare oder Warenkörbe lassen zu wünschen übrig oder müssen an neue Abläufe angepasst werden. Wenn die Site modular aufgebaut ist, reichen meistens lokale Änderungen bzw. der Austausch einzelner Programme oder Funktionen aus. Wichtig ist hier der ausführliche Test vor der Umstellung. Daher wird die gesamte Site in einen geschützten Bereich kopiert, auf dem die Änderungen vorgenommen und ausgetestet werden, ehe die eigentliche Web–Präsenz aktualisiert wird. Nimmt man diese Umprogrammierung auf einem eigenen Rechner bzw. im Intranet vor, muss man sich vergewissern, dass Betriebssystem– und Serverumgebung identisch sind. Dies ist ein nichttriviales Unterfangen, zumal vom Provider oft nicht alle Konfigurationsdetails zu erfahren sind und mit zunehmender Programmkomplexität die Abhängigkeiten von der Umgebung rapide wachsen

Layoutveränderung bei stabiler Funktionalität

neues „Gesicht"

Erfolgt die Modernisierung des Layout im Rahmen eines umfangreichen Änderungsbedarfs, ist der Aufwand höher einzuschätzen als bei inhaltlichen oder funktionellen Ergänzungen. Erfahrene Webdesigner können jedoch in relativer kurzer Zeit auf einen existierenden Kern eine neue Oberfläche aufsetzen. Falls Site–Struktur, Kommunikationselemente und allgemeine Funktionalität in Ordnung sind, kann eine neue Präsentationsschicht durch den Einsatz von HTML–Templates und Style Sheets hergestellt werden. Dabei nimmt die Erstellung von Grafiken den weitaus größten Anteil an Zeit in Anspruch.

umfangreiche Änderungen

Falls gravierende Änderungen von Navigationsstruktur, Inhalt und Layout notwendig werden, ist die Überlegung angebracht, ob die Site nicht komplett neu gestaltet werden soll. Dabei ist es sinnvoll, bereits im Vorfeld die Beratung einer Webdesign–Agentur einzuholen.

geplanter Ausbau

**stetige
Entwicklung**

Das Hinzufügen von Komponenten im Rahmen eines langfristig geplanten Ausbaus der Website bildet sicherlich die optimale Lösung. Dazu ist, wie im Abschnitt oben beschrieben, bereits vor der Erstellung der Präsenz gründliche Planung notwendig. Die Auswahl einer Agentur, die derartige Punkte berücksichtigt, kann zunächst mit höheren Kosten verbunden sein. Im Rahmen der Gesamtkostenstruktur fällt diese Vorgehensweise jedoch deutlich günstiger aus als das erwähnte „Sprungmodell".

Agenturen, die einen kontinuierlichen Betreuungsplan für eine Website anbieten, sind heute noch selten. Falls die kontinuierliche Betreuung der Site im eigenen Haus nicht durchführbar ist, muss jedoch eine Agentur gefunden werden, die dies übernimmt. Gleichzeitig ist der Gedanke, einen oder mehrere Arbeitsplätze für die Betreuung des Internet–Auftritts einzurichten, eine Überlegung wert. Dieser Weg stellt, besonders im Hinblick auf den weiteren Einsatz von Internet–Technologie durch Intranet und Extranets, eine sichere Investition in zukünftige Geschäftsfelder dar.

3.5 Site Marketing I: Grundlagen

**Erreichbarkeit
≠ Besucher**

Jede Web–Präsenz ist weltweit rund um die Uhr erreichbar. Im Klartext bedeutet dies jedoch eher: „potenziell auffindbar". Selbst ein erstklassiger Auftritt im Web garantiert noch keinen Besucheransturm, es sei denn, es konnte durch außergewöhnliche Gestaltungs- oder Leistungsmerkmale die Aufmerksamkeit der Print–Medien und anderer Multiplikatoren wie Rundfunk und Fernsehen geweckt werden. In der Regel gilt: Solange die Aufmerksamkeit der Internet–Nutzer nicht durch zusätzliche Maßnahmen auf die Web–Präsenz gelenkt wird, werden die Besucherzahlen aller Wahrscheinlichkeit nach im Minimalbereich bleiben.

**Zielgruppen-
fokus**

Im Hinblick auf Erfolgssteuerung der Site ist zunächst die anvisierte und bereits in der Planungsphase festgelegte Zielgruppe zu beachten. Über die generelle Zielsetzung der Site und die Merkmale dieser Zielgruppe entscheidet sich die Vermarktungsstrategie. Die im Folgenden angesprochen Themen bilden die Basis für einige im Internet entstandene Werbeformen (Abschnitt 6.6).

3. 5.1 Erfolgskontrolle durch Auswertung der Zugriffe

Woran misst sich der Erfolg einer Website? Die Antwort auf diese Frage hängt vor allem von der Ausrichtung des Projekts ab, die in den Planungsvorgaben festgelegt wurde.

Die klassische Unternehmenspräsenz verfolgt oft vielschichtige Ziele. Unter anderem sind dies:

- Attraktivität für Interessenten und Kunden

- Kundenbindung

- positive Auswirkungen auf das Firmenimage

- Reduzierung des Aufwands für Service und Kundenberatung

Der Erfolg einer Site mit Schwerpunkt E–Commerce lässt sich recht einfach an der Zahl der über das Web verkauften Produkte ablesen. Eine Image–Site soll den Bekanntheitsgrad und Marktanteil des beworbenen Produkts erhöhen. Traffic–Sites werden vorwiegend an ihren Besucherstatistiken gemessen.

harte und weiche Faktoren

Diese Kriterien bilden insgesamt eine Mischung aus harten und weichen Faktoren, die sich nur zum Teil in direkten Zahlen ausdrücken lassen. Für die grundsätzlich erforderliche Untersuchung der Besucherentwicklung werden Informationen benötigt, die über die Anziehungskraft der Site Auskunft geben können.

Zahlen, die in diesem Zusammenhang interessieren, sind beispielsweise:

- Wie ist die Besucherentwicklung der Site?

- Wie viele Besucher nehmen Kontakt auf oder bestellen etwas?

- Wie schnell schlagen sich Änderungen im Design in den Besucherzahlen nieder?

- Woher kommen die Besucher (z.B. Suchmaschinen, geschaltete Werbebanner)?

- Aus welchen geographischen Regionen kommen die Besucher?

- Wie viele Besucher klicken auf die für Werbekunden eingerichteten Banner?

Eine Auswertung der vom Webserver protokollierten Zugriffsdaten liefert die für eine Erfolgsmessung benötigten Grundlagen. Die statistische Verarbeitung der Rohdaten kann durch eigene Software geleistet werden oder wird vom Provider als Dienstleistung angeboten. Ein bestimmtes Grundwissen über die verwendeten Messkriterien hilft dabei, Missverständnisse zu vermeiden. Dies gilt auch im Hinblick auf eigene Werbeaktivitäten im WWW (vgl. Abschnitt 6.6).

Hits, Page-Views, Visits

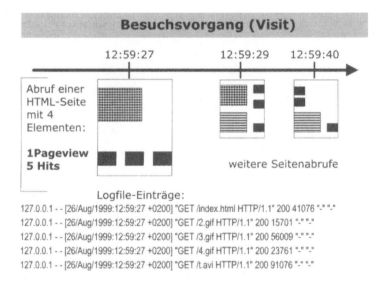

Abbildung 19: Hits und Pageviews innerhalb eines Visit

Webserver protokollieren jeden Zugriff auf ein Element der Site in einer Protokolldatei (Log), deren Format durch die Konfiguration des Servers bestimmt wird. Ein verbreitetes Format ist das Combined Logfile Format, dessen Einträge unter anderem Angaben zur IP–Adresse des anfragenden Rechners, Datum und Uhrzeit des Zugriffs und eine Identifizierung des anfragenden Browsers enthalten.

Hit

Jede Zeile im Logfile entspricht dem Zugriff auf ein einzelnes E-lement (HTML–Seite, Grafik, Skriptdatei) der Site. Die entsprechende Messgröße wird als Hit bezeichnet. Eine Seite, in die vier Grafiken und eine Animation eingebunden sind, ergibt dementsprechend sechs Hits im Logfile.

Page–View

Mit dem Begriff Page–Views (auch: „Seitenabrufe" oder „Page–Impressions") wird die Zahl der Sichtkontakte beliebiger Benutzer mit einer bestimmten HTML–Seite bezeichnet.

Visit

Zusammenhängende Besuche eines WWW–Angebots werden in Visits gemessen. Ein Besuch beginnt, wenn ein Nutzer von außerhalb des Angebots auf die Website kommt und endet mit dem Verlassen der Präsenz. Zur Identifikation von Visits sind Verfahren notwendig, die Start und Endpunkt der Seitenabrufe eines Besuchers ermitteln. Dazu werden die im Logfile protokollierten Aktionen der Benutzer in einzelne Ströme aufgeteilt (Clickstreams). Dies geschieht auf Basis der im Logfile ermittelten URL der jeweils zuletzt abgerufenen Seite (Referer).

Der Zeitraum, in dem ein Online–Angebot betrachtet wurde bzw. die Verweildauer auf einzelnen Seiten einer Präsenz bilden weitere statistische Grundmerkmale, die zur Auswertung herangezogen werden können.

3. 5. 2 Hinweise zur Interpretation von Web–Statistiken

Am wenigsten aussagekräftig ist die Anzahl der Hits: Werden zu einer HTML–Seite Grafiken hinzugefügt, steigt die Zahl der Hits beim Abruf der Seite, ohne dass sich an der Attraktivität des Angebots oder am Benutzerverhalten etwas geändert hätte. Bei der Messung von Hits weisen Angebote mit vielen grafischen Elementen also höhere Zugriffszahlen auf als Sites mit einfacher gestalteten Seiten. In diesem Zusammenhang sind Aussagen der Art „Wir hatten 200000 Zugriffe in den ersten drei Monaten" eher kritisch zu bewerten.

Basis:
Page–Views

Page–Views können schon eher als Vergleichsmaßstab für die Attraktivität von Websites gelten. Hier wird einfach die Anzahl der abgerufenen HTML–Seiten gezählt, unabhängig von der Anzahl der eingebundenen Elemente. Auch innerhalb des Angebots lassen sich anhand der Daten Aussagen treffen: Wie oft wurde die Seite mit Kontaktmöglichkeiten besucht? Wie viele Besucher haben sich für den Bereich Preise und Dienstleistungen interessiert?

Besuchs-
vorgänge

Am interessantesten ist der Wert, der die tatsächliche Besuchermenge wiederspiegelt: die Anzahl der Visits. Mit Hilfe der Referer–Daten lassen sich Besuchsvorgänge nachvollziehen, indem die Bewegungen der Besucher auf der Website sichtbar gemacht werden. Damit erhält man für die Gestaltung und Attraktivität des Angebots wichtige Hinweise. Verlassen viele Besucher die Präsenz auf einer bestimmten Seite, kann es nicht schaden, dort genauer hinzusehen und mögliche Ursachen zu analysieren.

Zudem erhält man über den ersten Referer–Eintrag der Visits den äußerst wichtigen Hinweis, ob die Besucher vorwiegend über Suchmaschinen, Werbebanner oder andere Hyperlinks auf die eigene Site kommen. Falls dabei bestimmte Unterseiten öfter angesprungen werden als die Hauptseite, ist zu untersuchen, ob in den Abfrageergebnissen von Suchmaschinen zwar die Unterseiten auftauchen, die Homepage jedoch nicht in der Treffermenge auffindbar ist.

„Error 404"

Der ebenfalls protokollierte numerische Rückgabecode des Servers gibt Aufschluss über Fehlersituationen. Durch die Auswertung der Logfiles erhält der Betreuer der Site wertvolle Informationen über mögliche Probleme innerhalb der Web–Präsenz. Die Angabe des verwendeten Browsers im Logfile ist für die Seitenprogrammierung nützlich, bedarf jedoch sorgfältiger Interpretation.

Zuordnungsprobleme

Adressen ≠
Besucher

Obwohl ein Webserver jeden einzelnen Zugriff exakt mitprotokolliert, besteht keine tatsächliche Zuordnung zwischen natürlichen Personen und Einträgen im Logfile: Die IP–Adresse ist nicht der Benutzer. Provider und Online–Dienste teilen ihren Kunden während der Einwahl per Modem oder ISDN dynamisch eine IP–Adresse aus einem Pool freier Adressen zu. Werden IP–Adressen fest vergeben (in der Regel bei permanent mit dem Internet verbundenen Hosts), teilen sich oft mehrere Benutzer einen Rechner. Ohne zusätzliche Informationen kann die Identität von Personen, die von einer bestimmten IP–Adresse aus auf ein Online–Angebot zugreifen, nicht festgestellt werden. Weiterhin geben Router und Firewalls ausschließlich die eigene IP–Adresse nach außen weiter. In diesem Fall taucht also der Router bzw. die Fi-

rewall als Herkunftsadresse im Logfile auf; Ursprung der Seitenabrufe kann jedoch ein beliebiger Host in dem abgeschirmten
Netzwerk sein.

**Robots,
Spider,
Crawler**

Der Besuch von automatischen Indizierungswerkzeugen der
Suchmaschinen schlägt sich ebenfalls im Logfile nieder. Die oft
umfangreichen Seitenabrufe der Robots (auch: Spider oder Crawler) finden sich im Logfile, ohne dass dies zunächst zusätzliche
Benutzerkontakte bedeutet. Allerdings ist der Besuch eines Robot
positiv zu bewerten, da er die Aufnahme in eine Suchmaschine
oder ein Verzeichnis anzeigt.

Neben dem Problem der eindeutigen Zuordnung von Ursprungs-
adressen werden die Zugriffszahlen selbst durch technische Gegebenheiten im WWW, vor allem durch Proxyserver und Brow-
sercaches, verfälscht.

Proxy und Cache

**Proxy–
Problematik**

Proxyserver dienen der Zwischenspeicherung (Caching) häufig
angeforderter Dateien. Jeder Internet Provider oder Online–
Dienst unterhält einen oder mehrere dieser Server, die den Seiten-
zugriff erheblich beschleunigen können. Bei jeder Anfrage von
Browsern, die einen Proxy verwenden, überprüft dieser, ob die
Seite bereits abgerufen und damit lokal zwischengespeichert
wurde. Ist dies der Fall, bedient der Proxy die Anfrage aus dem
eigenen Cache, ansonsten wird die Anfrage an den Webserver
weitergegeben. Das zurückgelieferte Resultat wird dann wiederum an den Browser durchgereicht und zusätzlich im Cache des
Proxy gespeichert. Beim nächsten Zugriff liegt die Seite lokal vor.

Bei der Entscheidung, ob die Anfrage vom Proxy selbst beantwortet oder an den Server weitergereicht wird, spielen neben
Einstellungen am Browser und Proxy–Konfiguration auch Einträge in den HTML–Seiten eine Rolle. Wird die Seite aus dem Proxy
an den Benutzer zurückgeliefert, enthält die Protokolldatei des
Webservers keinen Eintrag. Der Benutzer sieht die Seite, obwohl
der Server nicht in Aktion getreten ist. Daher verringern Proxies
die ermittelten Zugriffszahlen zum Teil erheblich.

**Abruf aus dem
lokalen Cache**

Derselbe Effekt wird durch Zwischenspeicher erzielt, die der
Browser auf der Festplatte des Benutzers anlegt. Der Browserca-
che enthält zur Beschleunigung des Zugriffs auf häufig besuchte
Sites die bereits abgefragten Web–Seiten und eingebundenen E-

lemente. Auch hier bestimmen Einstellungen des Browsers und Einträge auf den angeforderten HTML –Seiten die Art und Weise der Zwischenspeicherung.

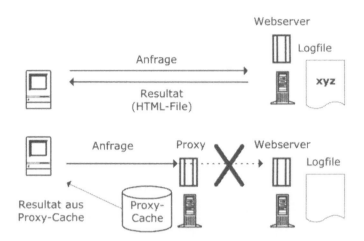

Abbildung 20: Oben: Normaler Seitenabruf. Unten: ein Proxy verhindert die Registrierung eines Abrufs

Im Ergebnis verursachen diese beiden Faktoren eine Verringerung der Zahl der Hits bzw. Page–Views gegenüber der tatsächlich erzielten Reichweite. Außerdem können Besuchsvorgänge (Visits) rätselhafte Löcher aufweisen. Die Anzahl der Page–Views wird zusätzlich durch die Gestaltung von HTML–Seiten mit Framesets verfälscht, da sich eine sichtbare „Seite" aus mehreren Dateien zusammensetzen kann, die einzeln abgerufen werden.

technische Lösungsansätze

verzerrte Daten

Die allgemeine Weisheit: „Statistiken lügen", macht sich im Allgemeinen auch in der Auswertung der Besucherzugriffe bemerkbar; die angesprochenen Probleme werden noch zu selten berücksichtigt. Manchmal lassen sich Entscheider jedoch durch die Präsentation einer Vielzahl professionell gestalteter Diagramme beeindrucken. Da die zugrundeliegenden Daten jedoch verzerrt sind, gerät die Erfolgsmessung zur reinen Show, die eine gezielte Weiterentwicklung des Online–Auftritts eher behindert. Ein echtes Controlling von Websites setzt den professionellen Einsatz der Auswertungswerkzeuge voraus.

**IVW–
Verfahren**

Die angesprochenen Verfälschungseffekte lassen sich durch entsprechende Gestaltung der Webseiten, erweiterte Auswertung von Serverdaten sowie zusätzliche Programmierung und Konfiguration des Webservers gering halten. Einige Anbieter von Websites sind auf möglichst genaue Ermittlung der Benutzerzahlen angewiesen, beispielsweise um Werbekunden den Erfolg der Site nachzuweisen. Dazu zählen besonders die Zeitungs- und Zeitschriftenangebote von Verlagen, die traditionell zur Dokumentation ihrer Auflagenzahlen angehalten sind. Daher hat die Informationsgemeinschaft zur Feststellung der Verbreitung von Werbeträgern e.V. (IVW) ein ausgeklügeltes Messverfahren entwickelt, das eine relativ genaue Ermittlung der Zugriffszahlen ermöglicht. Die Festlegung auf einen internationalen Standard bei der Auswertungen der Web–Statistiken steht dagegen noch aus.

Im Zusammenhang mit der Auswertung von Benutzerdaten stellt sich zunehmend eine andere gravierende Problematik: der Datenschutz.

3. 5. 3 Datenschutzproblematik

**Protokoll=
gezielte
Sammlung?**

In Publikationen wird gelegentlich der Eindruck erweckt, die Protokollierung der Daten durch den Webserver werde absichtlich vom Betreiber der Website installiert und diene vorwiegend dem Ausspähen von Benutzerdaten. Zunächst einmal ist die Aussage falsch: Webserver protokollieren die Zugriffe standardmäßig mit. Die meisten Serverapplikationen sowie Betriebssysteme protokollieren grundsätzlich eine Menge von Informationen, angefangen von der Zeitspanne, in der ein bestimmter Benutzer angemeldet war, bis hin zu zahlreichen technischen Daten. Webserver machen dabei keine Ausnahme. Die IP–Adresse des Absenders ist fester Bestandteil der Datenpakete, sonst wäre eine Rücksendung von Daten nach dem Client/Server–Prinzip nicht möglich. Vollkommene Anonymität ist auf dem Internet nur mit Hilfe spezieller Dienste oder weitreichendem technischen Know-How zu erreichen.

Datenschutz betrifft daher in erster Linie die Frage des Umgangs mit den anfallenden Daten. Wie grundsätzlich bei rechtliche Fragen berührenden Themen, sind die hier angesprochenen Hinweise als allgemeine Anregung aufzufassen, sich mit dem Thema gründlich auseinanderzusetzen. Die Einbeziehung juristischer Fachberatung ist auf jeden Fall notwendig.

Anonymisie-rung

Ein Lösungsvorschlag, der sich zur Vorbeugung datenschutzrechtlicher Probleme anbietet, ist die komplette Anonymisierung der Auswertung, die mit einigen Zeilen Programmcode erreicht werden kann. Dabei können statistische Daten wie die geographische Herkunft der Benutzer nach Länderkennungen durchaus bestehen bleiben.

Aufklärung der Besucher

Wichtig ist anzumerken, dass die Besucher auf der Site mit einem deutlichen Hinweis über die Verarbeitung und Verwendung der Daten aufgeklärt werden müssen. Der einfache Satz: „Ihre Daten werden elektronisch gespeichert und verarbeitet" reicht nach Auffassung vieler Fachleute nicht aus. Vielmehr sollte genau beschrieben werden, was mit den Daten geschieht. Auf jeden Fall ist die Zustimmung der Besucher einzuholen, falls die Daten an Dritte weitergegeben werden.

Besucher-registrierung

Wie bereits beschrieben, ist eine eindeutige Zuordnung zwischen natürlichen Personen und den anhand der IP–Adresse in der Protokolldatei gespeicherten Besuchern nicht möglich. Sollen Nutzer mit Ihrer Identität erfasst werden, wird daher oft eine Anmeldung zu bestimmten, auf der Website offerierten Zusatzdiensten eingesetzt. Lassen sich Benutzer mit Namen und E–Mail Adresse registrieren, sind diese ebenfalls detailliert über die Datenverwendung zu informieren und eine entsprechende Einverständniserklärung einzuholen.

Problemfall Cookies ?

Problematisch gilt ebenfalls der noch relativ weitverbreitete Einsatz von Cookies, die vorwiegend zur Nachverfolgung von Besuchsvorgängen eingesetzt werden (vgl. Abschnitt 3.4.8). Durch Cookies erzeugte Datenschutzprobleme werden besonders hierzulande seit längerer Zeit diskutiert. Auch amerikanische Site–Betreiber (die im Hinblick auf datenschutzrechtliche Bestimmungen weitaus größere Freiheiten besitzen) haben mittlerweile festgestellt, dass viele Anwender im Hinblick auf die Risiken von Cookies sehr kritisch sind. Daher gehen viele Anbieter inzwischen dazu über, auf ihrer Website auf den Einsatz der „Datenkekse" zu verzichten.

Gegen die Genauigkeit der durch Cookies ermittelten Daten spricht ohnehin, dass die Eigenschaft des Browsers, Cookies zu akzeptieren, abgeschaltet werden kann und auf der Festplatte gespeicherte Cookies jederzeit vom Benutzer gelöscht werden können. Generell sollte die Funktionalität der öffentlichen Bereiche einer Website nicht von derartigen Mechanismen abhängig sein. Andererseits lassen sich z.B. gerade nichtpersistente Cookies dazu einsetzen, vor der Anzeige privater Benutzerinformationen die korrekte Zieladresse zu überprüfen. Im Zusammenspiel mit einer abgesicherten Verbindung (vgl. Abschnitt 7.3) können Cookies die Übertragungssicherheit erhöhen.

Datenschutz-risiken

Außerdem müssen in jedem Fall Maßnahmen getroffen werden, um die anfallenden Daten vor dem Zugriff Dritter zu schützen. Unternehmen, die Kundendateien einschließlich Kreditkartendaten ungeschützt auf dem Webserver lagern, finden sich schnell in unangenehmen Pressemeldungen wieder. Auch ein Image als „Datensammler" kann einer Firma neben den drohenden rechtlichen Konsequenzen beträchtlichen geschäftlichen Schaden zufügen. Es lässt sich auch vermuten, dass bis zur allgemeinen Annahme entsprechender gesetzlicher Regelungen juristische Auseinandersetzungen den Bereich Datenschutz im Internet prägen werden.

3. 5. 4 Promotion der Site

Man sollte sich nicht wundern, wenn die Besucherzahlen zu Beginn des Online–Auftritts gering ausfallen. Oft greifen gerade Maßnahmen zur Imageverbesserung nur langsam. Der tatsächliche Erfolg eine Website ist ein langfristig erreichbares Projektziel, das dauerhaftes Engagement und schnelle Reaktion auf die Entwicklungen im WWW erfordert.

regionale, nationale oder globale Präsentation

Streuungs-radius

Auf den ersten Blick macht eine geografisch beschränkte Bewerbung der eigenen Site keinen Sinn: Im WWW sind alle Angebote rund um die Uhr weltweit erreichbar. Andererseits hat es beispielsweise für einen regional geprägten Handwerksbetrieb wenig Zweck, die Web–Präsenz in Australien bekannt zu machen. Die Möglichkeiten, die das Internet im Rahmen der Globalisierung auch für bisher lokal begrenzte Betriebe bietet, sind durchaus beachtlich. Es ist jedoch auf jeden Fall anzuraten, bei Suchmaschinen– und Verzeichniseinträgen zu Beginn Schwerpunkte zu setzen, die der angepeilten Zielgruppe entsprechen.

Über regionale Anbieterverzeichnisse lassen sich Kunden in der Umgebung des Betriebs ansprechen. Diese Verzeichnisse werden oft von Städten und Gemeinden initiiert. In überregionalen Medien beworbene Verzeichnisse sind sinnvoll, wenn Sie Ihre Site landesweit auffindbar machen wollen. Internationale Angebote setzen eine entsprechend mehrsprachig gestaltete Website voraus. Internationale Verzeichnisse erhalten eine enorme Anzahl von Registrierungsanträgen.

**Such-
maschinen**

Inzwischen werden besonders „clevere" Anbieter, die Ihre Site in kurzen Intervallen automatisiert registrieren oder früher wie kostbare Geheimnisse gehandelte „Tricks" anwenden, um in den oberen Plätzen der Suchanfrageergebnisse zu landen, von den Suchmaschinen gesperrt. Dagegen gehen einige Suchmaschinenbetreiber dazu über, Trefferplätze bzw. mit vom Benutzer eingegebene Suchbegriffen verknüpfte Anzeigenpräsentation zu verkaufen.

**notwendig,
nicht
hinreichend**

Der Eintrag in zahlreiche Suchmaschinen ist keine Erfolgsgarantie für eine Website. Er stellt vielmehr eine unumgängliche Maßnahme dar, sozusagen eine Glasscheibe für das Schaufenster, wo zuvor noch ein Bretterverschlag den Blick auf das Angebot verwehrte. Suchmaschinen und Verzeichnisse sind ein wichtiger Baustein eines erfolgreichen Web–Auftritts. Die korrekte Eintragung in Verzeichnisse und Suchmaschinen erfordert den Gesamtrahmen einer gezielten Site–Promotion und kontinuierliche Erfolgskontrolle.

Die Durchführung von Suchmaschinen- und Verzeichniseinträgen finden sich im Angebotsspektrum von Providern und eigens spezialisierten Marketingunternehmen. Daneben gibt es Softwareprogramme, die Einträge in eine große Zahl von Suchmaschinen versprechen. Man sollte sich dabei auch vor Augen halten, dass viele Benutzer nur die ersten zwanzig oder dreißig „Treffer" einer Suchmaschine tatsächlich betrachten, bevor sie den Versuch abbrechen, die gewünschte Information zu finden. Wie viele zufriedene Kunden kann eine Promotionsfirma haben, die verspricht, jede Website unter die ersten zehn Einträge zu bringen?

Cross–Promotion

Visitenkarte bis Fernsehspot

Dabei kann auch bereits eine besonders gelungene Gestaltung der Website die breite Aufmerksamkeit der Medien erregen und ist somit als relativ preiswerte Werbemaßnahme anzusehen. Vielfach missverstanden wird auch die Rolle der Site–Promotion in den bereits vorhandenen Werbemitteln wie Print–Anzeigen, Hörfunk– und Fernsehspots, Broschüren, Kataloge. Anstatt lediglich die nackte Adresse der Website anzugeben, erscheinen eher Hinweise auf die Inhalte der Site sinnvoll. Dies können beispielsweise Gewinnspiele, Aktionen oder Informationen zu einem neuen Produkt sein. Dass übliche Elemente der Außendarstellung wie Visitenkarten und Geschäftspapier den URL der Website als Bestandteil der Unternehmensadresse enthalten, ist inzwischen selbstverständlich geworden. Aspekte der Werbung im Internet wie die Schaltung von Werbeanzeigen (Bannern) im WWW werden in Abschnitt 6.6 angesprochen.

3. 5. 5 Die Website als Ort für Ereignisse

Ein Web–Event ist ein zeitlich gebundenes Ereignis, das teilweise oder ausschließlich im WWW stattfindet. Die Live–Übertragung einer Pressekonferenz, prominente Diskussionsrunden, Feierlichkeiten sowie Gespräche mit Experten, Entwicklern und Konzernchefs werden vielfach bereits über das Internet „ausgestrahlt".

Im Gegensatz zu herkömmlichen Medien bietet die Interaktivität des Internet neue Möglichkeiten:

- Über Streaming–Media–Formate, die in Verbindung mit speziellen Serverapplikationen einen kontinuierlichen Datenstrom zum Browser liefern, lassen sich vergleichsweise kostengünstige Lösungen für die Übertragung von Audio- und Videodaten realisieren.

- Die Events können ergänzend zu Sendungen im Radio oder Fernsehen eingerichtet werden. Wie im Fall telefonischer „Call–Ins" können Fragen zur Sendung via E–Mail und per Live–Chat gestellt werden. Gäste und Online–Besucher können vor und nach der Sendung weiterdiskutieren.

- Als einfache und dennoch sehr beliebte Lösung bieten sich reine Chat–Ereignisse an, bei denen Prominente mit Besuchern der Website in Echtzeit Textnachrichten austauschen.

Stabilität hat Vorrang

Man sollte sich bei Event–Projekten darüber im Klaren zu sein, dass der Erfolg von einem technisch einwandfreien Ablauf abhängt. Ein Serverausfall während einer weit beworbenen Pressekonferenz kann dem Image der Firma deutlich schaden. Daher sollte die Durchführung Fachleuten überlassen bleiben, die die Events komplett technisch betreuen und im Fall einer Videoübertragung auch Ausrüstung und Personal stellen. Für einen Live–Chat ist eine stabile, sorgfältig konfigurierte Softwarelösung mit redundanten und auf hohe Besucherzahlen ausgelegten Server nötig. Es ist anzuraten, das Event auf einem von der eigenen Site getrennten Server durchzuführen, um im Problemfall nicht komplett von der Internet–Gemeinde abgeschnitten zu sein. Viele Provider bieten die Abwicklung von Web–Events in Zusammenarbeit mit Spezialfirmen an.

3. 5. 6 Ergänzende Marketingwerkzeuge: Newsletter und Mailinglisten

Es mag eventuell bis hier der Eindruck entstanden sein, WWW und die individuelle Kommunikation per E–Mail stellten die einzigen unternehmensrelevanten Dienste im Internet dar. Tatsächlich sind es auch die mit Abstand am meisten genutzten Internetdienste.

Newsgroups

In älteren Quellen noch erwähnte Begriffe wie Gopher, WAIS, Veronica oder Jugghead sind inzwischen obsolet geworden. Technische Überreste dieser Verzeichnis– und Volltextsuchmechanismen sind in das WWW integriert. Teilweise wurden die Funktionen auch von Suchmaschinen und Web–Kataloge übernommen. Wie bereits im Abschnitt „Informationsrecherche im Internet" angesprochen, können Newsgroups hervorragende Informationsquellen darstellen, sind jedoch im Bezug auf Eigenwerbung besonders heikel. Die früher weitverbreitete Ansicht, man könne durch massive Werbung im Usenet zahlreiche Kunden gewinnen, wird vorwiegend von Anbietern von Schneeballsystemen und Gewinnschemen nach dem Motto „Werden Sie in wenigen Tagen Millionär" geteilt. Seriöse Unternehmen halten sich mit derartigen Aktionen, die einen nicht widerherstellbaren Imageschaden hervorrufen können, deutlich zurück.

Newsletter, Mailinglisten

Unproblematischer erscheinen dagegen die in Abschnitt 3.3.1 erwähnten Newsletter und Mailinglisten. Sie sollten diese Möglichkeiten im Hinblick als Ergänzung zur Website ansehen:

- Gibt es regelmäßige Nachrichten, die Sie Ihren Stammkunden via Newsletter zukommen lassen könnten?

- Sind Experten im Haus, die vom Gedankenaustausch mit Wissenschaftlern oder Kollegen profitieren können?

- Gibt es Bedarf für die Kommunikation mit Stammkunden, Zulieferern und Partnern über eine geschlossene Mailingliste?

Wichtig ist, dass die Adressaten eines Newsletter bzw. die Teilnehmer einer Mailingliste nur auf Anforderung in diese Verteiler aufgenommen werden und sich gegebenenfalls ebenso einfach wieder abmelden können. Ob die Inhalte des Newsletter oder die Diskussionsthemen in der Mailingliste für weite Nutzerkreise interessant sind, kann genau an der Entwicklung der eingeschriebenen Bezieher abgelesen werden.

Content–Provider   Newsletter und Mailingliste benötigen jeweils eigene Server–Programme, die die Versendung der Nachrichten bzw. Verwaltung der Beiträge leisten. Zur inhaltlichen Gestaltung eines Newsletter ist gegebenenfalls die Zusammenarbeit mit einem spezialisierten Content–Provider zu erörtern, der aktuelle Inhalte zur Verfügung stellt und eventuell auch die komplette Verwaltung des regelmäßigen Informationsversands übernimmt.

4 Projekt Intranet

4. 1 Überblick

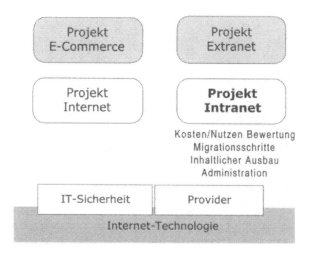

Abbildung 21: Projekt Intranet

Intranet ≠ LAN   In einigen Firmen wird das eigene Netzwerk über Nacht offiziell zum Intranet erklärt. Auch einzelne Medien verwenden inzwischen die Begriffe „Intranet" und „Firmennetz" synonym. Infolgedessen werden oft die konkreten Vorteile des unternehmensinternen Einsatzes von Internet–Technologie übersehen bzw. unterschätzt. Dagegen haben andere Unternehmen bereits frühzeitig auf die Entwicklungen im Intranet–Bereich reagiert und ihre internen Kommunikations– und Anwendungsstrukturen konsequent auf TCP/IP–Basis umgerüstet. Die meisten internationalen Konzerne wickeln inzwischen zentrale Informations– und Kommunikationsprozesse über Intranets ab.

Das deutlich zurückhaltendere Engagement der kleinen und mittleren Betriebe beruht vielfach auf der fehlenden Einschätzung von Einsatzmöglichkeiten, Effizienzvorteilen und langfristigen Kostensenkungsfaktoren. Selbst kleine Firmen, die über wenige vernetzte Rechner verfügen, können die Vorteile des innerbetrieblichen Einsatzes von TCP/IP basierten Netzwerken nutzen. Diese zuversichtliche These soll im Folgenden unter Einbeziehung von Kosten– und Nutzenaspekten eines Intranet näher begründet werden. Anschließend werden Projektschritte beschrieben, die den geplanten Aufbau und die längerfristige Entwicklung eines Intranet charakterisieren.

4. 2 Charakterisierung von Intranets

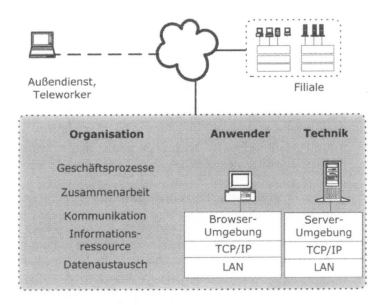

Abbildung 22: Intranet

Während die Begriffe „Local Area Network" (LAN) und „Wide Area Network" (WAN) die räumliche Dimensionierung der Netzwerkstruktur widerspiegeln, bezeichnet der Ausdruck „Intranet" den Einsatz von Netzen auf der Basis von TCP/IP innerhalb eines Unternehmens oder einer Organisation. Intranets werden in kleinen Firmen innerhalb eines LAN realisiert, während sich die Intranets weltweiter Konzerne über den ganzen Erdball erstrecken. Die folgenden Eigenschaften kennzeichnen ein Intranet:

1. Ein Intranet basiert technisch auf den gleichen Netzwerkprotokollen und Kommunikationsstandards wie das öffentlichen Internet.

2. Ein Intranet ist privat, d.h. der Zugriff auf Ressourcen ist auf organisationsinterne Benutzerkreise eingeschränkt.

3. Auf der Seite der Anwenderprogramme ersetzt eine Browser–Suite die vormalige Vielfalt proprietärer Benutzerschnittstellen.

4. Inhalte und Funktionen eines Intranet werden auf die spezifischen Bedürfnisse des Unternehmens abgestimmt und durch Serverdienste erbracht.

4. 2. 1 Grundlage TCP/IP

Technisch gesehen kann ein Intranet als „privates Internet" aufgefasst werden. Das bedeutet, dass zum Datenaustausch dieselben Protokolle, Dienste und Client/Server–Lösungen verwendet werden wie im öffentlichen Netz. Dabei kommt auf der Netzwerkebene die Protokollfamilie TCP/IP zum Einsatz.

**Integrations-
faktor TCP/IP**
TCP/IP lässt sich in nahezu alle Netzwerkumgebungen integrieren und dabei als Brücke zwischen heterogenen Strukturen einsetzen. Mit dem Einsatz der Protokollfamilie ist ein Fundament für weitere, aus dem Internet übernommene Konzepte geschaffen, wie die Umsetzung zwischen IP–Adressen und Namen mittels des DNS, die Identifikation von Dateien und Diensten durch URL und den Datenaustausch auf Applikationsebene unter Verwendung standardisierter Anwendungsschichtprotokolle.

Durch die Adaption der aus dem Internet bekannten Technologiebausteine werden die Vorteile eines auf frei verfügbaren und offenen Standards basierenden Konzepts voll ausgeschöpft.

4. 2. 2 Technische Trennung vom Internet

Der Sicherheitsstandard im öffentlichen Internet kann durchaus als niedrig bezeichnet werden. Weit publizierte Fälle von Datenmissbrauch und der Ausnutzung von Sicherheitslücken haben dem Internet den Ruf eines Sicherheitsrisikos für private und geschäftliche Anwender eingebracht. Die Problematik beruht auf zwei Tatsachen. Erstens kann jeder Host im weltweiten Netzverbund von allen anderen Zugangspunkten aus erreicht werden. Zweitens wurden die im Internet eingesetzten Kommunikationsprotokolle ursprünglich nicht auf die Anforderungen der Datensicherheit hin konzipiert. Daher müssen bei der Einrichtung eines Intranet in erster Linie Maßnahmen zur technischen und organisatorischen Trennung zwischen öffentlichem Netzzugang und privatem Unternehmensnetz getroffen werden.

Sicherheits-konzept

Weiterhin beruht die Konzeption von Sicherheitsanforderungen für ein Intranet auf der Autorisierung der zugangsberechtigten Benutzer, der Aufklärung und Schulung von Anwendern und anderen klassischen Kriterien der IT–Sicherheit. Wie jede Netzwerkumgebung erfordert die technische Absicherung eines Intranet angemessenen Aufwand und regelmäßiges Engagement. Internet–basierte Technologie umfasst mittlerweile eine Reihe offener Sicherheitsstandards, die eine umfangreiche Absicherung des Datenverkehrs zulassen. Ansätze zur Intranet–Sicherheit werden in Kapitel 7 angesprochen.

4. 2. 3 Browser–Suite als universelle Benutzerschnittstelle

Der Einsatz der Browser–Suite (Browser, E–Mail, Newsreader und Messengerclient im Paket) als vorrangiges Benutzerwerkzeug im Intranet ermöglicht sowohl die schnelle Navigation durch firmeninterne Informationsstrukturen als auch die Verfügbarkeit multimedialer Inhalte und Anwendungen unter einer einheitlichen Oberfläche.

Dies gestattet die Anzeige und Bearbeitung von Daten und Dokumenten aus zahlreichen unterschiedlichen Quellen mit einem einzigen Programmpaket. In der Regel enthält eine Browser–Suite zusätzlich einfache Groupware–Werkzeuge. Weitere Dokumentformate können durch Schnittstellen (Plug–Ins) eingebunden werden.

zentrale Administration

Die durch den Umgang mit dem Internet vertraute Browseroberfläche wird dabei Schritt für Schritt zur universellen Applikationsschnittstelle, die mit dem Ausbau des Intranet zunehmend komplexere Aufgaben übernimmt. Die Einstellung der Verbindungsparameter und die Sicherheitskonfiguration der Browser kann zentral für alle Benutzer festgelegt werden.

4. 2. 4 Serverumgebung

Die mit der Browser–Suite nutzbaren Informations– und Kommunikationsdienste werden von einer Reihe von Server–Applikationen erbracht. Zur Grundausstattung eines Intranet zählen die folgenden Server:

- Webserver liefern Hypermedia–Dokumente an HTTP–fähige Clients und stellen Schnittstellen zu weiteren Applikationen zur Verfügung. Dazu zählen in erster Linie das Common Gateway Interface (CGI), eingebettete Skriptsprachen wie ASP oder PHP, herstellerspezifische Schnittstellen (ISAPI, NSAPI) und Java–Komponenten, die in der Serverumgebung ausgeführt werden (Servlets).

- E–Mailserver leisten die Verwaltung von E–Mail auf der Basis der Internet–Standards SMTP, POP und IMAP.

- FTP–Server bieten einfache Funktionen für die Übertragung von Dateien zwischen heterogenen Betriebssystemen.

- Newsserver verwalten elektronische Diskussionsbretter.

- Weitere Server stellen Funktionen für Echtzeitdiskussionen und die Übertragung von Audio– und Videodaten bereit.

breite Plattform

Varianten der angesprochenen Serverprogramme sind im Umfang moderner Betriebssysteme enthalten oder können kostenlos aus dem Internet bezogen werden. Zusätzlich bieten kommerzielle Anbieter Serverapplikationen an, die ein breites Funktions– und Leistungsspektrum abdecken.

Zur technischen Serverumgebung in Intranets zählen weitere Anwendungen wie die Verwaltung von Namens– und Verzeichnisdiensten, Benutzerverwaltung, Dateisystemintegration und Sicherheitsfunktionen.

4. 3 Motivation für das Intranet–Projekt

Auch mit dem Einsatz von Datenverarbeitungsanlagen bleiben in vielen Unternehmen zentrale organisatorische Fragen ungelöst.

Die meisten Schwierigkeiten treten durch ineffiziente Informationsverteilung, Kommunikationsbarrieren und mangelnde Interoperabilität von DV–Strukturen auf. Einige der häufig genannten Probleme sind:

- Informationsverdopplung durch fehlende Dokumentenverwaltung

- Probleme der Koordination nebenläufiger Arbeitsprozesse

- mangelhafte Dokumentation zentraler Prozesse und Arbeitsvorgänge

- eine Vielzahl nebeneinander verwendeter Kommunikationskanäle

- durch die Einführung von Personal Computern paradoxerweise entstandene Papierberge

Probleme in Legacy–Strukturen

Die Implementierung von vernetzten Rechnerumgebungen, Workgroup–Lösungen oder Dokumentenverwaltungssystemen kann bereits einige der angesprochen Probleme lösen oder zumindest reduzieren. Allerdings erfordern Legacy–Netzwerke oft hohen Investitionseinsatz und lassen zahlreiche Fragen offen, die für die Migration in eine Intranet–Umgebung sprechen:

- Interoperabilitätsprobleme durch heterogene Netzwerkstrukturen sowie inkompatible Anwendungsprogramme und Datenformate

- Abhängigkeit von proprietärer und veralteter Software

- wachsende Ausgaben für Systemanpassungen

- Probleme bei der Integration neuer Software in bestehende Strukturen

- Zeitverluste bei Datenaustausch über Abteilungsgrenzen

steigende Anforderungen

Während die graue IT–Vergangenheit vorwiegend durch Abhängigkeit von Programmierern und Herstellern gekennzeichnet war, haben die Auswirkungen der vielzitierten „Softwarekrise" dazu geführt, dass proprietäre Software, Netzwerk– und Kommunikationslösungen heute durch das Management kritisch beurteilt werden, zumal die rasche Technologieentwicklung oft hohe Folgekosten mit sich bringt. Waren Entwickler und Anwender früher zufrieden, wenn die Software „den Job erledigt", sind die Anforderungen an Informationssysteme rapide gewachsen. Verlangt werden unter anderem:

- verteilte, skalierbare, plattformübergreifende Lösungen

- schnelle Realisierbarkeit der erforderlichen Infrastruktur

- globale Verfügbarkeit von Nachrichten, Daten und Anwendungen

- Mechanismen für Daten- und Ausfallsicherheit

- günstige Kosten/Nutzen-Relation

- definierte Applikationsschnittstellen

Da die Entscheidung für ein Intranet-Engagement im Vergleich zu einem Auftritt im Internet weitaus tiefergehende Auswirkungen auf betriebliche Abläufe hat, werden im Folgenden einige Faktoren der Kosten/Nutzen-Relation von Intranets diskutiert.

4. 4 Technische Vorteile

Ein Intranet auf der Basis von TCP/IP erfüllt die Voraussetzungen an moderne Datenverarbeitungsstrukturen und verspricht einen tragfähigen Ansatz zur Lösung der obengenannten Probleme. Daneben bietet es eine Reihe weiterer Vorteile, die sich in Produktivitätssteigerungen, verbesserter Informationsverteilung, Kostenreduktion und erhöhter Effizienz ausdrücken.

4. 4. 1 Plattformübergreifende Standards

Softwareanbieter verstehen es seit Jahrzehnten, ihre Kunden durch proprietäre Lösungen dauerhaft an herstellerspezifische Systeme zu binden. In zahlreichen kleinen und mittelständischen Betrieben wurde die Problematik proprietärer Systeme bereits frühzeitig deutlich, als die oft von Studenten in BASIC programmierte Buchhaltungssoftware bei der ersten notwendigen Anpassung durch ein neues Produkt ersetzt werden musste.

offen oder proprietär

Die Vorteile offener Standards sind heute unter nahezu allen Fachleuten unumstritten. Dennoch weisen Befürworter von Alternativen zu TCP/IP–basierten Intranets auf Aspekte wie Performance, Datensicherheit und Service hin, die nach ihrer Meinung durch die hauseigenen Softwareprodukte besser erfüllt würden. Die Bindung eines Unternehmens an einzelne Softwareanbieter wird jedoch im Regelfall teuer erkauft, wobei im Fall mehrerer proprietärer Produkte vor allem die Konvertierung zwischen inkompatiblen Datenformaten einen enormen Kosten- und Zeitaufwand in Anspruch nimmt.

Intranet– fähige Systeme

Ehemals mit Intranets konkurrierende Groupware–Applikationen und geschlossene Dokumentenmanagementsysteme wurden in den letzten Jahren konsequent für den Einsatz in Intranets ausgerüstet. Plattformunabhängige Intranet–Lösungen existieren in Bereichen wie Netzwerksoftware, Serverapplikationen, Programmierumgebungen und Anwendungsprogrammen in großer Auswahl.

4. 4. 2 Herstellerunabhängigkeit

Da zwischen Internet und Intranet prinzipiell keine technologischen Unterschiede bestehen, steht eine enorm breite Plattform an Dienstleistungen und Softwarelösungen zur Verfügung. Ein auf offenen Standards basierendes Intranet bietet dem Unternehmen die Wahl unter zahlreichen Softwareanbietern und verhilft zu großer Flexibilität im Einsatz von Netzwerkanwendungen.

Preisdruck

Inzwischen haben zahlreiche Hersteller ihre ehemals unverträglichen Datenformate, die vor allem in heterogenen Betriebssystemumgebungen zu Problemen führten, an Internet–Standards angepasst. Offene Standards fördern zudem die Konkurrenz zwischen Softwareanbietern und führen mittelfristig zu sinkenden Preisen. Außerdem steht neben den kommerziellen Angeboten eine Reihe von Lösungen zur Auswahl, die mit kostenfreien Lizenzen versehen sind. Prominente Beispiele hierfür sind die Programmiersprache Java, die Webserversoftware Apache und die Middleware–Sprache PHP.

4. 4. 3 Schnelle Applikationsentwicklung

Anwendungsprogramme lassen sich im Intranet schneller entwickeln als in herkömmlichen, durch betriebssystembedingte Differenzen geprägten Umgebungen. Insbesondere die folgenden vier Faktoren erleichtern die Applikationsprogrammierung:

1. Die einheitliche Darstellung durch den Webbrowser macht die Programmierung und Portierung grafischer Benutzerschnittstellen überflüssig.

2. Die Programmierung von Client/Server–Applikationen lässt sich –insbesondere in der Programmiersprache Java– mit wenigen Zeilen Programmcode bewerkstelligen.

3. Die Plattformunabhängigkeit von Java erübrigt auch die Portierung auf verschiedene Betriebssysteme.

4. Die zentrale Installation und Konfiguration von serverbasierten Applikationen vermeidet den Aufwand für Installationen auf den einzelnen Client–Hosts im Netzwerk.

4. 4. 4 Skalierbarkeit

praktisch unbegrenztes Wachstum

Sowohl auf der Netzwerkebene wie auch in der Applikationsschicht lassen die Komponenten Internet–basierter Technologie praktisch jedes Unternehmenswachstum zu. Im Gegensatz zu einigen proprietären Netzwerkbetriebssystemen ist die Anzahl der Benutzer im Intranet prinzipiell unbegrenzt. Die Tatsache, dass Faktoren wie die Anzahl der verfügbaren IP–Adressen durch den Umfang des Internet an die Grenzen der Protokollspezifikationen stoßen, ist dabei nicht als kritischer Punkt anzusehen. Die weltweite Technologiebasis bietet vielmehr die beruhigende Gewissheit, dass eventuell auftretende Skalierungsprobleme durch die Arbeit der Standardisierungsgremien gelöst werden, bevor die Intranets der Unternehmen betroffen sein können. Daher lässt sich sagen, dass die im Intranet implementierten Protokolle, Server und Client–Anwendungen prinzipiell unabhängig vom weiteren Ausbau der Netzwerkstruktur sind.

4. 4. 5 Robustheit

**Stabilitäts-
konzepte**

Internet–Technologie wurde für den Einsatz in Netzwerken konzipiert, in denen der Ausfall einzelner Knotenpunkte oder Server die Gesamtleistung des Systems möglichst wenig beeinträchtigt. Mehrere Aspekte tragen zur Stabilität von IP–Netzwerken bei:

- Die Protokollfamilie TCP/IP wurde im Hinblick auf die Robustheit von Kommunikationsvorgänge entwickelt und stellt Korrekturmechanismen für die fehlerfreie Übertragung von Datenpaketen zur Verfügung.

- Die eingesetzten Routing–Protokolle bieten verschiedene Algorithmen zur dynamischen Wegewahl in Netzwerken. Der Ausfall einzelner Netzwerkknoten kann zwar die Performance beeinträchtigen, lässt jedoch das weitere Funktionieren des Gesamtsystems zu.

- Netzwerkmanagementfunktionen ermöglichen die zentrale Überwachung und Administration aller Netzkomponenten. Eine detaillierte Verfolgung von Netzauslastung und Paketfehlerraten ermöglicht bereits im Vorfeld eine Anpassung der entsprechenden Strukturen. Im Fehlerfall können automatisch ausgelöste Benachrichtigungen an Netzwerkadministratoren die Erkennung und Verfolgung der technischen Probleme erleichtern.

4. 4. 6 Investitionsschutz

Mit der Einführung von Internet–Technologie schützen Unternehmen in vielen Fällen die bereits getätigten Investitionen, da das Intranet auf der vorhandenen DV–Infrastruktur aufbaut. Mit Ausnahme exotischer Fälle können vorhandene Netzwerkkomponenten, Übertragungsmedien und Rechner weiter genutzt werden. In mittleren und größeren Netzwerken kann jedoch die Anschaffung zusätzlicher Router bzw. Switches erforderlich werden.

**Kriterium:
Netzwerk-
umgebung**

Das Hauptkriterium für die Bewertung des Investitionsumfangs ist die Frage, ob die TCP/IP–Protokolle in der existierenden Netzwerkbetriebssystemumgebung vorhanden sind. In heutigen Betriebssystemen ist TCP/IP bereits integriert, wenn auch zum Teil feine Unterschiede in den Implementierungen zu beachten sind. TCP/IP kann für nahezu alle Legacy–Netzwerkbetriebssysteme bis hin zu Großrechneranlagen nachgerüstet werden.

Datenbanken Auch die bisher verwendeten Datenbank–Server können in den meisten Fällen nahtlos in ein Intranet integriert werden. Dabei wird vor allem die Funktion der Datenbank–Clients durch den Browser übernommen: Die Datenbank bekommt eine einheitliche, einfach zu bedienende Benutzeroberfläche.

Im Hinblick auf die zukünftige Investitionssicherheit ist festzustellen, dass die technologischen Grundlagen von Internet und Intranet dauerhaft Bestand haben werden. Die Erweiterung von Protokollen durch Standardisierungsgremien wie die IETF (Abschnitt 1.5.2) garantiert die Anpassung an steigende Datenkommunikationsanforderungen bei gleichzeitiger Kompatibilität zu bestehenden Protokollen. Die Kompatibilität zur weltweiten „Softwareinstallationsbasis" Internet garantiert daher, dass der Aufbau eines Intranet eine zukunftssichere Investition darstellt.

Ein Beispiel ist der neue IP–Standard IPv6 (auch: IP Next Generation, IPng), der das bisherige IP–Protokoll (IPv4) um einen größeren Adressierungsbereich und neue Protokolleigenschaften erweitert. Die Spezifikation von Ipv6 beinhaltet unter anderem:

- effizientere Datenübermittlung

- neue Verfahren zur Verteilung von Datenpaketen an mehrere Hosts

- prioritätenabhängige Steuerung von Datenflüssen

- Authentisierung auf Paketebene

Unter dem Gesichtspunkt der Investitionssicherheit wurde IPv6 so konzipiert, dass sowohl alte Netzwerkkomponenten als auch neue Netzwerkkomponenten in der Lage sind, beide Protokolle zu verarbeiten.

4. 5 Organisatorische Vorteile und Anwendungsnutzen

4. 5. 1 Informationsvorsprung

Die Verfügbarkeit von Informationen stellt einen wesentlichen Faktor für Entscheidungsprozesse dar und wird zunehmend zum wettbewerbsbestimmenden Kriterium. Einen Hauptvorteil Intranet–basierter Informationsverteilung bildet der durch schnellen Zugriff auf entscheidungsrelevante Daten und Wissensressourcen erzielbare Informationsvorsprung. Dabei ergänzen im Intranet veröffentlichte firmeninterne Informationen die im Internet aktuell abrufbaren Nachrichten und Daten. Das Intranet bietet die Möglichkeit, sämtliche für Geschäftsprozesse benötigte Informationen unternehmensweit innerhalb eines Mediums darzustellen. Dabei erleichtert der einheitliche und strukturierte Datenzugriff sowohl die Abbildung bestehender Wissensinhalte als auch das Auffinden von relevanten Ressourcen und ersetzt das übliche Nebeneinander heterogener Informationsquellen.

ortsunabhängiger Zugriff

Der Zugriff auf Informationen ist vollkommen ortsunabhängig. Der Zugang zu einem Webbrowser oder einer HTTP–fähigen Anwendungskomponente (zum Beispiel ein entsprechend ausgestattetes Mobiltelefon) genügt, um eine kryptografisch abgesicherte Datenverbindung zum eigenen Intranet aufzubauen und den aktuellen Stand eines Projekts zu erfahren oder neue Kundenanforderungen in einen Ablaufplan einzuarbeiten. Ein fehleranfälliger Abgleich zwischen Informationssystemen mobiler Mitarbeiter entfällt durch die zentrale Datenhaltung nach dem Client/Server–Prinzip, das gleichzeitig die Verwaltung und Sicherung der Daten vereinfacht.

4. 5. 2 Reduzierte Distributionskosten

Hypermediadokumente

Gleichzeitig lässt sich durch die zentrale Veröffentlichung von Dokumenten im Intranet eine drastische Reduzierung der Kosten für die Informationsverteilung erzielen. Druck– und Versandkosten herkömmlicher Papierdistribution entfallen. Die vernetzte Struktur von Hypermedien vereinfacht die Zusammenfassung unterschiedlicher Daten zu Verbunddokumenten, deren Komponenten aus verschiedenen Quellen wie Datenbanksystemen, Tabellenkalkulationsblättern, Textdateien oder vernetzten Applikationen stammen können. Die erforderliche Konvertierung bestehender Dateien kann mit Hilfe von Automatisierungswerkzeugen oder Autorensystemen effizient realisiert werden.

schnelle Verteilung

Ein weiterer Nutzenaspekt ist die blitzschnelle Verteilung der erstellten Dokumente. Die Veröffentlichung eines neuen Dokuments erreicht die Filiale in Tokio fast im selben Moment wie die Hauptniederlassung im Allgäu. Vom Prinzip der sekundenschnellen Informationsverteilung profitieren alle digitalisierbaren Daten, wobei die zentrale Verwaltung unternehmensweiter Software eine besonders aufwandsreduzierende Schlüsselposition innehat.

4. 5. 3 Effiziente Kommunikation

integrierte Kommunikationskanäle

Eine weitere Schlüsselanwendung eines Intranet ist die effiziente firmeninterne Kommunikation. Besonders in der im Abschnitt „Umgang mit Medienbrüchen" geschilderten Situation, in der mehrere unterschiedliche Informationskanäle parallel genutzt werden, verspricht die zentrale Kommunikationsabwicklung über das interne Web enorme Effizienzvorteile. Durch die Verlagerung der Kommunikation in ein Intranet entsteht eine um Projekte und Themen zentrierte Kommunikationsressource, in die zusätzlich für die Zusammenarbeit relevante Informationen, Dokumente, Publikationen und Verweise integriert werden. Die Ergebnisse von Meetings und Konferenzen finden dabei ebenso Eingang in das Informationssystem wie die Inhalte aktueller Entscheidungen, langfristiger Strategien und Pläne. Das Potenzial einer derartigen Kommunikationsplattform darf als äußerst vielversprechend eingeschätzt werden.

4. 5. 4 Einheitliche Benutzerschnittstelle

universelle Browser– plattform

Gegenüber dem herkömmlichen Ansatz, in dem die Benutzer die Bedienung mehrerer unterschiedlicher Programmoberflächen erlernen müssen oder mit unflexiblen, textbasierten Dateneingabemasken hantieren, bietet die Browserplattform eine Reihe handfester Vorteile:

- Plattformunabhängigkeit: Browser existieren für nahezu alle Betriebssystemumgebungen einschließlich seltener und veralteter Systeme

- standardisierte Datenformate, die durch Schnittstellen zu proprietären Applikationsprogrammen ergänzt werden können

- Zugriff auf eine Vielzahl externer Datenquellen durch Einsatz von Middleware–Komponenten

- Zukunftssicherheit: Durch die Integrationsfähigkeit der Browser können neue Technologien ohne großen Aufwand zur bereits bestehenden Funktionalität hinzugefügt werden

Zahlreiche Anwender sind bereits mit E–Mail und World Wide Web vertraut. Über das einheitliche Web–Interface lassen sich Abläufe einfacher und intuitiver bedienen als in zahlreichen Anwendungsprogrammen. Daher ist auch bei Anfängern in den meisten Fällen eine steile Lernkurve im Umgang mit Web–Applikationen zu beobachten. Die Folge ist ein minimaler Schulungsaufwand, der deutlich zur Investitionsrentabilität eines Intranet beiträgt.

4. 5. 5 Langfristige evolutionäre Entwicklung

Die Umstellung vom klassischen LAN/WAN–Prinzip zum unternehmensweiten Intranet geht meistens schrittweise vor sich. Dabei liegt die Betonung auf einem längerfristigen Ausbau, der mit einer gezielten Umstellung der gesamten Informations– und Kommunikationsstruktur einhergeht.

Prozesse der Eingliederung   Zu Beginn liegt der Schwerpunkt des Intranet–Einsatzes auf der Darstellung von relevanten Informationen und der Implementierung von Werkzeugen zur Kommunikation und Dokumentenverteilung. Anschließend können zunehmend Groupware–Funktionen und Workflows in das Intranet eingegliedert werden. Damit beginnt ein permanenter Integrationsprozess, in den Schritt für Schritt weitere Geschäftsprozesse einbezogen werden. Schließlich können externe Funktionen wie Schnittstellen zu Extranets und Prozesse im E–Commerce in das Intranet eingebunden werden.

4. 6 Kostenfaktoren

Wie jede Systemumstellung erfordert die Einführung eines Intranet Investitionen, deren Abschätzung der Nutzenanalyse gegenübergestellt werden muss. Neben dem einmaligen Umstellungsaufwand sind dabei bereits im Vorfeld die erwarteten längerfristigen Kosten zu berücksichtigen. In der IT–Industrie hat sich seit langem die Erkenntnis durchgesetzt, dass die Anschaffungskosten meist nur einen Bruchteil der Gesamtkalkulation ausmachen. Die Kosten des Unterhalts von IT–Komponenten werden mit dem Begriff „Total Cost of Ownership" (TCO) bezeichnet. Die

Berechnung der Gesamtkosten ist von Betriebsgröße, bestehender IT–Struktur, Intranet–Anforderungen sowie vom vorhandenem Personal und Know–How abhängig. Einen groben Anhaltspunkt für die Kalkulation kann die folgende Aufzählung von Kostenfaktoren geben.

4. 6. 1 Umstellungskosten

- Planung und Konzeption

- Anschaffung und Installation von Netzwerkhardware, Routern, Server–Hosts, Netzwerksoftware, Serversoftware und Clients

- Umrüstung bestehender Netzwerke durch Hinzufügen von TCP/IP–Protokollen

- Sicherheitslösungen

- Konfigurationsaufwand für die Netzwerkprotokolle, Server und Clients

- Programmierung von Schnittstellen zu bestehenden Datenquellen, Datenübernahme

- Softwarewerkzeuge zur Verwaltung von Websites, Content–Management und Seitenprogrammierung

- Anschaffung bzw. Entwicklung von speziellen Intranet–Applikationen

- Internet–Anbindung

- Mehraufwand in der Einführungsphase durch Anpassung der Arbeitsabläufe und Umstellung von Kommunikationsprozessen

- Schulung und Training der Mitarbeiter

4. 6. 2 Unterhaltskosten

- technische Betriebskosten

- technische Verwaltung, Netzwerkmanagement, Serveradministration und Sicherheitsmaßnahmen

- Gestaltung und Pflege von Inhalten (Content–Management)

- Dokument– und Datenkonvertierung

- Anpassungsprogrammierung, Applikationsentwicklung, Softwareneuanschaffung und Upgrades

- Erweiterungsinvestitionen

4. 7 Entscheidungskriterien

**Schlüssel-
fragen**

Die individuelle Gewichtung der oben genannten Kosten– und Nutzenaspekte erfordert eine ausführliche Analyse unter Berücksichtigung einer Vielzahl von unternehmensspezifischen Faktoren. Zur Entscheidungsfindung bietet es sich an, eine detaillierte Kosten/Nutzen–Analyse zu erstellen, in der unter anderem folgende Schlüsselfragen geklärt werden:

- Wie groß ist in der gegenwärtigen betrieblichen Situation der Bedarf an verbesserter Kommunikation, schnellerer Verfügbarkeit von Informationen und daraus resultierender Vereinfachung von Entscheidungsprozessen?

- Lässt sich der Umfang der durch die Intranet–Einführung erzielbaren Kosteneinsparungen projizieren?

- Können eventuelle Hindernisse in der gegenwärtigen betrieblichen Infrastruktur, wie starre Kommunikationsabläufe, Pflege von „Herrschaftswissen" oder ähnliche strukturbedingte Hemmschuhe überwunden werden?

- Wer profitiert am meisten von der Einführung eines Intranet? Lassen sich Gesamtunternehmensvorteile ausmachen oder bleiben die Vorteile auf einzelne Gruppen beschränkt?

- Haben alle Mitglieder des anvisierten Benutzerkreises Zugang zu vernetzten Arbeitsstationen?

- Können Informationen, die an alle Mitarbeiter gerichtet sind, über gemeinsam nutzbare „Terminals" zur Verfügung gestellt werden?

- Stehen Mechanismen zur Verfügung, die ein ausreichendes Maß an Sicherheit für die im Intranet vorhandenen Daten und Kommunikationsflüsse garantieren (vgl. Kapitel 7)?

- Existieren hochsensitive Bereiche, die aufgrund hoher Sicherheitsrisiken eine Einschränkung vernetzter Arbeitsabläufe anraten lassen?

- Können die langfristigen Betriebskosten des eigenen Netzwerks durch Investitionen in Internet–Technologie verringert werden?

- Wie stark ist der firmeninterne Automatisierungsgrad? Können bisher manuell oder auf Einzelrechnern durchgeführte Arbeitsprozesse durch die Informationsvernetzung profitieren?

- Erstreckt sich in der derzeitigen Betriebssystemumgebung die Intranet–Einführung vorwiegend auf Konfigurationsmaßnahmen, oder sind tiefgreifende Veränderungen der IT–Struktur erforderlich?

- Existieren zeitkritische Netzwerkkommunikationsprozesse, die den Einsatz des IP–Protokolls ungeeignet erscheinen lassen?

- Existieren ausreichende Ressourcen an Personal (vgl. Abschnitt 4.13) und Know–How?

- Wie weit können externe Dienstleister in die Bearbeitung unternehmenskritischer Abläufe einbezogen werden?

- Verfügen Partnerunternehmen bereits über Intranets, die durch Extranet–Bereiche (siehe Kapitel 5) verknüpft werden können?

System-betrachtung

Für die genaue Abschätzung der erzielbaren Vorteile ist die Identifikation von Prozessen notwendig, die von einem Intranet–Fundament profitieren können. Beispielsweise käme niemand auf die Idee, den Datenaustausch zwischen Prozeßrechnern oder Echtzeitsystemen auf TCP/IP–Protokolle umzurüsten. Besitzen derartige Systeme jedoch Schnittstellen, über die Daten wie Betriebszustand, Auslastung oder Berechnungsresultate in einen Intranet–Bereich exportiert werden können, lassen sich neue

125

Anwendungsfelder erschließen. In diesem Fall kann beispielsweise Ingenieuren der unternehmensweite Zugriff auf die Auswertung dieser Daten ermöglicht werden, was die Weiterverarbeitung und Kommunikation der Ergebnisse beschleunigt.

**Investitions-
rentabilität**

Die entscheidende Frage, ob der erwartete Nutzen die einzusetzenden Investitionen und den durch Anpassungsprozesse kurzfristig erzeugten höheren Aufwand übertrifft, muss für jedes Unternehmen jeweils individuell beantwortet werden. Durch die
Entstehung von Quantifizierungsverfahren für weiche Faktoren
wie Kommunikationseffizienz werden allmählich transparente
Bewertungskriterien absehbar. Gleichwohl lässt sich die Investitionsrentabilität eines Intranet erst nach vollzogener Umstellung
sowie mittel– bis langfristiger Nutzung einschätzen.

**„Trend zum
Intranet"**

Derzeit zögern immer weniger Unternehmen, die firmeneigenen
Netze auf Internet–Technologie umzurüsten. Vielfach wurde auf
Managementebene erkannt, dass Informationsvorsprung durch
effizienten Informationsaustausch und allgemeinen Zugriff auf
die nötigen Wissensressourcen ein Schlüsselkriterium zum Ge-
samterfolg des Unternehmens darstellt.

4. 8 Planungsschritte

**Aufbau
durch Basis-
funktionen**

Die dichte wechselseitige Integration von Intranet und zentralen
Geschäftsprozessen bedingt ein hohes Maß an Planung. Dabei
besteht insbesondere bei größeren Projekten die Gefahr, dass
allzu rigide Zielvorgaben durch die schnelle Entwicklung über-
geholt werden. Der oft geäußerte Satz „Ein Internetjahr entspricht
drei realen Monaten" gilt für die Entwicklung im Bereich Intranet
gleichermaßen. Es erscheint daher sinnvoll, bei der Planung eines Intranet zunächst Basisfunktionalitäten wie ein internes Informations– und Kommunikationssystem anzupeilen.

4. 8. 1 Entwicklungslinien

Die Skalierbarkeit von Internet–Technologie begünstigt den Ansatz, individuelle Applikationen zu einer bereits etablierten Sys-
temgrundlage Schritt für Schritt hinzuzufügen, anstatt von Anfang
an auf eine allumfassende Fertiglösung abzuzielen. Die folgenden drei Entwicklungslinien deuten unterschiedliche konzeptio-
nelle Ausgangspunkte für die Umstellung einer klassischen Da-
tenverarbeitungsstruktur auf ein Intranet an.

1. „Top–down": Das Intranet lässt sich schwerpunktmäßig als neue Darstellungsschicht für bereits bestehende Anwendungen im Unternehmen ansehen. Inhalte und Funktionen werden dabei durch bestehende Systeme bestimmt. In der Umsetzung rückt vor allem die Programmierung von Applikationsschnittstellen und die vereinheitlichte Informationsdarstellung auf der Basis von Hypertext in den Mittelpunkt.

2. „Bottom–up": Eine zweiter Ansatz betrachtet das Intranet als eigenständige Lösung, die von Grund auf die Informations– und Kommunikationsstruktur des Unternehmens verändert. Dabei bestimmt eine Neudefinition unternehmensinterner Anforderungen Umfang und Funktionalität der Lösungen, die konsequent auf der Grundlage offener Standards implementiert werden.

3. „Middle–Out": Die Entstehung eines Intranet beginnt in bestimmten Abteilungen oder Projektgruppen, die dringend auf effizienten Informationszugriff bzw. Nachrichtenaustausch angewiesen sind. Auf dieser Ebene können zunächst Pilotprojekte initiiert werden; die unternehmensweite Implementierung erfolgt zu einem späteren Zeitpunkt.

firmen- spezifische Vorgehens- weise

Während sich die erste Lösung besonders für eine allmähliche Migration bestehender DV–Strukturen eignet, bietet sich der zweite Weg im Rahmen einer geplanten umfassenden Neugestaltung firmeninterner Strukturen an. Die dritte Vorgehensweise findet häufig in größeren Unternehmen statt, in denen „Intranet–Pioniere" das Management schließlich anhand praktisch demonstrierter Erfolge überzeugen können. In vielen Fällen geht der Anstoß zur Einrichtung von Intranets von Mitarbeitern aus, die bereits über einen Internet–Zugang verfügen und die Übertragung von Anwendungsvorteilen auf den internen Bereich fordern.

Zu den Planungsschritten, die einer Intranet–Einführung vorangehen, zählen:

4. 8. 2 Zielbestimmung

Anforde- rungsanalyse

Am Beginn des Projekts steht die Ermittlung der geschäftlichen Informations– und Kommunikationsanforderungen. Diese können sowohl an den erzielbaren technischen und organisatorischen Vorteilen orientiert sein (vgl. Abschnitte 4.4. und 4.5), als auch die Realisierung konkreter Anwendungsbereiche ins Auge fassen (Abschnitt 4.10). Ausgangspunkt ist in vielen Fällen eine allgemeine Bewertung der firmeninternen Umgebung. Dazu zählen Größe und Struktur des Unternehmens, Informationsfluss, Geschäftsprozesse und Kommunikationsabläufe.

Projektziele

Auf der Basis der Anforderungs– und Umgebungsanalyse lassen sich die einzelnen Projektziele definieren. Eine begleitende Kapazitätsplanung verschafft Klarheit über den Projektumfang und ermöglicht die Ressourcenzuteilung im Rahmen des bestehenden Budgets. Das Ergebnis der Zielbestimmung bildet die Ausgangsbasis für einen Projektplan, der in den nächsten Schritten weiter ausgestaltet und differenziert wird.

Weiter beinhaltet die organisatorische Konzeption die Zuteilung der Projektverantwortlichkeit, die genaue Abschätzung der für das Projekt zur Verfügung stehenden personellen Ressourcen und die Einbeziehung von externen Dienstleistern.

Generell kann dabei zwischen den beiden Phasen der technischen Umrüstung und des späteren Betriebs unterschieden werden. Allerdings geht das hier vertretene Konzept von einem langfristigen, kontinuierlichen Ausbau der Intranet–Strukturen aus. Daher erscheint es notwendig, konkrete Zwischenziele zu definieren, die mit entsprechenden Terminvorgaben verknüpft werden.

Im Hinblick auf die laufende Betriebsphase, sind vor allem Fragen des Administrationsaufwands für Hardware, Netzwerkbetriebssystem und Applikationen und die Verfügbarkeit von Personal zur Programmierung, Seitengestaltung und Datenkonvertierung zu klären (vgl. Abschnitt 4.13)

4. 8. 3 Funktionelle und technische Struktur

funktionelle Anforderungen

Aus der Zieldefinition und der Bewertung der Infrastruktur ergibt sich die Festlegung der funktionellen Anforderungen. Dazu werden Pflichtenhefte erstellt, die die geplante Funktionalität auf mehreren Ebenen darstellen. Zum einen sind dies für den Betrieb des Intranet benötigte Kernfunktionen (Muss–Funktionalität), zum anderen gewünschte Features, deren Realisierung konkrete Vorteile verspricht (Soll–Funktionalität). Drittens können zusätzliche Ideen und Konzepte erprobt werden, die der dynamischen Entwicklung der Technologie Rechnung tragen (Kann–Funktionalität). Diese Einteilung ergibt gleichzeitig eine Prioritätenfestlegung, die den weiteren zeitlichen Ablauf des Projekts bestimmt.

Planung der technischen Informationsstruktur

Aus den im letzten Schritt gewonnenen Daten kann anschließend die technische Informationsstruktur abgeleitet werden. Dazu zählen die Platzierung und Konfiguration der Server, Einrichtung einer zentralen Clientverwaltung und die logische Netzwerkstruktur. Die Erstellung eines Netzwerkplans ermöglicht einen schnellen Überblick über die technische Struktur des Intranet. Dieser sollte durch eine Darstellung des Kommunikationsflusses zwischen Servern und den einzelnen Arbeitsstationen ergänzt werden. Bereits in kleinen Netzen ist für eine ausreichende Rechnerausstattung zu sorgen, die es ermöglicht, Serverdienste auf dedizierten Hosts einzurichten. Aus Stabilitätsgründen dürfen Rechner nicht parallel als Server und Arbeitsplatzstationen betrieben werden, da sonst jeder Neustart eines PC zentrale Serverdienste stilllegen würde. Weitere konkrete Planungsschritte sind die Vergabe von IP–Adressen und Rechnernamen, Festlegung der Intranet–Arbeitsplätze, Zugangsberechtigungen und die Einteilung von Benutzergruppen. Die Zusammenstellung der erforderlichen Daten umfasst ebenfalls die Berücksichtigung von Schnittstellen zu bestehenden Datenbanken und Hintergrundapplikationen. Außerdem muss eine Einbeziehung der zur Gestaltung von Inhalten vorgesehenen Publishing–Werkzeuge und Content–Management–Systeme vorgesehen werden.

4. 8. 4 Absicherung nach außen

externe Zugangspunkte

Einen wichtigen Punkt nimmt die Konzeption externer Datenzugangspunkte ein. Mögliche Modelle sind eine Internet–Anbindung, die den Zugang zu bestimmten Intranet–Bereichen gestattet, der Zugriff über externe Datendienste wie Short Message System (SMS) bzw. Fax oder die Einrichtung eines VPN durch abgesicherte Zugangsrouter, die Einwahl– oder Festverbindungen von außen ermöglichen (siehe auch Abschnitte 4.9.2 und 4.9.3).

Sicherheits–Policy

Eine zentrale Bedeutung nimmt die Konzeption einer Sicherheits–Policy ein. Diese umfasst alle technischen und organisatorischen Maßnahmen zur Absicherung von Netzwerkdiensten und Datenkommunikation (siehe Kapitel 7). Dazu kann auch die in Abschnitt 3.3.4 angesprochene Internet–Policy zu einer umfassenden Regelung erweitert werden. In dieser sollten alle zentralen Fragen des innerbetrieblichen Umgangs mit elektronischen Medien festgelegt werden.

4. 8. 5 Anschaffungsplan

Planung von Umrüstung und Neuanschaffung

Abschließend erfolgt eine Aufstellung der vorhandenen technischen Komponenten, die auf TCP/IP umgerüstet werden müssen und eine Auflistung der neu anzuschaffenden Hardware– und Softwarekomponenten. Deren Auswahl orientiert sich im Hinblick auf Funktionalität, Performance, Stabilität und Ausbaufähigkeit an den im letzten Schritt festgelegten Anforderungen. Zu berücksichtigen sind Netzwerkkomponenten, Server– und Clientausstattung, Intranet–Applikationen, physikalische Sicherheitsmechanismen und Backup–Werkzeuge sowie Mittel zur Zugangsauthentifizierung und Datenübertragungssicherheit (vgl. Abschnitte 7.3 und 7.4). Eine gründliche Marktübersicht sollte dabei Klarheit über in Frage kommende Hardware– und Softwarekomponenten verschaffen. Die einzuholenden Angebote orientieren sich an den bereits ermittelten Anforderungskriterien und müssen alle relevanten Informationen einschließlich Systemanforderungen, Spezifikationen, Kompatibilitätsgarantien und Serviceumfang enthalten. Bei der Berücksichtigung des geplanten Budgets sind vor allem die Preismodelle der Anbieter im Client/Server–Bereich von Interesse. In der Regel sind die Preise der Softwarelizenzen von der Anzahl der Anwender abhängig. Daneben können unbeschränkte Lizenzen für die unternehmensweite Nutzung erworben werden.

4. 9 Technische Einrichtung

Ehe die Installation und Konfiguration der neuen Informationsplattform in Angriff genommen werden, sind einige grundlegende Fragen zu klären, die eine Migration existierender Systeme, die Internet–Anbindung und die Vernetzung mehrerer Standorte betreffen.

4. 9. 1 Migration proprietärer Systeme

Die technische Migration eines herstellerspezifischen Netzwerkbetriebssystems zu einem TCP/IP–basierten Intranet kann über mehrere Zwischenlösungen erreicht werden. Dazu zählt neben dem Einsatz von Gateways vor allem die parallele Verwendung mehrerer Transportprotokolle.

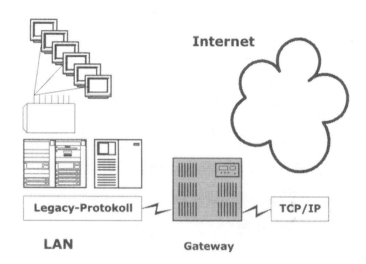

Abbildung 23: Ein Gateway zur Protokollumsetzung

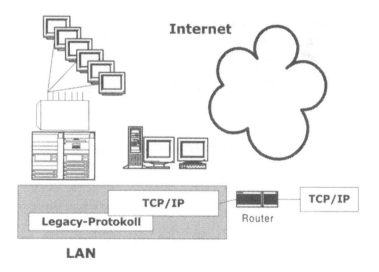

Abbildung 24: Paralleler Einsatz mehrerer Protokolle

Gateways

- Falls ein bestimmter Bereich des Netzwerks ausschließlich mit einem Legacy–Protokoll betrieben werden soll, können Gateways zur Umsetzung zwischen TCP/IP und dem bestehenden Protokoll eingesetzt werden. Dieser Integrationsansatz diente vor allem zu Beginn des Internet–Zeitalters zur Verbindung von proprietären LANs mit öffentlichen Diensten. Da die Umsetzung von heterogenen Datenformaten auf allen Netzwerkschichten jedoch großen Aufwand erfordert, ist diese Vorgehensweise heute nicht mehr aktuell.

paralleler Protokoll- einsatz

- Die am häufigsten gewählte Alternative ist deshalb die parallele Verwendung von TCP/IP und Legacy–Protokollen, wobei die herkömmlichen Dienste wie der Zugriff auf Fileserver, Netzwerkdrucker und die Applikationsverwaltung durch Intranet–Funktionen ergänzt werden. Das Hinzufügen der TCP/IP–Protokolle zu einer bestehenden Netzwerklösung bedeutet normalerweise keine „Alles–oder–Nichts" Entscheidung, da die nebenläufige Verwendung mehrerer Protokolle in den meisten Fällen, insbesondere in Workstation– Umgebungen, möglich ist.

Allerdings verlangt die gleichzeitige Verwendung mehrerer Protokolle erhöhten Administrationsaufwand und bringt eine Reihe von Nachteilen mit sich. Dazu zählen neben dem ansteigenden Datenverkehr im Netzwerk die nicht gelösten Beschränkungen des Legacy–Protokolls auf der Netzwerkebene (beispielsweise eine Limitierung der Benutzerzahl). Problematisch bleibt auch die Entscheidung, ob netzwerkspezifische Anwendungen weiterhin auf der Basis des alten Netzbetriebssystems oder für die Intranet–Umgebung entwickelt werden.

Nachteile von IP

Der Einsatz von TCP/IP erfordert im Vergleich zu einigen proprietären Protokollen erhöhte Leistungskapazitäten im Bereich der Netzwerkhardware. Dieser Nachteil kann häufig durch den Einsatz schneller Router bzw. Switches ausgeglichen werden. Oft enthält das bestehende Netzwerkprotokoll auch Eigenschaften, die von TCP/IP nicht erbracht werden (z.B. lassen sich im alten IP–Standard IPv4 keine Prioritäten für einzelne Datenströme festlegen). Für viele dieser Situationen bildet das neue IPv6 (vgl. Abschnitt 4.4.6) eine geeignete Lösung.

Vorausgesetzt, die vorhandenen Administrationsressourcen und die technische Netzwerkbasis gestatten die gleichzeitige Verwendung mehrerer Protokolle, ist der parallele Ansatz als tragfähige

Lösung für das Intranet geeignet. In der heutigen Situation etabliert sich das IP–Protokoll als nahezu universeller Transportstandard. Dies gilt sowohl für heterogene Umgebungen, in denen Midrange– oder Mainframesysteme Bestandteile der EDV–Ausstattung sind, als auch für reine Workstation–Strukturen.

4. 9. 2 Anbindung an das Internet

prinzipielle Trennung

Ein Intranet ist konzeptionell von der Internet–Anbindung unabhängig und kann technisch vollständig autonom implementiert werden. Dennoch verfügen die meisten Intranets über eine oder mehrere Schnittstellen zum Internet. Für ein total getrenntes Intranet spricht die ungeteilte administrative Kontrolle über die gesamte Netzstruktur, die notwendige Sicherheitsmaßnahmen auf den Unternehmensbereich beschränkt. Bildhaft ausgedrückt würde jedoch in diesem Fall ein Papierstraßenabschnitt zwischen den internen Datenflussprozessen und der externen Datenautobahn bestehen, was die angestrebten Effizienzvorteile vor allem in den Bereichen der Kommunikation und Automatisierung von Geschäftsprozessen wieder in Frage stellen könnte.

Notwendigkeit einer Firewall

Die wenigsten Unternehmen verzichten heute noch auf die Vielzahl der auf dem World Wide Web verfügbaren Informationsressourcen und auf die Vorteile externer Kommunikation mit Kunden und Geschäftspartnern via E–Mail. In einer Umgebung, in der bereits ein Internet–Zugang besteht bzw. geplant ist, müssen technische Einrichtungen getroffen werden, die für die logische Trennung des internen und externen Netzverkehrs sorgen (Firewall) und unautorisierte Zugriffsversuche von außen verhindern können (siehe Abschnitte 7.4 und 7.5).

Diese Verlagerung der Abwehr von Sicherheitsrisiken von Internet–Verbindungen an zentrale Punkte ist erforderlich, da andernfalls die sicherheitstechnische Barriere zwischen internen Informationen und dem globalen Netz auf dem Client–Rechner des Benutzers bestehen würde. Wegen der schwachen Sicherheitsmechanismen einiger PC–Betriebssysteme und der generellen Schwierigkeit, die Einhaltung der Sicherheitsvorgaben auf Benutzerebene zu überwachen, wäre diese Alternative mit unabwägbaren Risiken verbunden.

4. 9. 3 Standortvernetzung über ein VPN

**CN: private
Leitungen**

Die Vernetzung von LANs räumlich getrennter Niederlassungen oder Zweigstellen über ein eigenes Weitverkehrsnetz war in der Vergangenheit mit hohen Kostenfaktoren verbunden. Da der Datenaustausch in Corporate Networks (CN) über permanente Netzwerkverbindungen realisiert wurde, verursachten weit entfernte Standorte hohe Standleitungskosten, wobei die dedizierten Leitungen oft nicht vernünftig ausgelastet werden konnten. Zudem waren Änderungen der Kommunikationsstruktur mit einer aufwendigen Anpassung des Gesamtsystems verbunden. Der Ausfall einzelner Standleitungen führte gleichzeitig zum Abbruch der Datenübermittlung, wobei redundante Systeme von den Unternehmen teuer bezahlt werden mussten.

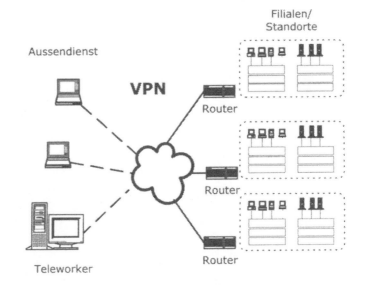

Abbildung 25: Verbindung von Unternehmensstrukturen durch ein VPN

VPN: Verbindung über öffentliche Strecken

Heute ermöglichen Virtual Private Networks (VPN) die transparente Verbindung interner Netze über öffentliche Weitverkehrsstrecken. Ein VPN stellt eine virtuelle Netzstruktur zur Verfügung, die den privaten Datenaustausch über das Internet ermöglicht und gleichzeitig den eigenen Datenverkehr völlig vom öffentlichen Netz abschirmt. Dadurch lassen sich Niederlassungen, Geschäftsstellen und Filialen kostengünstig und prinzipiell weltweit vernetzen. Die Anbindungen werden analog zur Internet–Anbindung je nach Datenverkehrsaufkommen über Standleitungen bzw. Einwahl durch Router eingerichtet (vgl. Abschnitt 3.2). Der Datenaustausch findet für den Anwender völlig transparent statt und unterscheidet sich lediglich in den Antwortzeiten der Server von einem direkten LAN–Zugang.

Datentunnel

Bei einer VPN–Vernetzung wird jeder Zugangspunkt über einen Router an das Netzwerk–Backbone eines Internet–Providers oder Telekommunikationsanbieters bzw. an das Internet angeschlossen. Netzwerkstrecken, die zwischen den Verbindungspunkten liegen, werden als IP–Tunnel realisiert. Der Begriff Tunnel bezeichnet den Aufbau virtueller Verbindungen zwischen zwei Endpunkten. Dabei sorgt eine durch kryptografische Methoden ergänzte Kapselung von Daten durch das Netzwerkprotokoll für den sicheren Datenaustausch. Der Aufbau von Tunneln wird häufig über das Point–to–Point Protokoll (PPP) realisiert, das Bestandteil aller modernen Betriebssysteme ist. Allerdings existieren eine Reihe weiterer, technisch vorteilhafterer Tunnelverfahren.

mobiler Zugriff

Ein VPN erweitert nicht nur die vorhandene lokale Netzstruktur auf die Vernetzung entfernter Standorte (LAN–WAN–Integration); es ermöglicht außerdem die Einrichtung von Einwählzugängen über Modem, ISDN bzw. DSL für mobile Mitarbeiter und die Einbindung von Telearbeitsplätzen in das unternehmenseigene Netz. Diese Zugänge müssen ebenso angesichert werden wie Festverbindungen. Im Ergebnis können sowohl Mitarbeiter in Filialen als auch Außendienstmitarbeiter und Teleworker auf Ressourcen und Anwendungen im Intranet zugreifen.

Die Einrichtung eines VPN samt Installation und Konfiguration der Router wird in den meisten Fällen komplett durch Provider oder Systemhäuser durchgeführt. Durch die Nutzung der Provider–Infrastruktur verringern sich die Investitionskosten für den eigenen Netzbetrieb beträchtlich. Zudem fallen bei Einwahlzugängen lediglich Telefongebühren zum Ortstarif an; die Kosten für Festverbindungen richten sich üblicherweise nach der übertragenen Datenmenge (vgl. Abschnitt 2.4).

4. 9. 4 Implementierung und Konfiguration eines Intranet

individueller Umstellungs-ablauf

Die technische Einrichtung von Netzwerkdiensten ist vorwiegend von der bereits vorhandenen Systemumgebung abhängig. In vielen Fällen können bestehende Ressourcen weiter genutzt werden. Sowohl die Umstellung eines existierenden Systems als auch die Durchführung der kompletten Neuimplementierung eines Netzwerks erfordern daher neben einer sorgfältigen Planung die genaue Bestandsaufnahme der vorhandenen Netzstruktur. Die folgenden Schritte können einen kurzen Überblick über eine mögliche Vorgehensweise geben:

- Sicherung kritischer Daten

- Installation zusätzlich benötigter Netzwerkmedien wie Router, Rechner und Hardware–Interfaces

- Vergabe von IP–Adressen

- Vergabe von Rechnernamen und Einrichtung der Namensdienste

- Verteilung der Server auf dedizierte Server–Hosts

- Einrichtung zusätzlicher Dienste, z.B. Datei–, Verzeichnis– oder Accounting–Dienste

- Konfiguration der Sicherheitseinrichtungen (Firewall), die den Intranet–Zugriff auf Clients innerhalb des Unternehmens beschränken

- Konfiguration und Aktivierung der TCP/IP Protokolle auf Routern und Hosts

- Konfiguration der Server

- Testphase

- Vergabe von Zugangsberechtigungen für Intranet–Benutzer

- Einrichtung von E–Mail Accounts

- Konfiguration der Browser und E–Mail Clients

**Aufwands-
faktor
Internet-
Anbindung**

Der Umfang der Konfigurationsarbeiten wird stark durch die zusätzlichen Aufwand der normalerweise üblichen Internet–Anbindung beeinflusst. Dies betrifft in erster Linie die Konfiguration der Router und Server, die entsprechende Protokoll– und Anwendungsdaten sowohl innerhalb des Intranet als auch zwischen dem eigenen Netz und dem Internet übermitteln. Wie im Fall genereller Internet–LAN–Anbindungen werden für Intranets private IP–Adressen und Domain–Namen vergeben (vgl. Abschnitt 3.2).

**Beispiel
E–Mailserver**

Ein Beispiel für die Installation von Applikationsdiensten ist die Einrichtung der internen und externen Weiterleitung von E–Mail: Zunächst wird ein E–Mailserver im eigenen LAN installiert, der die interne Verteilung übernimmt. Abhängig vom Anbindungsmodell werden aus dem Internet ankommende Nachrichten an diesen Server geleitet oder in elektronischen Postfächern beim Provider zwischengespeichert. Dabei kann beispielsweise eine Filterung der eingehenden E–Mail durch die Firewall eingerichtet werden.

**Sicherheits–
Policy**

Grundsätzlich sind die Umstellungsmaßnahmen mit der in der Konzeptionsphase erarbeiteten Sicherheits–Policy sorgfältig abzustimmen (Kapitel 7). Eine gründliche zeitliche Planung und ausführliche Dokumentation der Einrichtung sorgt dafür, dass Betriebsunterbrechungen vermieden bzw. auf ein Minimum reduziert werden können.

4. 10. Inhaltlicher Ausbau: ein mehrstufiges Modell

Die Entwicklung geschäftlicher Applikationen für Intranets bildet bereits seit einigen Jahren einen äußerst dynamischen Zweig der IT–Branche. Die Bandbreite der in Unternehmen umgesetzten Intranet–Projekte reicht von der einfachen Informationsdarstellung bis hin zur kompletten Integration von Projekt–Workflows und vernetzten Anwendungsstrukturen.

**zunehmende
Integration**

Der Ausbau eines Intranet lässt sich insgesamt als kontinuierlicher Evolutionsverlauf ansehen, der von einer wachsender Einbeziehung geschäftlicher Anwendungen begleitet wird. Eine derartige Entwicklung wird in den nächsten Abschnitten anhand von vier Stufen beschrieben, die diese zunehmende Integration von Geschäftsprozessen wiederspiegeln:

1. Einführung des Intranet als unternehmensweite Informationsressource, in der betriebsrelevante Informationen veröffentlicht und verwaltet werden.

2. Ausbau zur Kommunikationsplattform, die den Nachrichtenaustausch über verschiedene im internen Web integrierte Kanäle, z.B. E–Mail und Newsgroups, regelt.

3. Einbeziehung weiterer Mittel zur Ressourcenteilung sowie Gestaltung von Arbeitsabläufen und Groupware–Funktionen.

4. Umstellung von geschäftskritischen EDV–Applikationen auf eine vernetzte Anwendungsstruktur, die mit einer wachsenden Verknüpfung von IT–Funktionalität und gleichzeitiger Ablösung von Legacy–Anwendungen einhergeht. Im Verlauf dieser Umstrukturierung kommen immer häufiger standardisierte Methoden und Programmiersprachen wie XML, Java und CORBA zum Einsatz.

Eine umfassende Aufzählung von Intranet–Anwendungen würde leicht den vorliegenden Rahmen sprengen. Daher können die im Folgenden genannten Einsatzgebiete lediglich einen groben Überblick über die Möglichkeiten verschaffen, die eine firmeninterne Informations– und Kommunikationsressource auf der Basis von Internet–Technologie bieten kann. Ebenso soll durch die vorgeschlagene Einteilung kein zeitlicher Ablaufrahmen vorgegeben werden.

Browser–Suite als Client Ein wesentliches Merkmal des Intranet ist, dass die Steuerung nahezu sämtlicher Anwendungen durch die Browser–Suite (vgl. Abschnitt 4.2.2) stattfindet. Diese umfasst:

- Anzeige von Texten, Grafiken und Animationen

- Integration von Multimediakomponenten wie Audio– und Videoübertragung

- Abwicklung von Kommunikationsvorgängen über E–Mail Diskussionsbretter und Echtzeitdialogsysteme bis zur Übertragung von Audio– und Videodaten

- Eingabe und Änderung von Datenbankinhalten über einfach gestaltete Formularschnittstellen

- Steuerung von Anwendungsprogrammen über Server–Schnittstellen, Plug–Ins und in HTML–Seiten eingebettete Middleware–Skripte

- Nutzung als universelles Applikations–Front–End

Intranet–Terminals Der Umfang des Informationsangebots wird dabei in erster Linie durch den in der Planungsphase festgelegten Nutzerkreis bestimmt. Da sich ein gewisser Anteil des Informationsangebots an alle Angestellten eines Unternehmens richtet, ist die Einrichtung gemeinsam benutzbarer Intranet–Terminals, die den Zugriff auf diese Ressourcen ermöglichen, zu erwägen.

4. 10 .1 Das Intranet als unternehmensweite Informationsressource

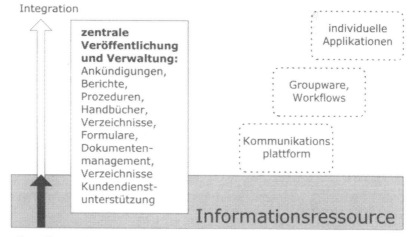

Abbildung 26: Das Intranet als Informationsressource

Publikation im internen Web Eine der ersten Anwendungen im Intranet ist häufig die Einrichtung einfacher Verzeichnisse (z.B. Mitarbeiterverzeichnis), die sich durch schnelle Realisierbarkeit auszeichnen und zugleich von Anfang an vielgenutzte Informationsressource darstellen. Ziel der ersten Ausbaustufe ist die allgemeine Veröffentlichung von Inhalten innerhalb des Unternehmens auf der Basis interner Websites. Dazu werden bereits bestehende Dokumente in Hypertext–Format übertragen und durch neu hinzukommende Inhalte ergänzt. Diese Informationen können anschließend über Browser abgerufen werden.

139

Inhalte

Vor der Umsetzung ist zunächst eine Aufstellung derjenigen Dokumente und Inhalte zu erarbeiten, die bisher auf herkömmlichem Weg verteilt wurden. Dazu können unter anderem die folgenden Bereiche zählen:

- Ankündigungen, Neuigkeiten, aktuelle Mitteilungen und Termine

- Unternehmensziele

- unternehmensweite Richtlinien und Prozeduren

- Formulare

- Verzeichnisse und Listen aller Art

- Vertriebsinformationen

- Geschäftsberichte, Finanzreports, Marketingdaten

- Expertenwissen

- Organisations–Charts

- Firmenzeitschrift

- Hilfestellungen zum Umgang mit der EDV

- interne Stellen– und Projektausschreibungen

- Produktkataloge, detaillierte Produktbeschreibungen, technische Daten

- PR–Material und Pressemitteilungen

umfangreiche Dokumente

Im Intranet lassen sich auch umfangreiche firmeninterne Publikationen wie Handbücher und Berichte systematisch in elektronischer Form veröffentlichen. Eine weitere Einsatzmöglichkeit ist die Bereitstellung eines multimedialen Unternehmenshandbuchs, in dem alle arbeitnehmerrelevanten Informationen und Bekanntmachungen für neue Mitarbeiter zusammengefasst werden.

Dokumentenverwaltung

Die Übertragung von Dateien aus Textverarbeitungs– oder DTP–Programmen lässt sich weitgehend automatisieren. Die ständige Verbesserung der Verfahren zur Optical Character Recognition

(OCR) ermöglicht zudem die Einbindung von digitalisierten Schriftdokumenten und reduziert die beim Scannen von Dokumenten anfallenden Datenmengen. Bei entsprechendem Bedarf kann der gesamte Prozess der Verwaltung von elektronischen Dokumenten in das Intranet integriert werden:

- Dokumentenerstellung

- Verteilung von Kopien

- Transfer zwischen Rechnersystemen

- spezielle Formatierungen für bestimmte Anwendungszwecke

- Änderungsverfolgung und Versionskontrolle

- Indizierung im Volltext bzw. anhand bestimmter Stichwörter

Content–Management

Die Verwaltung der elektronischen Dokumente einschließlich von Multimediaelementen (Hypermedia) kann durch Datenbanken oder durch spezielle Anwendungen geleistet werden. Klassische Applikationen im Bereich des Dokumentenmanagements werden dabei zunehmend durch Content–Management–Systeme ersetzt, die die Konvertierung, Strukturierung und Veröffentlichung von Inhalten innerhalb einer Web–Umgebung (WWW oder Intranet) vereinfachen. Dabei richtet sich die Entscheidung über den Einsatz eines Content–Management–Systems vorwiegend nach Informationsumfang und Aktualisierungsbedarf.

Kundendienstunterstützung

Als nächster Schritt bietet sich die Integration der für Kundendienst und Bestellwesen relevanten Informationen in das Intranet an. Damit wird es Kundenberatern ermöglicht, die benötigten Daten ohne spezielle Clients aus einem Back–End–System (z.B. Kundendatenbank, Warenwirtschaft) abrufen. Zusätzlich lassen sich in der schriftlichen Korrespondenz eingesetzte Vordrucke und Formulare zentral zum Ausdruck bereitstellen.

Das jeweilige Back–End–System stellt Mechanismen wie Datei– und Versionsverwaltung, Zugriffskontrolle, Transaktionsabwicklung, Datensicherung und Replikation zur Verfügung. Der WWW–Server bietet alle benötigten Front–End–Funktionen zur Navigation, Suche und Präsentation. Dabei spielen Betriebssystemgrenzen keine Rolle: Der Zugriff auf Daten und Dateien lässt sich über nahezu jede Kombination von Datenbank und Web-serverapplikation realisieren.

Ist eine Internet–Anbindung vorhanden, kann das interne Web auch zentral benötigte Hyperlinks zu externen Ressourcen sowie Links zu Kunden, Lieferanten und Geschäftspartnern enthalten. Einige Unternehmen ermöglichen den Angestellten, eigene Homepages einzurichten, was sowohl den Umgang mit der Intranet–Umgebung erleichtert als auch die Akzeptanz des neuen Mediums erhöht.

4. 10. 2 Ausbau zur integrierten Kommunikationsplattform

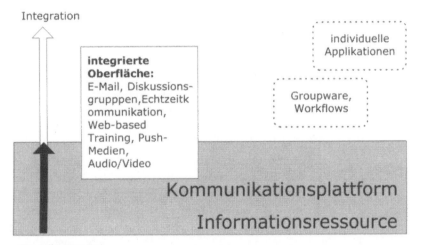

Abbildung 27: Das Intranet als Kommunikationsplattform

E–Mail
News
Chat

Zur reibungslosen Einbeziehung der Unternehmenskommunikation in das Intranet empfiehlt es sich, den elektronischen Nachrichtenaustausch zunächst auf drei einfache Grundpfeiler zu stellen. Diese erfüllen grundsätzlich unterschiedliche Zwecke, wobei sich die einzelnen Anwendungsfelder sinnvoll ergänzen:

- individuelle Kommunikation durch E–Mail

- Ankündigungen, Diskussionen und Informationsaustausch in internen Nachrichtenbrettern (Newsgroups)

- Diskussionen in Echtzeit durch Online–Chat–Applikationen

E–Mail dient in vielen Unternehmen bereits als zentrales elektronisches Kommunikationsmittel. Häufig werden dabei die Vorteile der asynchronen Nachrichtenübermittlung zwischen Einzelpersonen durch die Einrichtung von Empfängergruppen auf die Kommunikation zwischen Abteilungen und Teams übertragen.

Newsgroups gegen „E–Mail Flut"

Allerdings kann durch zusätzliche Gruppenkommunikation die Menge der versandten E–Mail leicht unübersehbare Ausmaße annehmen. Deshalb bietet es sich an, Diskussionsbretter in firmeninternen Newsgroups einzurichten. Diese lassen sich auch zur Veröffentlichung von Besprechungsergebnissen oder beispielsweise für ein innerbetriebliches Vorschlagswesen nutzen. Newsgroups können unternehmensweit, auf Abteilungsebene oder für einzelne Projekte angelegt werden.

Während Chat–Systeme im Internet vorwiegend dem allgemeinen Gedankenaustausch über beliebige Themen dienen, lassen sich die entsprechenden Anwendungen innerhalb eines Unternehmens für fachbezogene Diskussionen oder kurzfristig einberufene Konferenzen einsetzen.

Integration: Web– Oberfläche

Durch den parallelen Einsatz mehrerer Kommunikationswerkzeuge besteht jedoch grundsätzlich die Gefahr, dass sich einzelne Kommunikationsfäden über verschiedene Medien verteilen (vgl. Abschnitt 3.3.3). Daher erscheint die anschließende Integration von E–Mail, News und Chat über eine einheitliche Intranet–Oberfläche sinnvoll. News– und Chatserver lassen sich durch entsprechende Web–Schnittstellen ergänzen. Die übliche Verteilung der elektronischen Nachrichten an die einzelnen Arbeitsplätze kann durch Web–basierte E–Mail ersetzt werden. Bei diesem Verfahren werden die Postfächer nicht auf den Rechnern der Empfänger eingerichtet, sondern verbleiben auf zentralen Servern im Intranet und können per Webbrowser verwaltet werden.

Reduktion der Clients

Ziel dieses Ansatzes ist es, den Zugriff auf sämtliche Kommunikationsanwendungen über den Webbrowser zu ermöglichen. Dadurch sinkt der Aufwand für die Installation und Verwaltung der Client–Programme; zusätzlich entfallen die mit der lokalen Datenhaltung verbundenen Probleme. Ein weiterer Vorteil ist, dass während eines Projekts alle Beteiligten durch das Intranet jederzeit Zugriff auf den aktuellen Projektstand und die gesamte

„Projektgeschichte" haben. Dies beinhaltet auch die während des Projekts gewonnen Erfahrungen, Ideen und Problemlösungsverfahren.

Im Resultat kann nahezu der gesamte firmeninterne Nachrichtenaustausch über ein Web–basiertes Intranet abgewickelt werden. Durch den Einsatz von Sortierungs– und Indizierungswerkzeugen werden die Informationen über entsprechende Suchfunktionen schnell auffindbar. Der weitere Ausbau der Kommunikationsplattform umfasst die Einbeziehung von Schnittstellen zu externen Diensten wie Fax– oder Sprachnachrichten.

Web Based Training

Die Integration multimedialer Inhalte und Kommunikationsmittel stellt auch die Ausgangsbasis für Web–based Training (oft auch Internet–based Training, IBT) dar. Auf die unternehmensinterne Weiterbildung bezogene Lerninhalte werden im Intranet zur Verfügung gestellt, was den Benutzern jederzeit den Zugriff auf die entsprechenden Ressourcen erlaubt. Ergänzend dazu können Lehrer und Schüler unabhängig von jeweiligen Standort über E–Mail, News oder Chat kommunizieren. Um eine optimale individuelle Begleitung der Lernfortschritte zu ermöglichen, sollte eine Verbindung von Online–Unterricht mit herkömmlichen Lehrmethoden angestrebt werden.

Push–Medien

In die so entstandene Infrastruktur lassen sich nach und nach weitere Kommunikationswerkzeuge hinzufügen. Dazu zählen neben Push–Verfahren auch Live–Übertragungen von Audio– bzw. Videokonferenzen, Sprachübertragung und erweiterte Applikationen wie etwa Business–TV.

Während der automatisierten Übertragung von Inhalten durch sogenannte Push–Verfahren (Channels) aufgrund verschiedener Faktoren im WWW bisher kein Erfolg beschieden war (siehe auch Abschnitt 6.6.1), lassen sich Channels zur unternehmensinternen Kommunikation durchaus sinnvoll einsetzen. Ein Vorteil dabei ist, dass Hinweise auf aktuelle und wichtige Informationen zur Verfügung gestellt werden können, ohne dass die Anwender selbst aktiv werden müssen. Dabei kann durch die Einrichtung von Filtern die Verteilung von Nachrichten an bestimmte Empfängergruppen erreicht werden. Die Push–Verfahren ergänzen die obengenannten Kommunikationsmittel um ein Broadcast–Medium, das die Verteilung aktueller Informationen und die gleichzeitige Ansprache mehrerer Anwender ermöglicht.

**Audio–
und Video-
übertragung**

Ein weiteres Anwendungsfeld bildet die Übertragung von Sprache über IP–Netzwerke („Voice over IP"). Der Einsatz von Internet–Telefonie innerhalb eines Unternehmens erfordert zwar noch hohe technische Investitionen; allerdings lassen die Entwicklungen in diesem Bereich eine rasche Verbreitung der Technologie absehen. Die entsprechende Infrastruktur vorausgesetzt, können auch anspruchsvolle Anwendungen wie Videokonferenzen oder Business–TV realisiert werden. Bestandteile hochwertiger Video– Liveübertragungen sind Netze mit hoher Datenübertragungskapazität, spezielle Video–Server und entsprechende Client–Applikationen. Die anfallenden Datenströme können durch Komprimierungsverfahren stark reduziert werden. Allerdings werden zur effizienten Übertragung von Datenpaketen an mehrere Empfänger spezielle Router benötigt, die das sogenannte IP–Multicasting Verfahren unterstützen.

4.10 . 3 Ressourcenteilung, Projektabwicklung und Groupware

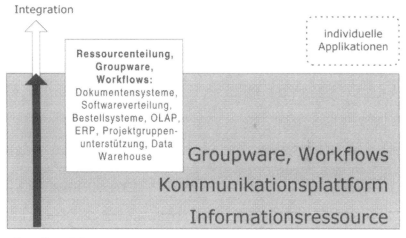

Abbildung 28: Das Intranet als Basis für Ressourcenteilung, Projektabwicklung, und Groupware

Zur Kommunikation im Intranet können neben den bisher erwähnten Basislösungen weitere Werkzeuge zur Ressourcenteilung, Zusammenarbeit und Projektabwicklung eingesetzt werden. Der Begriff Ressourcenteilung kennzeichnet generell den ge meinsamen Zugriff auf Informationsquellen, Kommunikationsmittel und Applikationen. Weit verbreitet sind unter anderem folgende Anwendungen:

- Verwendung gemeinsam benutzter Dokumentvorlagen

- Verteilung firmenweit genutzter Softwareapplikationen

- firmenspezifische Anwendungen, z.B. interne Bestellsysteme

Web–Schnittstelle

Sind bereits proprietäre Hintergrundsysteme installiert, können in vielen Fällen die vorhandenen Clients durch eine vom Hersteller gelieferte Web–Schnittstelle ersetzt werden. Heute sind die meisten Serverapplikationen von Haus aus für den Einsatz im Intranet vorbereitet. Dies schließt Applikationen ein, die bisher mit jeweils eigenen Clients ausgeliefert wurden:

- Bestellsysteme

- Warenwirtschaftssysteme

- Händlerschnittstellen

- On Line Analytical Processing (OLAP)

- Enterprise Resource Planning

- Data–Warehouse und Data–Mining Anwendungen

Dokumentvorlagen

Klassische Papierdokumentvorlagen lassen sich einfach in die Informationsstruktur eines Intranet integrieren. Anwender können über Hyperlinks die benötigten Templates auf ihre Rechner laden, diese bei Bedarf mit den bestehenden Anwendungsprogrammen weiterverarbeiten und anschließend faxen bzw. ausdrucken.

Software distribution

Unternehmensweit eingesetzte Software kann den Anwendern auf unterschiedliche Weise zur Verfügung gestellt werden. Darunter fallen die folgenden, sich ergänzenden Methoden:

- Programm–Download von einem firmeninternen FTP–Server durch einzelne Anwender, Gruppen oder Abteilungen

- zentrale Installation und Konfiguration von Client–basierten Anwendungsprogrammen über Softwaremanagement–Werkzeuge

- paralleler Zugriff auf Anwendungen, die auf Applikationsservern gespeichert sind

- Einsatz von Server–basierten Komponenten, die vor der Ausführung als mobiler Code auf die Clients der Anwender übertragen werden

Diese vier Modelle der internen Softwaredistribution, die durch zunehmende Zentralisierung und Automatisierung gekennzeichnet sind, lassen sich über das Intranet realisieren. Die Auswahl der eingesetzten Methoden muss sich am Verwaltungsaufwand für die Aktualisierung von Programmversionen, Updates und Patches orientieren und hängt von der Zahl der Anwender und dem Umfang des Softwareeinsatzes ab.

Internes Bestellsystem
In einigen Unternehmen wird mittlerweile die gesamte Anforderung von Arbeitsmitteln über das Intranet organisiert. Dabei können Abteilungen bzw. einzelne Mitarbeiter die benötigten Produkte, wie Schreibwaren, Büroausstattung, Computerzubehör und Verbrauchsmittel, über Web–Formulare anfordern. Die Einrichtung interner Online–Bestellsysteme hat sich in vielen Fällen als äußerst kosteneffiziente Anwendung erwiesen.

Groupware
Die Zusammenarbeit in Projektteams und verteilten Arbeitsgruppen ist heute in den meisten Unternehmen ohne Softwareunterstützung undenkbar. Zu den Groupware–Funktionen, die in eine Web–basierte Oberfläche integriert werden können, zählen:

- gemeinsam verwaltete Terminplanung

- Projektmanagementwerkzeuge zur Dokumentation des aktuellen Bearbeitungsstadiums und der Projektentwicklung

- individuelle Zuweisung und Verfolgung von Aufgaben

- Abstimmung zwischen den Projektteilnehmern

- Ressourcenplanung

In Verbindung mit einem Einwahlzugang über ein VPN gestattet die Browserschnittstelle Mitarbeitern auch von unterwegs die Aktualisierung von projektrelevanten Daten. Dadurch können auch Telearbeitsplätze vollständig in die Projektabwicklung integriert werden.

Integration spezifischer Workflows

Schließlich kann die zunehmende Integration von Information, Kommunikation und Applikationsteilung in einen Prozess münden, in dem unternehmensrelevante Arbeitsabläufe (Workflows) in das Intranet einbezogen werden können. Dazu reichen die von Softwareherstellern implementierten Standardfunktionen oft nicht aus. Die Abbildung von unternehmensspezifischen Geschäftsprozessen und Workflows erfordert den Einsatz von Softwaretools, die Programmierung individueller, geschäftsorientierter Anwendungen zulassen. Einige der auf den Einsatz im Intranet abgestimmten Werkzeuge sollen im folgenden Abschnitt kurz erläutert werden.

4.10 . 4 Umbau von geschäftskritischen Anwendungsstrukturen

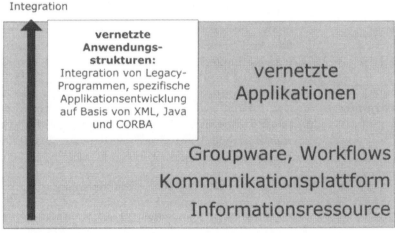

Abbildung 29: Das Intranet als Basis individueller, vernetzter Anwendungen

Die Entwicklung eigener, an die Bedürfnisse eines Unternehmens angepasster Intranet–Lösungen geht oft mit dem allmählichen Abschied von Legacy–Anwendungen einher. Dieser wurde in vielen Unternehmen bereits während der letzten Jahre vollzogen; die Jahrtausendproblematik und währungsbedingte Umstellungsaktivitäten gaben ausreichend Anlass, sich von veralteter Software zu trennen und in moderne Applikationen zu investieren. Dies ermöglicht in vielen Fällen eine mit geringen Investitionen verbundene Einbindung von unternehmensspezifischen Anwendungen in das Intranet.

Einbindung von Legacy-Anwendungen

Die generelle Vorgehensweise orientiert sich dabei an den in Unternehmen üblichen Verfahren der Software–Erneuerung. Am Anfang steht die Identifizierung der noch vorhandenen Legacy–Systeme, z.B. eine individuell programmierte Datenbank oder ein halbautomatisiertes Verfahren zur Dokumentenverwaltung. In diesem Rahmen stellt sich anschließend die Entscheidung zwischen Bestandserhaltung und Neuinvestition. Die erste Alternative führt zur Entwicklung von Schnittstellen zu der bestehenden Anwendung, über die vorhandene Datensätze im Intranet angezeigt, editiert oder neu erstellt werden können. Eine zweite Möglichkeit bildet der vollständige Ersatz des Legacy–Systems, der kurzfristig höheren Aufwand durch Softwarebeschaffung, Neuinstallation und Datenübernahme erfordert, jedoch langfristig eine kostensparende und zukunftssichere Entscheidung darstellt.

Web–basierte Anwendungen

Immer mehr Hersteller rüsten ihre Software und Hardware mit einem Web–Interface aus, das die Funktionen von ehemals individuell programmierten Client–Programmen übernimmt. Diese Web–basierten Anwendungen sind oft bedeutend kosteneffizienter zu realisieren und verwalten als herkömmliche Client/Server–Lösungen. Dazu zählen:

- Steuerung von Anwendungsprogrammen

- Management von Server– und Betriebssystemkonfigurationen

- Netzwerkverwaltung

- Gerätesteuerung

Während die zunehmende Integration der Browserplattform hauptsächlich Aspekte der Benutzerschnittstelle betrifft, findet die zukünftige Entwicklung im Intranet–Bereich „unter der Motorhaube" statt. Die Rede ist von der zunehmenden Einbeziehung geschäftskritischer Anwendungen in die durch TCP/IP geprägte Netzinfrastruktur. Dabei zeichnet sich der Einsatz dreier komplementärer Software–Technologien ab: XML, Java und CORBA.

XML

Metasprache

XML ist, technisch gesehen, eine vereinfachte Untermenge der seit längerem verbreiteten Standard Generalized Markup Language (SGML). SGML dient als Metabeschreibungssprache, in der sich einzelne Markierungssprachen zur Strukturierung von Dokumenten definieren lassen. Dazu wird die jeweilige Syntax der Dokumentauszeichnungen (tags) und Attribute durch eine Document Type Definition (DTD) festgelegt. Eine der Sprachen, die durch SGML definiert wird, ist die bekannte Hyper Text Markup Language (HTML), die zur Darstellung von Hypermedia–Dokumenten im WWW und im Intranet verwendet wird. Im geschäftlichen Bereich werden SGML und die damit verbundene Formatierungssprache Document Style Semantics and Specification Language (DSSSL) in einigen Großunternehmen zur Verwaltung und Formatierung umfangreicher Dokumente eingesetzt.

anwendungs-spezifische Bedeutung

Bei der Konzeption von XML durch das World Wide Web Consortium wurde die Tatsache berücksichtigt, dass der komplexe Aufbau von SGML einer weiten Verbreitung dieser Metasprache entgegensteht. Mit XML lassen sich relativ einfach eigene Dokumentstrukturen entwerfen, die die anwendungsspezifische Verarbeitung der markierten Dokumente erlaubt. Im Gegensatz zu HTML, dessen Standardisierung einem internationalen Gremium überlassen ist und festgelegte Dokumentauszeichnungen (Tags) beinhaltet, wird in XML die Bedeutung der verwendeten Tags durch die verarbeitende Anwendung festgelegt. Dabei lassen sich beispielsweise Rechnungsdokumente oder Konfigurationsdaten für die innerbetriebliche Datenverarbeitung strukturiert aufbereiten.

Transformation

XML vereinfacht den Austausch derartiger Dokumente über Transformationsmechanismen. Daher kann XML auch als Schnittstelle zwischen Applikationsschichten eingesetzt werden. Mit der Extensible Stylesheet Language (XSL) steht außerdem eine Formatierungssprache zur Verfügung, die einen signifikanten Schritt in Richtung der Trennung von Inhalt und Präsentation darstellt. Es ist zu erwarten, dass XML und XSL, insbesondere im Intranet–Einsatz, die bisher verwendeten Dokumentbeschreibungsmittel HTML und CSS ersetzen werden.

Java

schnelle Verbreitung

Es gibt nur noch wenige Softwarehersteller, die keine in Java entwickelten Applikationen in ihre Angebotspalette aufgenommen haben. Java wird allmählich zum de–facto–Standard für die Anwendungsprogrammierung, zumal die kritisch beurteilte Performance von Java durch den Einsatz von Just–In–Time (JIT) Compilern bedeutend verbessert werden kann. Da Java interpretiert und damit architekturneutral ist, lassen sich Applikationen ohne anschließende Portierung entwickeln („write once, run anywhere"). Java ist:

- objektorientiert

- von Grund auf für den Einsatz in verteilten Umgebungen konzipiert

- für die Programmierung von Internet– und Intranetanwendungen hervorragend geeignet

- mit umfangreichen Sicherheitsmechanismen ausgestattet

- weniger anfällig für Programmierfehler als vergleichbare Sprachen

- portabel durch konsequente Vermeidung von Implementierungsabhängigkeiten

- durch die konkurrente Ausführung von Verarbeitungssträngen (Threads) parallelisierbar

zunehmende Bedeutung

Der Sprachumfang von Java enthält zahlreiche Bibliotheken, deren Funktionsumfang nahezu alle Anforderungen an eine moderne Programmiersprache erfüllt. Wichtig im Hinblick auf die Wiederverwendung von Programmcode ist die Unterstützung der komponentenbasierten Programmierung durch Java–Beans. Die Tatsache, dass die Sprachkonzepte von Java relativ überschaubar sind, erleichtert Programmierern den Einstieg und verbessert die Wartung des generierten Programmcodes. Java wird zur Steuerung von Geräten ebenso eingesetzt wie auf einer großen Anzahl von vernetzten Rechnern. Auch wenn die enorme Begeisterungswelle, die die Einführung der Sprache begleitet hat, ein wenig abgeebbt ist, wird Java auch in Zukunft eine zentrale Rolle in der Softwareentwicklung spielen.

CORBA

**verteilte An-
wendungen**

Der Begriff „Common Object Request Broker Architecture"
(CORBA) bezeichnet die Spezifikation einer offenen Architektur,
die die reibungslose Zusammenarbeit von Anwendungen in verteilten, heterogenen Umgebungen ermöglichen soll. CORBA wird
durch die Object Management Group (OMG), ein Industriekon-
sortium mit über 700 teilnehmenden Firmen, als offener Standard
weiterentwickelt.

Erklärtes Ziel bei der Spezifikation von CORBA ist es, Applikationen den Datenaustausch über eine gemeinsame Struktur zu ermöglichen, die von Ort, Rechnerplattform und Entwicklungs-
sprache der Anwendungen abstrahiert. CORBA „verpackt" existi-
tierende Anwendungen in Komponenten, die mit Hilfe einer
neutralen Interface Definition Language (IDL) beschrieben werden. Diese sieht Sprachbindungen zu Programmen, die beispielsweise in Java, C++, C oder COBOL entwickelt wurden, vor.
Ein Vorteil dieses Ansatzes ist, dass bestehende Applikationen
weiter genutzt werden können.

**CORBA als
„universelle
Middleware"**

Auf der Grundlage dieser Komponenten wird eine Client/Server–
Struktur realisiert, in der sogenannte „Object Request Broker"
(ORB) die Methodenaufrufe zwischen Objekten abwickeln. Der
Client „kennt" die ihm zur Verfügung stehenden Methoden über
statische bzw. dynamisch aktualisierbare Beschreibungen (statische Interfaces bzw. Interface–Repositorium). Ruft ein Client in
der durch ORB vermittelten Umgebung eine Server–Methode auf,
finden die ORB einen entsprechenden Server im Netz und übernehmen die Übermittlung des Aufrufs sowie die Rücklieferung
der Ergebnisse an den Client. CORBA ORB stellen universelle
Middlewarekomponenten in heterogenen verteilten Umgebungen
dar. Die reine Vermittlungsfunktionalität wird im CORBA–Standard von einer Reihe weiterer Services, z.B. Namens–, Per-
sistenz– oder Transaktionsdienste, ergänzt. Durch das Internet
Inter–ORB Protokoll (IIOP) ist gesichert, dass ORB unterschiedlicher Hersteller miteinander kommunizieren können.

**Integration:
XML, Java,
CORBA**

Der Ansatz von CORBA verspricht, eine weiterhin wachsende
Rolle in der objektorientierten Standardisierung und Interoperabilität zwischen heterogenen Systemen zu übernehmen. Seit einiger Zeit sind bereits die Vorteile von kombinierten Ja-
va/CORBA–Lösungen bekannt. Zukünftig wird die Integration
der drei Technologien XML, Java und CORBA eine hervorragen-

de Plattform für die Entwicklung von verteilten Applikationen im Intranet und Internet darstellen. Dabei erfüllen die drei Standards jeweils eigene Rollen:

- XML: Strukturierung, Präsentation und Konvertierung von Dokumenten

- Java: plattformunabhängige Programmierung mobiler Objekte und Komponenten

- CORBA: Interoperabilität von Komponenten und Transparenz lokaler und entfernter Anwendungen

4. 11 Umsetzung der Intranet–Struktur

Die Aufgabe der Strukturierung von Informationsbausteinen und Anwendungen innerhalb eines Intranet beginnt mit einem Widerspruch. Einerseits müssen Struktur und Gestaltungsrichtlinien (vor allem bei größeren Projekten) so weit wie möglich a priori festgelegt werden, andererseits steht bei der Konzeption die langfristige Erweiterbarkeit der internen Website im Vordergrund.

Site–Management
Einen Ausweg aus diesem Dilemma können Site–Management–Werkzeuge bieten. Diese erlauben die Verwaltung umfangreicher Web–Strukturen und vereinfachen globale Änderungen. Einzelne Bereiche der Website können über eine grafische Oberfläche hinzugefügt, editiert bzw. gelöscht werden. Dabei übernimmt das Programm mit Hilfe dynamischer Templates die automatische Anpassung der Navigationselemente. Weiterhin lassen sich Grafiken, Skripte und andere eingebundene Ressourcen innerhalb der Programme zentral verwalten.

dynamische Struktur
Eine alternative Lösung stellt ein Programm dar, das aus einem bestehenden Verzeichnisbaum und Template–Dateien automatisch Hypertextseiten samt Navigationsstruktur erstellt. Dadurch lassen sich neu hinzugefügte Dateien in die Site integrieren, ohne dass eine Umprogrammierung der übrigen Seiten bzw. eine Anpassung der Navigationsstruktur erforderlich ist.

mehrere Navigations- strukturen

Die Navigationssystematik selbst kann unter mehreren Gesichts- punkten organisiert werden:

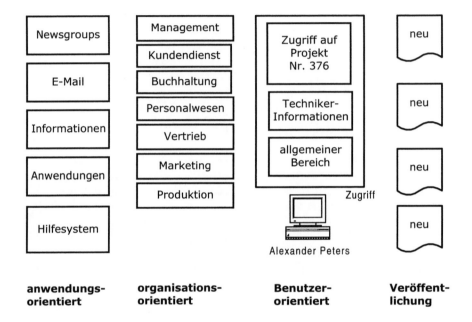

Abbildung 30: Navigationsstrukturen

In einer anwendungsorientierten Struktur werden die vorhande- nen Informationen und Applikationen nach dem jeweiligen An- wendungszweck gegliedert. Typische Beispiele sind die in die- sem Kapitel genannten Informationskategorien und Kommunika- tionsmittel. Diese Einteilung erleichtert den Zugriff auf essentielle Ressourcen wie Mitarbeiterverzeichnis, Kundendatenbank oder aktuelle Ankündigungen.

- Eine organisationsorientierte Struktur leitet sich aus dem Aufbau des Unternehmens ab. Die Hauptnavigation besteht in diesem Fall aus Hyperlinks zu den Intranet–Bereichen der einzelnen Abteilungen. Dadurch lassen sich etwa für das Personalwesen relevante Informationen oder ein Ansprech- partner in der Buchhaltung schnell auffinden.

- Ein weiterer struktureller Aspekt ist die Beschränkung des Zugriffs auf Ressourcen durch die jeweils autorisierte Benutzergruppe: gesamtes Unternehmen, Geschäftsführung, Abteilung, Unterabteilung, Projektgruppen oder einzelne Mitarbeiter. Außerdem ist es sinnvoll, spezielle Zugänge für externe Mitarbeiter bzw. Praktikanten einzurichten, die den temporären Zugang zu ausgewählten Bereichen gestatten.

- Eine Gliederung nach dem Zeitpunkt der Veröffentlichung bzw. Implementierung neuer Funktionen verschafft Anwendern einen raschen Überblick über neu hinzugekommene Intranet–Bausteine.

In der Praxis können sämtliche Navigationsprinzipien kombiniert und über mehrere Hyperlink–Leisten dargestellt werden. Dies verspricht einen optimalen Zugang zu Informationen bzw. Anwendungen und ermöglicht auch im Fall von großen Dateistrukturen eine schnelle Navigation durch das Intranet. Hinzu kommen feste Site–Merkmale wie die Benutzeranmeldung, eine Einstiegsseite mit aktuellen Neuigkeiten, Suchfunktion und Index sowie ein ausführliches Hilfesystem.

„Personal Intranet"
Ziel der Strukturgestaltung kann ein vollständig personalisiertes Intranet sein, das jedem Mitarbeiter eine individuelle Arbeitsoberfläche zur Verfügung stellt. In einem „Personal Intranet" findet jeder Anwender eine eigene Einstiegsseite vor, die folgende Komponenten enthält:

- auf Person und Aufgabenbereich zugeschnittene Informationen und Daten

- das eigene E–Mail Postfach

- Zugang zu Nachrichtenbrettern und Diskussionen

- einen in die Darstellung integrierter, gleichzeitig technisch getrennter Internet–Zugang

- Zugriff auf Anwendungsprogramme

einfache Benutzeroberfläche
Daneben sollte die Möglichkeit bestehen, eigene Darstellungspräferenzen einzustellen und Bookmarkverzeichnisse anzulegen. Eine derartige Intranet–Struktur isoliert den Anwender effektiv von der komplexeren Oberfläche eines PC und kombiniert die

155

Vorteile eines netzwerkbasierten Client/Server–Systems mit einer individuellen und einfach zu bedienenden Hypermedia–Umgebung.

4. 12 Gestaltung und Layout im Intranet

heterogene Browser– Umgebung

Die Gestaltung von Hypermedia–Dokumenten im Intranet ist theoretisch denkbar einfach, da die Designer davon ausgehen können, dass alle verwendeten Browser dieselbe Version haben und mit einheitlichen Erweiterungen ausgerüstet sind. Dieser Vorteil wird jedoch hinfällig, wenn Mitarbeiter Zugriff auf Informationen erhalten sollen, deren Rechner nicht genau den internen Vorgaben entsprechen. Die Verzweiflung eines Außendienstmitarbeiters, der vom Büro eines Kunden aus auf wichtige Daten im Intranet nicht zugreifen kann, ist leicht vorstellbar. In der Praxis existiert in den meisten Firmen eine heterogene Systemumgebung, die eine uneinheitliche Ausstattung an Webbrowsern zur Folge hat.

Daher gelten für das Intranet–Design ähnliche Empfehlungen wie für die Programmierung einer öffentlichen Website (vgl. Abschnitte 3.4.9, 3.4.11 und 3.4.13):

Schwerpunkt Server

- Die Funktionalität sollte vorwiegend durch Serverschnittstellen erbracht werden. Durch den Browser interpretierte Skriptsprachen können zur Entlastung der Server bei nichtkritischen Funktionen dienen.

- Der Einsatz von Erweiterungen, Skriptsprachen und Plug–Ins sollte genau auf die Anforderungen der Anwender abgestimmt werden. Bei der Wahl von Zusatzprogrammen sollten vor allem Verbreitung und Web–Integration berücksichtigt werden. Beispielsweise bildet heute neben Postscript das Portable Document Format von Adobe (PDF) für den Ausdruck bzw. die Anzeige von druckfertig formatierten Dokumenten einen Quasi–Standard.

Vorrang der Browser–Suite

Dazu kommt ein dritter Aspekt für die Programmierung eigener Anwendungen, der im Hinblick auf langfristig entstehende Kosten der Softwareverwaltung und –wartung eine wesentliche Rolle spielt:

- Nach Möglichkeit sollten für Geschäftsprozesse benötigte Funktionen innerhalb der Web–basierten Oberfläche realisiert werden. Die Programmierung zusätzlicher Client–Applikationen sollte nur in Betracht gezogen werden, wenn sich die entsprechende Funktionalität nicht in die Browser–Suite integrieren lässt.

Ergonomie

Bei der grafischen Gestaltung der Intranet–Seiten kann man dagegen eigene Prioritäten setzen. Ein Kriterium an das Layout ist beispielsweise die Stärkung der Corporate Identity nach innen. Im Intranet geht es nicht um die Erregung von Aufmerksamkeit oder eine Überzeugung der Anwender durch ästhetische Feinheiten. Daher kann auf grafische Spielereien wie animierte Schaltflächen weitgehend verzichtet werden. Die Gestaltung der Intranet–Oberfläche soll vorwiegend Umgang mit der Datenverarbeitung vereinfachen. Hauptkriterium ist dabei die Benutzerfreundlichkeit und Ergonomie der grafischen Schnittstellen. Die Gestaltung der Intranet–Seiten sollte einfach und vor allem einheitlich sein, damit sich die Anwender im gesamten internen Netz leicht zurechtfinden können. Dazu kann beispielsweise eine durchgehende Farbcodierung der einzelnen Bereiche beitragen.

Intranet–Advertising?

Ob die Mitarbeiter beispielsweise Werbebannern ausgesetzt sein sollen, ist Diskussionssache. Einige Unternehmen schalten zur Finanzierung der getätigten Investitionen Werbung anderer Firmen im Intranet, was sicherlich ein interessantes Marketingmodell darstellt. Da das Intranet als Arbeitsmittel aufzufassen ist, spricht die mögliche Ablenkung der Anwender gegen internes Advertising.

Formulargestaltung

Die Vorgehensweise zur Gestaltung von Formularen und Workflow–Elementen kann sich an den folgenden Schritten orientieren:

- Erstellung von Anforderungsliste bzw. Pflichtenheft unter Berücksichtigung von Muss–, Soll– und Kann–Funktionalität (vgl. Abschnitt Planungsschritte)

- Erzeugung eines Flussdiagramms, das die Datenströme zwischen Client und Server modelliert

- Programmierung eines Prototyps für die Benutzerschnittstelle, der die Anpassung des Interface an die Bedürfnisse der Anwender und Tests der Bedienungsabläufe ermöglicht

- Programmierung der Funktionalität in einer plattformunabhängigen Programmiersprache bzw. eingebetteten Middleware–Sprachen, in einfachen Fällen auch durch eine CGI Schnittstelle („quick and dirty")

Ein konsistentes Design wird am ehesten durch die Verwendung von Dokumentschablonen (Templates) und strukturiertem Seitenaufbau erreicht. Die Formatauszeichnungen lassen sich durch den Einsatz von CSS (Cascading Style Sheets) von der Strukturbeschreibung der Seiten trennen. Schriftart, Schriftgröße und Textformatierung werden in Style Sheets festgelegt und können an die Bedürfnisse der Anwender angepasst werden. Besonders in dieser Hinsicht wird der Einsatz von XML/XSL, wie in Abschnitt 4.10.4 erwähnt, die Verwaltung von Intranets erleichtern.

4. 13 Administration, Programmierung und Content–Management

Im Prinzip kann die Implementierung von Intranets sowie der geschilderte funktionelle Ausbau von externen Dienstleistern durchgeführt werden. Die technische Betreuung eines Netzwerks und die kontinuierliche Verwaltung von Inhalten erfordern dagegen den Einsatz interner Fachkräfte.

Zu den Anforderungen, die die Verwaltung eines Intranet einschließt, zählen Netzwerkadministration, Sicherheitsmanagement, Webserver–Verwaltung, Gestaltung der Benutzerschnittstellen, Anwendungsprogrammierung und Inhaltsmanagement. Die wichtigsten Kriterien für die personelle Aufgabenverteilung sind der Umfang des internen Netzwerks, die Menge der vorhandenen Inhalte und die geplante Entwicklung des Intranet. Die Bandbreite des Personaleinsatzes reicht dabei von der Kleinfirma, in der sämtliche Aufgaben von einer Person übernommen werden, bis zu Konzernen mit großräumig verteilten Netzwerken, die über eine große Anzahl von Spezialisten in eigenen Intranet–Abteilungen verfügen.

Netzwerkadministrator

Der relativ große Verantwortungsbereich, durch den die Netzwerkadministration gekennzeichnet ist, drückt sich in vielfältigen Aufgabenstellungen aus. Dabei macht oft die Reaktion auf Anfragen von Benutzern einen wesentlichen Bestandteil des Arbeitsaufwands aus. Klassische Aufgaben von Netzadministratoren sind unter anderem:

- Hardwareverwaltung

- Serverkonfiguration

- Installation neuer Programmversionen, Updates und Patches

- Auswertung der Protokolldateien

- Überwachung und Analyse des Datenverkehrs

- Accountverwaltung

- regelmäßige Datensicherung

- Änderungsdokumentation

Die Konzeption einer Sicherheits–Policy für das Intranet und die Überwachung der damit verbundenen technischen und organisatorischen Maßnahmen wird durch Sicherheitsexperten geleistet. Diese Position verlangt fundamentales Wissen über Themen wie Betriebssystemsicherheit, Datensicherung, Zugriffsrechte, Verschlüsselungsverfahren, Authentisierung und Firewalls (vgl. Kapitel 7).

Webmaster

Umfangreiche Unternehmensnetze erfordern für einzelne Serverdienste wie E–Mail, News und Datenbanken jeweils eigene Administratoren. Dazu zählt auch der Webmaster, zu dessen Kernaufgaben vor allem die technische Administration der Webserver gehört. Besonders in kleineren Unternehmen ist der Webmaster für die gesamte Betreuung der internen Website verantwortlich: Gestaltung der Web–Oberfläche, Datenbankintegration, Pflege von Inhalten und Programmierung von Anwendungsschnittstellen.

Intranet–Abteilung

Die mit dem Wachstum des Intranet einhergehende Differenzierung der Aufgaben definiert weitere Rollen in der firmeninternen Personalstruktur. Größeren Unternehmen beschäftigen inzwischen eigene Abteilungen, in denen an Inhalt, Gestaltung und Technik des Intranet gearbeitet wird. Einige Beispiele:

- Der Intranetmanager leitet die Abteilung und vertritt diese im Unternehmen. Die Position beinhaltet die generelle Planung der Intranet–Entwicklung unter Einbeziehung personeller und finanzieller Gesamtverantwortung.

- Das Einsatzgebiet eines Kommunikationsarchitekten bzw. Kommunikationsdesigners ist die strukturelle Planung von Intranets unter Berücksichtigung der technischen und inhaltlichen Konzeptionsbereiche. Dazu gehört auch die Erstellung unternehmensweiter Richtlinien zur Programmierung und konsistenten Gestaltung der internen Website und die Weiterentwicklung der Informationsstruktur.

- Die Gestaltung der Web–Oberfläche ist Aufgabe von Webdesignern und HTML–Programmierern, die bei der Erstellung des Layout mit Screendesignern und Grafikern zusammenarbeiten.

- Aufgabenfeld der Intranet–Entwickler ist die Programmierung von Applikationen und Server–Schnittstellen.

- Die Publikation und Aktualisierung der Inhalte wird von Online–Autoren übernommen. Insgesamt umfasst das Content–Management die Übernahme von Informationen aus bestehenden Dokumenten, Einbindung von Datenbankinhalten und die kontinuierliche Pflege der veröffentlichten Daten.

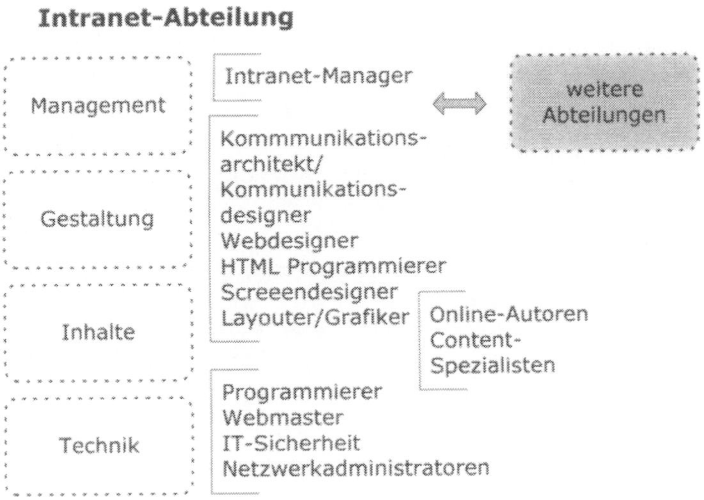

Intranet-Abteilung

Abbildung 31: Aufgabenverteilung in einer Intranet–Abteilung

Intranet–Wachstum

Für Unternehmen, die durch den internen Einsatz von Internet–Technologie Wettbewerbsvorteile anstreben, wird die Einrichtung einer eigenen Intranet–Abteilung in naher Zukunft unumgänglich. Selbst wenn diese Abteilung anfänglich aus einer Person besteht, legt eine diesbezügliche Entscheidung den Grundstein für zukünftige Entwicklungen. Begleitet vom wachsenden internen Engagement kann das eigene Intranet aufgrund eines verbesserten vertikalen und horizontalen Informationsaustausches dem Anspruch einer universellen und effizienten Informations– und Kommunikationsressource gerecht werden.

4. 14 Empfehlungen

Wägen Sie jede Entscheidung zugunsten von Fertiglösungen gut ab

Einige Softwarehersteller bieten inzwischen Programmpakete als „Fertiglösungen" für das Intranet an. Diese umfassen meist eine Reihe von Tools zur Kommunikation per E–Mail und vorgefertigte Applikationen wie Diskussionsbretter und Verzeichnisse mit integrierter Datenbank. Drei Gründe sprechen gegen den Einsatz von Fertiglösungen:

- Intranets wachsen mit den Bedürfnissen eines Unternehmens.

- Ein Hauptziel der Intranet–Entwicklung ist die individuell angepasste Integration von Arbeitsabläufen.

- Die dynamische Entwicklung im Intranet–Bereich wird auch zukünftig von der Entstehung neuer Anwendungsfelder begleitet werden.

Diese Argumente lassen den Schluss zu, dass eine Intranet–Lösung neben vorgefertigten Komponenten in erster Linie aus Entwicklungswerkzeugen besteht. Während der Einrichtungsphase werden Tools zur Seitenerstellung, Site–Verwaltung und Middleware–Lösungen zur Einbindung bestehender Datenquellen in das Intranet benötigt. Anschließend kommen weitere Werkzeuge zum Einsatz, die den Austausch und die Präsentation von Daten über die Web–basierte Oberfläche vereinfachen. Zur Abbildung individueller Geschäftsprozesse können Anwendungen durch den Einsatz von Programmiersprachen und Entwicklungsmethoden wie XML, Java und CORBA entwickelt werden.

Achten Sie auf versteckte Erweiterungen von Standards

Während die Softwareindustrie heute generell Internetstandards als zentrale Basis für Applikationen anerkennt, versuchen einige Hersteller, über den Weg proprietärer Erweiterungen der Standards dauerhafte Markanteile zu sichern. Knapp ausgedrückt, bedeutet eine herstellerspezifische Standarderweiterung, dass der Standard in Gefahr gerät, sofern die Erweiterung nicht auch von anderen Anbietern getragen wird und damit eine Chance hat, in die nächste Version des Standards integriert zu werden.

Kriterium: Nachweis der Vorteile

Daher ist vor allem bei der Auswahl der Serversoftware eine gründliche Abwägung der Vor- und Nachteile von herstellergebundenen Erweiterungen anzuraten. Erfahrungen mit Folgekosten im Softwareeinsatz führen im Zweifelsfall zur Entscheidung für eine Standardlösung. Erst wenn die proprietäre Erweiterung nachweisbar geschäftliche Vorteile verspricht, oder die notwendige Funktionalität bzw. Performance nicht auf der Basis offener Standards allein erbracht werden kann, sollte einer herstellergebundenen Lösung der Vorzug gegeben werden.

Sparen sie Zeit durch sorgfältige Implementierung und Konfiguration

Dokumentationspflicht

Um unnötigen Zeit- und Kosteneinsatz im späteren Betrieb des Intranet einzusparen, sollte jeder Schritt der Implementierung und Konfiguration genauestens dokumentiert werden. Leider halten sich viele Firmen an das „Prinzip der kurzen Deadlines", das aufgrund undokumentierter Konfigurationseinstellungen, Skripte und Programme mittelfristig enormen Zeitaufwand verursacht. Manche Programmierer sind grundsätzlich schwer von der Notwendigkeit der Dokumentation zu überzeugen („es läuft doch"). In einigen Fällen wird dabei durch das Management Unterstützung geleistet, das die neuen IT-Strukturen so rasch wie möglich in Aktion sehen will.

Einerseits führt die Einhaltung unrealistischer Zeitvorgaben bei der Einführung eines neuen Systems zur dauerhaften Arbeitsplatzsicherung, andererseits nimmt die Abhängigkeit von einzelnen Entwicklern in einigen Unternehmen gefährliche Ausmaße an. Sorgfältige Dokumentation erleichtert auch neuen Mitarbeitern die Einarbeitung. Insbesondere bei Konfigurationsarbeiten, die von externen Dienstleistern erbracht werden, sollte die Dokumentation einen zentralen Vertragsbestandteil darstellen.

Sorgen Sie für Intranet–Akzeptanz

Im Gegensatz zur Einführung von E–Mail, die in den meisten Fällen die geschäftliche Kommunikation unmittelbar verändert, hat ein Intranet in einigen Firmen den Charakter einer zusätzlichen, eher zweitrangigen Informationsquelle. Das Intranet wird nicht bzw. zu wenig genutzt. Ein sicheres Zeichen für eine derartige Entwicklung ist, wenn Mitarbeiter nach Informationen fragen, die im Intranet bereits veröffentlicht sind.

Aktualität der Inhalte
Eines der Schlüsselkriterien, die über die Annahme des neuen Mediums entscheiden, ist die Aktualität der im Intranet veröffentlichten Informationen. Wenn Telefonnummer und E–Mail Adresse eines neuen Kollegen erst nach 14 Tagen im Intranet auftauchen, wird der Papierweg wieder zu einer interessanten Alternative. Ein weiterer Problempunkt kann in der Navigationsstruktur liegen: Eventuell ist der Zugriff auf häufig benötigte Ressourcen zu umständlich angelegt.

Hilfefunktion
Generell werden die meisten Anwender den Umgang mit dem Browser gegenüber bisherigen Programmen als Erleichterung empfinden. Trotzdem sollte auf Maßnahmen zur Unterstützung der Benutzer hohen Wert gelegt werden. Dies sind die Implementierung eines anwenderfreundlichen Hilfesystems, ausführliche Dokumentierung der Intranet–Applikationen und ergänzend angebotene Schulungen, in denen die Nutzung des Intranet demonstriert wird. Ein weiteres motivierendes Mittel ist ein Angebot an die Mitarbeiter, eigene Homepages im Intranet einzurichten.

In jedem Fall erscheint es wichtig, die Analyse von Anwendungshindernissen unter Beteiligung der Benutzer durchzuführen und daraus entsprechende Maßnahmen zur Akzeptanzsteigerung abzuleiten.

Schaffen Sie Richtlinien für den Intranet–Umgang

Kommunikationsprobleme
Viele Anwender haben bereits die Erfahrung gemacht, dass der Nachrichtenaustausch im Internet eine besonders hohe Gefahr von Missverständnissen birgt. In Newsgroups und bei Diskussionen per E–Mail entstehen regelmäßig Konflikte, die sich innerhalb der elektronischen Medien nur schwer wieder bereinigen lassen. Diese Tatsache gilt auch für die Kommunikation im Intranet: Die Schwierigkeit, eigene Nachrichtenbeiträge inhaltlich zu

kommentieren und das fehlende persönliche Gegenüber können Auslöser von ernsten Problemen sein.

eigener Kodex Oft entwickelt sich jedoch in relativ kurzer Zeit ein innerbetrieblicher Verhaltenskodex, der die firmenspezifische Diskussionskultur widerspiegelt. Ergänzend dazu ist es sinnvoll, die im letzten Kapitel angesprochene Internet–Policy als Basis für die organisatorische Regelung des Umgangs mit dem Intranet aufzufassen und dementsprechend zu ergänzen.

- Dazu zählt die Festlegung von Intranet–Inhalten und E–Mail als Unternehmenseigentum und die Aufklärung der Angestellten über den Umfang von Zugriffsrechten, Sicherheitsmaßnahmen und Datenprotokollierung zu Dokumentations– und Beweiszwecken.

- Einige Richtlinien, wie die genaue thematische Festlegung der internen Newsgroups, können zur Vermeidung ausufernder Diskussionen beitragen. Die Einrichtung von Diskussionsbrettern, die dem freien Gedankenaustausch dienen, fördert zusätzlich die firmeninterne Gemeinschaft.

- Da E–Mail ein eher informelles Medium darstellt, ist grundsätzlich Klarheit über den Ablauf von Kommunikationsvorgängen zu schaffen. Prozeduren zur Bestätigung eingehender Nachrichten, der Umgang mit E–Mail unterschiedlicher Prioritätsstufen und vor allem die Gestaltung von Entscheidungs– und Genehmigungsprozessen sollten unmissverständlich geregelt sein.

4. 15 Das Intranet im Rahmen einer langfristigen Strategie

Das Intranet ist der zweite Baustein auf dem im Eingangskapitel skizzierten Weg zur Nutzung der Internet–Technologie. Ursprünglich waren Intranets die konzeptionellen Vorläufer des Internet: Sowohl die technologische Entwicklung der Netzwerkprotokolle als auch die Entstehung der Standards, die heute das World Wide Web ausmachen, haben ihren Ursprung in Intranets. Während TCP/IP anfänglich für den Einsatz in geschlossenen militärischen Netzwerken vorgesehen war, ging die Initiative für HTTP und HTML von dem Mitarbeiter eines Kernforschungszentrums aus, der einen Weg suchte, Informationen einfach und strukturiert zugänglich zu machen.

Motor Internet Dagegen bildet heute das Internet den Wachstumsmotor, der die rasche Weiterentwicklung von Protokollstandards ermöglicht und damit auch neue unternehmensinterne Einsatzfelder erschließt. Mit der absehbaren Erhöhung der verfügbaren Datenbandbreite werden Anwendungen wie die interne Sprachkommunikation und Echtzeitkonferenzen über IP–basierte Netze auf breiter Basis realisierbar. Gleichzeitig lassen sich immer mehr proprietäre Anwendungen in ein Intranet integrieren.

„vernetztes Das dazu notwendige Know–How, das zu Anfang durch externe
Unternehmen" Berater und Dienstleister erbracht werden kann, legt den Grundstein für eine langfristige, ausbaufähige Strategie. Während der Aufbauphase ist daher die Entwicklung unternehmensinterner Ressourcen ein zentrales Thema der Unternehmensplanung. Das Intranet etabliert sich dabei zu einem zentralen Bestandteil der eigenen Organisation und lässt die Vision vom „vernetzten Unternehmen" näher rücken, die mit der Einrichtung von Extranets eine weitere Dimension erhält.

5 Projekt Extranet

5.1 Überblick

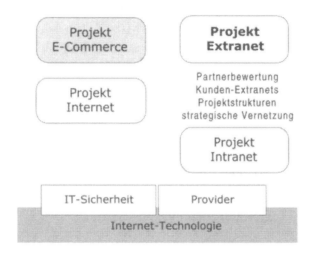

Abbildung 32: Projekt Extranet

Eine mögliche Situation:In Ihrem Unternehmen wird gerade die Umstellung von der veralteten LAN–Struktur zu einem Intranet vollzogen. Das Netz läuft bereits seit einigen Tagen stabil auf Basis von TCP/IP. Legacy–Anwendungen sind Web–basierten Applikationen gewichen. Einige Intranet–Anwendungen sind bereits implementiert und die Anwender beginnen, den einfachen und vereinheitlichten Zugriff auf Daten und Kommunikationsmittel zu schätzen. Damit Unbefugte keinen Zugriff auf unternehmenseigene Daten erhalten, ist ein neues Sicherheitskonzept eingeführt worden, und alle Schnittstellen zwischen Internet und Intranet sind mit einer Firewall (siehe auch Abschnitt 7.5) ausgerüstet. Erste Effizienzvorteile zeichnen sich ab.

Vom Intranet zu Extranets Die in das Projekts mit einbezogenen Unternehmensberater verlassen gerade zufrieden das Gebäude. Plötzlich dreht sich einer von ihnen an der Eingangstür noch einmal um und sagt: „Übrigens ist es jetzt höchste Zeit für die Planung von Extranets."

5. 2 Charakterisierung von Extranets

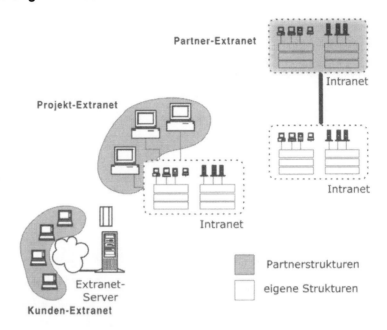

Abbildung 33: Extranet–Modelle

„direkte Drähte"

Extranets sind mit einer Vielzahl „direkter Drähte" zu vergleichen, die das Unternehmen mit Kunden, Zulieferern, Partner–
und Subunternehmen verbinden. Die Grundlage von Extranets
bilden wiederum die in Kapitel 1 skizzierten offenen Kommunikationsstandards der Internet–Technologie. Der Unterschied zwischen Internet, Intranet, Extranet liegt dabei in erster Linie in der
Reichweite der jeweiligen Kommunikationsvorgänge:

1. Das Internet stellt die öffentliche, weltweite Informations–
    und Kommunikationsplattform dar (vgl. Kapitel 3).

2. Ein Intranet bildet ein „privates Internet", das den Zugriff auf
    Inhalte und Anwendungen durch Angehörige eines Unter-
    nehmens bzw. einer Organisation vorsieht (vgl. Kapitel 4).

3. Charakteristisch für Extranets ist der gemeinsame Ressour-
    cenzugriff und Datenaustausch zwischen Geschäftspartnern.

individuelle Umgebungen

Extranets bieten dabei die Chance, für jeden „direkten Draht" jeweils individuelle Netzwerkumgebungen zu errichten, die Anwendern außerhalb des Unternehmens den Zugriff auf bestimmte Daten oder Anwendungen innerhalb des eigenen Netz-

werks ermöglicht. Die Einsatzgebiete reichen dabei vom geschützten Zugriff auf private Daten über eine Website bis zur Ablösung herkömmlicher Verfahren im Bereich der automatischen Datenübermittlung.

Eigenschaften Die folgenden Eigenschaften kennzeichnen ein Extranet im Vergleich zum Intranet (vgl. Abschnitt 4.2):

1. Ein Extranet basiert technisch auf den Netzwerkprotokollen und Kommunikationsstandards des öffentlichen Internet.

2. Der gemeinsame Datenaustausch und Zugriff auf Ressourcen in einem Extranet wird zwischen mehreren Firmen bzw. Organisationen festgelegt.

3. Vorwiegendes Werkzeug zum Austausch von Informationen auf Anwenderebene ist wieder die Browser–Suite, d.h. die Client/Server–Struktur von Extranets entspricht im Grundzügen wieder der des privaten Intranet.

4. Der Umfang von Inhalten und Funktionen eines Extranet werden meistens zwischen Unternehmen, in einigen Fällen auch branchenweit vereinbart.

Extranet ≠ VPN Virtual Private Networks (VPN, vgl. Abschnitt 4.9.3) stellen durch Techniken der Absicherung privater Kommunikationskanäle über öffentliche Weitverkehrsstrecken die technische Grundlage vieler Extranets dar. Hin und wieder werden die Bezeichnungen „Extranet" und „VPN" auch gleichgesetzt. Die Begriffe „Intranet" bzw. „Extranet" lassen sich jedoch nur schwer an räumlich geprägten Ausdrücken festmachen (vgl. Abschnitt 4.1).

Mit Hilfe eines VPN lassen sich erweiterte LAN realisieren (LAN–WAN Integration). Genau aus diesem Grund bildet ein VPN nicht nur die Basis für Extranets, sondern auch für standortüberbrückende Intranets. Befinden sich andererseits zwei Firmen die jeweils über ein privates Intranet verfügen, in räumlicher Nähe, erfordert ein gemeinsames Extranet keine VPN–Techniken.

Formaler ausgedrückt, ist „VPN" ein Begriff auf der Ebene der Datenverbindungsschicht, „Extranet" (analog: „Intranet") umfasst alle Aspekte ab der Netzwerkschicht aufwärts (vgl. Abschnitt 1.4.1), sowie den inhaltlichen, funktionellen und organisatorischen Bereich. Aus diesem Gründen erscheint es sinnvoll, die beiden Begriffe deutlich zu unterscheiden. Weiter unten in diesem Kapitel wird ein Extranet–Modell vorgestellt, das technisch auf einem VPN basiert.

5. 3 Anwendungsbereiche

effiziente Anwendungen

Extranets werden bisher vor allem in größeren Unternehmen eingesetzt, in denen hohe Anforderungen an die Kommunikation mit Partnern, Zulieferern und Kunden bestehen. Generell ist es auch für kleinere Firmen möglich und sinnvoll, Geschäftsbeziehungen über Extranets umzugestalten. Häufig geht die Initiative, z.B. zur effizienteren Gestaltung einer Lieferkette, dabei von einem größeren Geschäftspartner aus.

Extranets sind durch vielfältige Anwendungsmöglichkeiten gekennzeichnet, z.B.:

- Verbesserung des Kundenservice bei Händlern bzw. Dienstleistern

- Bestell– und Transaktionsabwicklung

- gemeinsame Projektabwicklung zwischen Unternehmen

- Verwaltung von Lieferketten (Supply Chain Management)

- Austausch strukturierter Geschäftsdaten (vormals über EDI)

- automatisierte Geschäftsprozesse

mehrere Extranets

Im Folgenden soll grundsätzlich von der Sichtweise ausgegangen werden, dass ein Unternehmen mehrere, voneinander unabhängige Extranets einrichten kann. Jedes Extranet verkörpert dabei eine genau bestimmte Geschäftsverbindung zu einem oder mehreren Partnern. Im Ergebnis stellen die Extranets spezifische, auf die Beziehung zu dem jeweiligen Kunden oder Unternehmenspartner zugeschnittene Funktionen bereit.

Kunden, Projekte, Partner

Beispielsweise können die verschiedenen Extranets einer Firma die folgenden Anwendungsfelder umfassen:

- abgesicherte Kundenbereiche auf einer Website, die den Zugriff für Endkunden und Partner auf wichtige Daten, z.B. Informationen über Warenverfügbarkeit, Bestellstatus und Lieferzeit vereinfachen

- gemeinsame Projekte mit Partnerunternehmen, die über jeweils eigene Extranets abgewickelt werden, in denen die beteiligten Mitarbeiter beider Firmen Zugang zu gemeinsamen Inhalten und Anwendungen erhalten

- die Verwaltung von Lieferketten und der Austausch von Geschäftsdaten durch die Datenübermittlung innerhalb eines VPN

5. 4 Vorteile von Extranets

Von der Einrichtung von Extranets profitieren vor allem Firmen, die bereits in der Vergangenheit regelmäßig Geschäftsdaten ausgetauscht haben (z.B. über EDI). Aber auch Dienstleister, die Kunden bzw. Partnern schnellen Zugang zu privaten Informationen bieten wollen und Unternehmen, die nach neuen Formen der Zusammenarbeit suchen, gewinnen durch den Extranet–Einsatz.

Priorität Extranets

Inzwischen setzt sich die Auffassung durch, dass die Fokussierung auf Geschäftsprozesse und Zusammenarbeit zwischen Unternehmen den wichtigsten Teil des gesamten Bereichs „E–Business" darstellt. Ein Extranet erfordert weder schmucke Websites noch eine auf den Verkauf von Produkten über das WWW zugeschnittene Verkaufsstrategie, die im E–Commerce vorausgesetzt wird (siehe Kapitel 6).

Nutzen-kriterien

Für eine Evaluierung der grundlegenden Nutzenaspekte von Extranets lassen sich zunächst die in den Abschnitten 4.3, 4.4 und 4.5 genannten Vorteile von Intranet–Umgebungen heranziehen und auf die Kommunikation bzw. den Datenaustausch zwischen Unternehmen übertragen. Daraus ergeben sich unter anderem folgende Vorteile:

- erhöhte Zufriedenheit und verstärkte Bindung der beteiligten Partner bzw. Kunden

- verbesserte Datensicherheit

- drastische Reduzierung des Aufwands im Vergleich zu Legacy–Kommunikationsstandards

- Kosteneffizienz

- generelle Effizienzsteigerung in Geschäftsprozessen

Bindungs-effekte

Für die durch Extranets angebunden Partner bieten sich folgende Gewinne:

- schneller Zugriff auf spezielle Informationen

- individuell zugeschnittene Serviceleistungen

- Zeitersparnis bei Transaktionen

- „direkter Draht" zum Anbieter

■   einfacher und flexibler Datenaustausch

Kunden–Extranets

Obwohl klassische Kunden–Extranets wie das Homebanking bereits seit längerem etabliert sind, stellt in zahlreichen Branchen das Angebot individueller Servicebereiche auch heute ein Qualitätsmerkmal dar, das den Anspruch des Anbieters auf Innovation und Effizienz unterstreicht.

Übertragungs-sicherheit

Die öffentlichen Bereiche der meisten Websites erfordern die Übermittlung zahlreicher persönlicher Daten wie Anschrift und E–Mail Adresse über ungesicherte Verbindungen. Im Gegensatz dazu findet der Datenaustausch in Extranets immer über kryptografisch abgesicherte Verbindungen statt. Insbesondere werden Passwörter nicht im Klartext übertragen, wie es bei der Anmeldung an zahlreiche „geschlossene Benutzergruppen" auf dem WWW noch der Fall ist. Der Zugang zu persönlichen Informationen kann im Extranet durch Verwendung von Passwörtern, digitalen Signaturen und Zertifikaten (vgl. Abschnitte 7.3.3 und 7.3.4) vor dem Zugriff Dritter geschützt.

Kosten-reduzierung

Selbstbedienungscharakter und Automatisierungsgrad von Extranets lassen außerdem deutliche Kostenreduzierungseffekte erwarten. Der im Servicebereich übliche Aufwand für telefonische Dienstleistungen kann durch Extranet–Lösungen ebenso verringert werden wie Ausgaben für die zum Teil noch in Betrieb befindlichen kostspieligen Legacy–Netzwerke.

VAN und EDI

Die am Betreib von gemeinsamen Weitbereichsnetzen beteiligten Unternehmen erkannten im Lauf der Zeit, dass sich der hohe Investitionseinsatz in die meist geschlossenen Netzstrukturen nur lohnt, wenn die verteilten Anwendungen einen angemessenen Wert zurückliefern (Value Added Networks, VAN). Dieses Ziel sollte vor allem durch den Austausch global vereinheitlichter Unternehmensdaten erreicht werden (Electronic Data Interchange, EDI). Die entsprechenden Normierungsverfahren fanden unter großen Anstrengungen statt, wobei der Einsatz von EDI hohe Investitionen und aufwendige Anpassungsmaßnehmen erforderte.

VPN statt VAN

Ein möglicher Schwerpunkt einer Extranet–Anwendung liegt im automatisierten Datenaustausch zwischen Unternehmen bzw. dem gemeinsamen Zugriff auf Intranet–Inhalte. In diesen Fällen besteht der technische Lösungsansatz aus der Einrichtung eines Virtual Private Network (VPN, vgl. Abschnitte 4.9.3 und 5.2). Beim Einsatz eines VPN für die Vernetzung mehrerer Unternehmen über das Internet sind die Anforderungen an die Übertragungssicherheit mit vergleichsweise niedrigen Kosten verbunden. Zudem führen Internet–Provider die komplette Realisierung eines VPN in einem relativ kurze Zeitrahmen durch. Einige der sich in der vernetzten Geschäftswelt abzeichnende Strukturen, wie das weiter unten vorgestellte Projekt–Extranet, werden allerdings in Zukunft noch viel flexiblere VPN–Umgebungen erfordern (vgl. Abschnitte 5.6.2 und 5.8).

5. 5 Entscheidung und Planung

5. 5. 1 Partnerbewertung

individuelle Beziehungen

Jedes Extranet spiegelt eine individuelle Geschäftsbeziehung wieder. Entsprechend vielfältig sind die zu berücksichtigen Aspekte der Planung und Realisierung. er individuell zu leistende Beitrag kann beträchtlich reduziert werden, wenn Extranet–Lösungen auf der Ebene von Berufsverbänden oder innerhalb einer Gesamtbranche erarbeitet werden.

Falls die Initiative für ein Extranet (wie im Folgenden angenommen) vom eigenen Unternehmen ausgeht, besteht der erste Planungsschritt aus einer Auswahl der einzubeziehenden Partner. Ansatztpunkte dazu liefern die bestehenden individuellen Geschäftsprozesse und –beziehungen wie beispielsweise Kooperationspartnerschaften, Lieferketten oder Händlernetzwerke. Meistens ergeben sich auch Möglichkeiten, die öffentliche Hand in die Planung mit einzubeziehen, z.B. wenn die ins Auge gefasste Konzeption einen vernetzter Gewerbepark vorsieht.

Gewichtung der Partner

Generell spielt die Einschätzung der Partnerbeziehung eine wichtige Rolle. Die folgende, beispielhaft angegebene Einteilung sollte daher durch die im Unternehmen durchgeführten Analysen ersetzt werden:

- strategische Partner, die eine wesentliche Bedeutung für den Unternehmenserfolg besitzen

- wichtige Partner, (z.B. spezielle Kunden, externe Dienstleister, Rechtsberater)

- temporäre Partner (kurzfristige Kooperationen, freie Mitarbeiter, Zusammenarbeit auf Basis einzelner Projekte, virtuelle Teams)

Ziel dieser Bewertung ist die Erfassung der bestehenden Geschäftspartner unter dem Merkmal der gegenseitigen Einbeziehung in Unternehmensprozesse. Zugleich wird dadurch die Anzahl der in Frage kommenden Projektteilnehmer und die Prioritätsrangfolge unter mehreren anvisierten Extranet–Projekten deutlich.

5. 5. 2 Gemeinsame Planungsdurchführung

Sind die entsprechenden Partner identifiziert und von der Teilnehme am Projekt überzeugt worden, beginnt die gemeinsame Planung der vernetzten Kooperation. In vereinfachter Darstellung sitzen in dabei drei Parteien am Tisch: die an beide Seiten des jeweiligen Extranet angeschlossenen Partner und ein Dienstleister, z.B. ein großer Provider bzw. ein Spezialanbieter, der mit der Realisierung der Verbundstruktur beauftragt wird.

Adaption der Intranet–Planung

Die Vorgehensweise kann sich im Großen und Ganzen nach dem in den Abschnitten 4.7 bis 4.9 vorgeschlagenen Intranet–Projektablauf richten. Bei der Konzeption eines Extranet liegen die Schwerpunkte vor allem in zwei Schlüsselaspekten:

1. die Identifikation des gemeinsamen Bedarfs an einer verbesserten Struktur in den Bereichen Datenaustausch, Kommunikation und Informationsverteilung

2. eine gemeinsame Kosten/Nutzen–Analyse unter Abschätzung prognostizierbarer Einsparungspotenziale

Kriterien

Weitere zu berücksichtigende Punkte sind unter anderem (vgl. Abschnitt 4.7):

- Planungshindernisse, z.B. ein stark heterogener Automatisierungsgrad der beteiligten Firmen

- Kosten– und Gewinnverteilung

- Zugangspunkte zwischen Intranets und Extranets

- Schnittstellen zum Internet

- Sicherheitsanforderungen

- Personalressourcen

- Einbeziehung von Dienstleistern

Projektschritte

Folgt man der Vorgehensweise im letzten Kapitel (vgl. Abschnitt 4.8), sind die einzelnen Planungsschritte:

- Anforderungsanalyse

- Bewertung der bestehenden IT–Strukturen

- gemeinsame Zielbestimmung

- organisatorische Planung (Migration, Betrieb, Verantwortlichkeiten)

- Projektablaufplanung (Budget, Termine, Ressourcen, externe Dienstleister)

- funktionelle Anforderungen

- technische Informationsstruktur

- Zugangspunkte

- Sicherheit

technische Migration und VPN

Spezielle Migrationsfragen und die eventuell erforderliche Einrichtung gemeinsamer VPN orientieren sich an den in Abschnitt 4.9 genannten Kriterien. Die Einrichtung eines VPN kann vollständig einem Business–ISP (vgl. Abschnitt 2.2) überlassen werden. An die Vertrauenswürdigkeit und technische Kompetenz dieses Dienstleisters müssen dabei höchste Ansprüche gestellt werden.

Bedeutung von Standards

Wichtig ist vor allem, unter den Beteiligten die Kompatibilität der technischen Ausstattung im Hardware– und vor allem im Softwarebereich sicherzustellen. Diese wird am schnellsten durch die gemeinsame Einigung auf eine Anzahl offener Standards ermöglicht, die in der weiteren Realisierung des Projekts verbindlich eingesetzt werden. Offene Standards schirmen die für das Extranet konzipierte Funktionalität von den heterogenen Umgebungen der Partner effektiv ab.

XML

Einer der aussichtsreichsten Standards ist die im Abschnitt 4.10.4 vorgestellte Datenstrukturierungssprache Extended Markup Language (XML), die inzwischen als kommende Lösung für den Austausch geschäftlicher Daten angesehen werden kann.

5. 6 Extranet–Modelle

Im Folgenden werden drei Modelle beschrieben: Kunden–Extranets, Projekt–Extranets und Partner–Extranets. Der Gedanke dabei ist, innerhalb der Vielzahl möglicher Extranet–Anwendungen eine Orientierungsmöglichkeit bieten, die die unterschiedlichen Anforderungen der Kommunikation und Datenübermittlung zwischen Unternehmen berücksichtigt. Kunden–Extranets und Partner–Extranets sind bereits vielfach realisiert worden. Die in Abschnitt 5.6.2 skizzierten hochflexiblen Umgebungen für gemeinsame Projektbeziehungen ergänzen die beiden bekannteren

Extranet–Versionen um ein zunehmend an Bedeutung gewinnendes Einsatzgebiet .

Für die Unterscheidung der Modelle sollen die bisher aufgezählten Kriterien berücksichtigt werden:

- Partnerbewertung (strategische, wichtige, und temporäre Partner)

- Investitionsaufwand

- Umfang und Charakter des Datenaustauschs

- technische Ausstattung

Dabei ist anzumerken, dass die Übergänge in der Praxis oft nicht eindeutig abzugrenzen sind. Allerdings hilft eine unterscheidende Betrachtung bei der Abschätzung der Investitionshöhe und der damit verbundenen Ressourcenplanung.

5. 6. 1 Kunden–Extranets

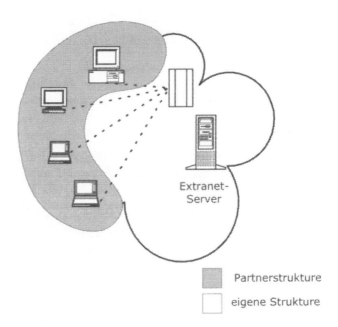

Abbildung 34: Kunden–Extranet

Service   Eine häufig empfohlene Maßnahme zur Gewinnung von Wettbewerbsvorteilen ist ein hochwertiges und gleichzeitig effizient realisierbares Serviceangebot. Die Einrichtung individueller Kundenbereiche auf einer eigens eingerichteten Website bietet die Möglichkeit dazu. Der Zugang zu diesen geschlossenen Umgebung ist für die oben angesprochenen Gruppe der wichtigen Partner reserviert, die über das Angebot im Kunden–Extranet enger an das Unternehmen gebunden werden.

„E–Commerce Modell" Der Gestaltungsansatz dieses Extranet–Modells liegt in der Orientierung an einer Anbieter/Kunden–Beziehung (auch: „E–Commerce Modell"). Dabei stellt ein Anbieter einem oder mehreren Partnern spezielle Informationen, vorrangige Kommunikationskanäle bzw. besondere, individuelle Angebote zur Verfügung. Diese werden innerhalb einer Web–Site auf einem vom öffentlichen WWW–Angebot getrennten, dedizierten Extranet–Host eingerichtet.

abgesicherte Bereiche Kunden und Unternehmenspartner können in voneinander getrennten, zugangsgesicherten Bereichen spezifische Informationen abrufen und Transaktionen durchführen, wie z.B.:

- Abfrage von Kontostand, Verbrauchsdaten, Warenverfügbarkeit, Bestellstatus, Rechnungsstellung und Lieferterminen

- Nutzung von Kommunikationskanälen mit Prioritätsgarantie

- Einsicht in Produktkataloge und Bestellsysteme (z.B. für Vertriebspartner)

- Zugriff auf branchenweite Informationssysteme

Der Charakter von Kunden–Extranets lässt sich kurz durch die folgenden Kriterien beschreiben:

- die Adressaten sind die nach der Kategorie in Abschnitt 5.5.1 „wichtigen" Partner

- Informationen sind individuell auf den einzelnen Empfänger zugeschnitten

- die Daten sind vertraulich und dürfen für Dritte nicht einsehbar sein

- der Schwerpunkt der Konzeption und Implementierung liegt beim Anbieter, der die Bedürfnisse der Partner bzw. Kunden berücksichtigt

definierte Anwenderschnittstellen Kunden–Extranets können genau definierte, begrenzte Anwenderschnittstellen zur Verfügung stellen, z.B. zu einem Warenwirtschafts–, Abrechnungs– oder Kundenverwaltungssystem. Anstelle telefonischer oder schriftlicher Nachfragen nach Materialverfügbarkeit, Verbrauchsdaten oder Kapazitätsauslastung, kann der jeweils berechtigte Partner über das Extranet auf die benötigten Informationen zugreifen.

Einfach zu realisierende Extranet–Funktionen sind z.B. die Anzeige von verbrauchten Ressourcen durch einen Versorger, die Verfolgung von Liefervorgängen während der Zustellung oder die frühzeitige Übermittlung von Kontakten an Mitarbeiter eines externen Marketingpartners.

kleine Lösung Kunden–Extranets stellen „kleine Lösungen" dar. Sie ersetzen den relativ unsicheren und unstrukturierte Austausch von E–Mail zwischen Geschäftspartnern und bieten für den Anwender transparente Datensicherheit. Der mit der zunehmenden Anzahl an Informationskanälen entstehende Problematik der „Medienbrüche" (vgl. Abschnitt 3.3.3) kann durch die Einrichtung von Web–basierten Informationsressourcen effektiv begegnet werden. Dies ist vergleichbar mit den Vorteilen der Integration interner Kommunikationsmittel über ein einheitliches Web–Interface (vgl. Abschnitt 4.10.2).

5. 6. 2 Projekt–Extranets

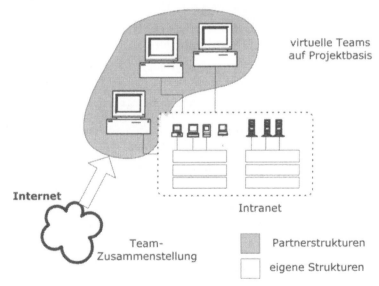

Abbildung 35: Projekt–Extranets

gemeinsame Entwicklung Ein zweites wichtiges Extranet–Modell sieht die Realisierung gemeinsamer Projektumgebungen vor. Der Unterschied zum Kunden–Extranet besteht in der Tatsache, dass die Zusammenarbeit mehrerer Unternehmen in einem virtuellen Büro, Rechenzentrum oder Labor eine dichtere Integration der erforderlichen Ressourcen verlangt. In Projekt–Extranets können temporäre Partner (vgl. Abschnitt 5.5.1) gemeinsam planen, entwickeln oder forschen. Daher ist die Verzahnung mit dem privaten „Systemhintergrund" mindestens eines der am Projekt beteiligten Unternehmen weitaus enger als im vorhergehenden Modell.

Analogie zum Intranet

Durch Projekt–Extranets wird im Grundsatz eine Übertragung der im letzten Kapitel geschilderten Anwendungsvorteile von Intranets (vgl. Abschnitte 4.4 und 4.5) auf die externe Zusammenarbeit erreicht. In Analogie zur Intranet–Entwicklung entspricht das dem Schritt von der Informations– und Kommunikationsumgebung zur Groupware–Plattform (vgl. Abschnitt 4.10.3).

Plattform Extranet– Host

Den Zugangspunkt der Ressourcenteilung in diesem Extranet–Modell kann im einfachsten Fall wie im letzten Abschnitt eine abgesicherte, gemeinsam verwaltete Website auf einem dedizierten Extranet–Host darstellen. Ein konkretes Anwendungsbeispiel ist die gemeinsame Gestaltung eines Multimedia–Projekts durch eine vorwiegend auf das Layout spezialisierte Design–Agentur und eine Gruppe externer Programmierer. Die Partner können im Extranet parallele Arbeitsabläufe verwalten, den Projektfortschritt über das WWW steuern und „Beta–Versionen" unter realistischen Bedingungen testen. Die Extranet–Umgebung enthält alle für die Durchführung des Projekts erforderlichen Mittel „an einem Ort".

Plattform Intranet

Für komplexere Entwicklungsprojekte reicht die durch eine Website gebotene Systemumgebung in der Regel nicht aus. Ein zweiter Ansatz geht daher davon aus, dass mindestens einer der beteiligten Partner über ein Intranet verfügt, in dem genau definierte Teilbereiche von den anderen Partnern während der Durchführung eines Projekts genutzt werden können.

Beispielsweise lassen sich umfangreiche Softwareprojekte in einem Extranet konzipieren und entwickeln, das den Beteiligten folgende Komponenten zur Verfügung stellt:

- das Pflichtenheft und alle weiteren benötigten Informationen, Spezifikationen und Handbücher in elektronischer Form

- Applikationen zur Kommunikation zwischen den Entwicklern (Chat– bzw. Videokonferenzsysteme)

- den Quellcode, Entwicklungswerkzeuge und Compiler

Zur Verwaltung des Quellcode kann ein System wie das Concurrent Version System (CVS) eingesetzt werden, das die gesamte Systementwicklung in einer Baumstruktur festhält und gleichzei tig die nötige Zugriffs– und Versionskontrolle bietet. Der gewählte Arbeitsbereich kann auch die Zielplattform des Kunden sein, auf der hauseigene und externe Mitarbeiter zusammenarbeiten.

virtuelle Teams

Die Bezeichnung „Projekt–Extranet" soll vor allem darauf hinweisen, dass das von mehreren Unternehmen gemeinsam genutzte „virtuelle Büro" vorwiegend temporären Charakter hat. Projekt–Extranets müssen sich nach Bedarf innerhalb kürzester Zeit auf– und wieder abbauen lassen. Diese im Projekt eingesetzten Partner können dann beispielweise über das Internet engagiert und zu virtuellen Teams verbunden werden.

5. 6. 3 Partner–Extranets

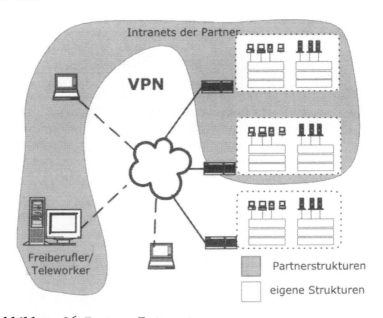

Abbildung 36: Partner–Extranets

Die EDI–Welt

Großunternehmen und Konzerne nutzen bereits seit längerer Zeit die Vorteile der automatisierten Übermittlung von Geschäfts– und Finanzdaten über Verfahren wie das Electronic Data Interchange (EDI). EDI wurde ursprünglich für Großrechnerumgebungen entwickelt und ist bereits mehreren Jahrzehnte ein wichtiger Bestandteil der allgemeinen EDV–Struktur. Die Einigung auf gemeinsame Datenformate wurde von den Vereinten Nationen unter dem Namen „United Nations rules for Electronic

Data Interchange for Administration, Commerce and Transport"
(UN/EDIFACT) festgelegt.

**XML ersetzt
EDI**

In den letzten Jahren wurden zunehmend Anstrengungen unternommen, auch mittlere und kleinere Unternehmen in die durch
EDI geprägten Datennetze einzubinden. Daher begannen einige
Firmen, die zuvor noch mit eigenentwickelten Datenformaten
hantiert hatten, mit der Umstellung auf Electronic Data Interchange. Der Datenaustausch über EDI erfordert jedoch verhält-
nismäßig hohen Aufwand und stößt regelmäßig auf Hindernisse
einzelner, inkompatibler Formate. Mittlerweile scheint es, als
würde EDI selbst zum Legacy–Format, das zukünftig durch das
in Abschnitt 4.10.4 angesprochene XML ersetzt wird. XML bietet
den Vorteil der relativ einfach zu realisierenden Übersetzung
zwischen Informationsstrukturen, die die in geschäftlichen Anwendungen verwendeten Daten modellieren.

**Integrations-
vorteil**

Der große Vorteil von XML–basierten Partner–Extranets gegenüber Systemen wie EDI ist zudem die nahtlose Integration in bestehenden Intranets. Die vernetzten Partner profitieren von
schnellerem Informationsaustausch und reibungsloser Auftragsabwicklung. Ein effizientes Partner–Extranet setzt dabei voraus,
dass beide beteiligten Partner über ein Intranet verfügen und
Transaktionen im Business-to-Business-Bereich über zukunftssichere EDV–Strukturen abwickeln.

**automati-
sierter Daten-
austausch**

Der Anwendungsbereich von Partner–Extranets ist der regelmäßige, automatisierte Datenaustausch ohne manuelle Eingriffe. Für
die Planung spielt daher neben der Auswahl der Datenformate
vorwiegend die technische Ebene eine Rolle: In vielen Fällen
werden Partner–Extranets werden über VPN realisiert und entsprechen im Aufwand einer Standortvernetzung (vgl. Abschnitt
4.9.3). Die Entscheidung für ein VPN wird im Rahmen mehrerer
Parameter getroffen:

- die Partnerbeziehung (nach Abschnitt 5.5.1: strategische
  Partner)

- der Automatisierungsgrad der beteiligten Unternehmen

- das Bestehen automatisierter Datenaustauschverfahren

- der Umfang der übertragenen Daten

- die Häufigkeit der Datenübertragung

Partner–Extranets stehen vor allem auf dem Projektplan von Unternehmen, die kurz– bis mittelfristig eine Reduzierung der Kos-

ten von veralteten VAN–Strukturen und langfristig die Integration externer Geschäftesprozesse in den Rahmen der Internet–Technologie anstreben.

5. 6. 4 Tabellarische Übersicht

Tabelle 3: Vergleich der Extranet–Modelle

	Kundenberei-che	Projekt–Extranet	Partner–Extranet
Beziehung von Partner A zu Partner B	Anbieter/ Kunde	kurze bis mittelfristige Projektbeziehung	enge, längerfristige Beziehung
Hauptcharakter der Funktionalität	Informations-dienste Kommunikation	Zusammenarbeit, gemeinsame Entwicklung	automatisierter Datenaustausch
Zeitrahmen der Beziehung	variabel	kurz– bis mittelfristig	langfristig
Vergleich des technischen Aufwands	gering	mittel	hoch
Realisierungs-schwerpunkt bei	Partner A	Partner A oder beide Partner	beide Partner
Voraussetzungen Partner A	Extranet–Host	Intranet, VPN	Intranet, VPN
Voraussetzungen Partner B	Internet–Zugang	Internet–Zugang, zusätzliche Clients	Intranet, VPN
Sicherheitsanforde-rungen	Absicherung des Extranet–Host und des Datenverkehrs zwischen Host und Partner B	Absicherung des Datenverkehrs und Firewall	Absicherung des Datenverkehrs und Firewalls

5. 7 Hinweise zur Umsetzung

Kunden–Extranets

Die Entwicklung von Extranets, die sich an den oben geschilderten Modellen orientieren, geht von zwei unterschiedlichen Richtungen aus. Kunden–Extranets werden auf einem Server–Host eingerichtet, der bei einem Provider oder in der st eingerichtet, der bei einem Provider oder in der demilitarisierten Zone außerhalb des eigenen Intranet stehen kann (vgl. Abschnitte 7.5 und 7.6). Zur Implementierung sind drei Schritte erforderlich:

- Gestaltung der Web–basierten Inhalte

- Programmierung der Middleware–Schnittstellen zu Datenbanken und anderen Hintergrundsystemen

- Absicherung des Extranet–Bereichs

organisato-
rische
Isolierung

Um eine Isolierung zwischen den sicherheitsrelevanten Bereich und öffentlicher Website zu erreichen, sollten Web–Präsenz und Extranet technisch und organisatorisch unabhängig sein. Das umfasst Anforderungen an die Systemsicherheit ebenso wie beispielsweise der Zugang von externen Webdesignern zu Daten, die in den Extranet–Bereichen dargestellt werden. Dazu bietet sich während der Gestaltungsphase der Einsatz von Pseudodaten an, die die Struktur der tatsächlichen Informationen wiederspiegeln. Die größeren Internet–Provider bieten die Einrichtung stark abgesicherter Systeme inzwischen als Kernbestandteil ihres Dienstleistungsspektrums an.

.Die Implementierung der Sicherheitsanforderungen (vgl. Kapitel 7) stützt sich auf drei wesentliche Punkte:

- Autorisierung (Zugriffskontrolle über Passwörter)

- Authentisierung (Sicherstellung der Identität des Anwenders)

- kryptografische Verschlüsselung des Datenverkehrs

Öffnung des
Intranet

Während Kunden–Extranets in den meisten Fällen eine Verstärkung der bisher bestehenden Absicherung darstellen, gehen die beiden anderen Modelle in die entgegengesetzte Richtung. Bestehende Intranets müssen für den Partner zugänglich gemacht werden: ein Gedanke, bei dem den vielen IT–Verantwortlichen nicht besonders wohl sein dürfte.

Ein Ansatz zur Lösung dieses Problems geht davon aus, die Extranet–Bereiche analog zur Situation an der Grenze zwischen Intranet und Internet mit einer Firewall abzusichern und die zugänglichen Gebiete auf genau definierte Zonen einzuschränken (vgl. Abschnitt 7.6).

Wie bei der Einrichtung eines Intranet ist die Sicherheitsstruktur von Extranets bereits in der Planungsphase durch einen Maßnahmenkatalog (Policy) zu definieren. Die weiter wachsende Integration geschäftlicher Prozesse in vernetzte Unternehmensstrukturen erfordert dabei die enge Zusammenarbeit zwischen den beteiligten Partnern.

Projekt–Extranet

Im Rahmen eines Projekt–Extranet kann es notwendig sein, den temporären Partnern individuelle Applikationen zur Verfügung zu stellen. Im oben genannten Anwendungsbeispiel einer virtuellen Programmierumgebung erhält jeder Partner eine Applikationssuite, die aus mehreren Komponenten bestehten kann. Die Minimalausstattung ist:

- ein Programmier–Frontend (Editor, Profiler, Debugger etc.)
- eine Middleware–Komponente
- ein Client für den sicheren Intranet–Zugang (Remote Access) und Absicherung des Datenaustauschs

Entwicklerwerkzeuge

Zur Implementierung dieser „Entwickler–Suite" lassen sich die in Abschnitt 4.10 erwähnten Architekturen Java und CORBA eingesetzt werden. Ein CORBA Object Request Broker (ORB) übernimmt dabei die Rolle der Middleware Komponente, über die Programmierer auf die verteilte Applikationsstruktur zugreifen können. Zur Kommunikation zwischen den Entwicklern kann die Browser–Suite oder ein erweitertes Groupware–Werkzeug eingesetzt werden.

Partner–Extranet

Die Gestaltung von Partner–Extranets betrifft zwei getrennt zu betrachtende Ebenen. Zum einen ist dies die Implementierung der Netzstruktur. Schwerpunkte der technischen Einrichtung sind die Vernetzung der Partner über ein VPN (vgl. Abschnitt 4.9.3) und die Absicherung der Zugangspunkte (vgl. Abschnitt 7.6), die in der Regel durch einen geeigneten Dienstleister durchgeführt werden können. Über das VPN lassen sich dann zunächst die bisher verwendeten Datenformate austauschen.

Die Ablösung der Legacy–Datenformate auf Anwendungsebene stellt die zweite Herausforderung für die beteiligten Partner dar. Dabei erscheint besonders die Entwicklung von XML einen mittelfristig interessanten Weg für die effiziente Realisierung der automatisierten Datenübertragung aufzuzeigen.

5. 8 Empfehlungen

Kunden–Extranets: Überlassen Sie den Anwendern die Wahl

Die Bereitstellung individueller, vertraulicher Informationen stellt einen wichtigen Schritt zur Verstärkung der Beziehungen zwischen Unternehmen und Kunden bzw. Partnern dar. Dennoch mag es einigen Kunden bei dem Gedanken unwohl sein, dass vertrauliche Daten „im Internet stehen".

Einige Firmen richten Kunden–Extranets automatisch ein. Ein besserer Ansatz ist es, den Kunden die Wahl zu überlassen, das Extranet zur Einsicht von Geschäftsdaten bzw. Abwicklung von Transaktionen zu benutzen. Wenn die Anwendern über die Sicherheit und Verwendung Ihrer Daten aufgeklärt werden und im Extranet konkrete Vorteile erwarten können, wird die Bereitschaft zur Extranet–Nutzung entsprechend hoch ausfallen.

Ein Mittel zur Überwindung von Misstrauensschwellen kann eine offenen Informationspolitik im Bezug auf die verwendeten Sicherheitsmaßnahmen sein. Dabei wird vorausgesetzt, dass die eingesetzten Mittel ausreichend stark sind, um den Datenmissbrauch durch Unbefugte zumindest praktisch auszuschließen.

In diesem Fall schadet es, wenn Kunden über die Sicherheit Ihrer Daten im Unklaren gelassen werden. In schwach abgesicherten Systemen finden potentielle Angreifer Lücken, ohne dass besondere Hinweise auf die benutzten Verfahren notwendig sind.

Projekt–Extranets: Bleiben Sie flexibel

Überträgt man das oben genannte Beispiel eines Softwareprojekts auf breitere Anwendungsfelder wie Forschung, Konstruktionsplanung und Dokumentenerstellung, werden die Implikationen dieses Modells noch deutlicher.

Die heutigen Partner–Extranets auf Basis von VPN bieten gegenüber den geschlossenen Privatnetzen der Vergangenheit nachweisbare Vorteile und weitaus bessere Kosteneffizienz. Allerdings wirken VPN–Projekte teilweise noch wie Dinosaurier: zwischen Zielsetzung und Realisierung vergehen leicht mehrere Wochen oder Monate. Müssen die beteiligten Firmen zuvor noch umfangreiche interne Strukturen anpassen, kann es auch ein halbes Jahr dauern, bis der Datenaustausch über ein Extranet zustande kommt.

Es ist zu erwarten, dass anstelle der auf dauerhafte Beziehungen angelegten VPN besonders die flexiblen, skalierbaren Kunden– und Projekt–Extranets von Internet–„Start–ups" genutzt werden, um rasch wechselnde Teams mit freiberuflichen Gestaltern, Programmierern und Beratern zu bilden. Maßgeblichen Einfluss auf

185

diese Entwicklung werden vor allem zwei Arten von Dienstleistungsunternehmen ausüben:

- Internet Service Provider, die innerhalb kürzester Zeit VPN auf– und wieder abbauen

- Application Service Provider, die maßgeschneiderte Extranet–Strukturen einschließlich Softwareumgebung und kryptografisch abgesicherten Kommunikationskanälen auf Basis von Leasingmodellen zur Verfügung stellen.

EDI: Reagieren Sie frühzeitig

Die Entwicklung im Bereich der automatisierten Geschäftsdatenübermittlung ist in einem tiefgreifenden Wandel begriffen. Während auf der einen Seite immer mehr auf unternehmerische Bedürfnisse zugeschnittene XML–Sprachen entstehen, setzen die Vertreter des klassischen EDI vor allem auf die technischen Umgestaltung der Übertragungswege: beispielsweise sieht WebEDI die Übermittlung von Daten auf der Basis von Standard–Internet–Protokollen vor. In Deutschland bieten Unternehmen wie SAP schon seit Jahren Internet–Schnittstellen an, die von den meisten Business–Providern eingerichtet und administriert werden können.

Es wird zunehmend wichtiger, gemeinsam mit Partnerunternehmen Konzepte zu entwickeln, die auf zukundftssicheren Technologien beruhen und langfristige, stabile Verfahren zur Datenübertragung anbieten.

5. 9 Von Extranets zu E–Commerce

Internet, Intranet und Extranet basieren auf einer gemeinsamen technischen Kommunikationsinfrastruktur. Die Unterschiede liegen im Grad der Öffentlichkeit der jeweiligen Netzbereiche und der Charakter der implementierten Anwendungen. Nach der Fokussierung auf Kunden (Internet) und der Umgestaltung der eigenen Infrastruktur (Intranet) werden Extranets zunehmend eine wichtigere Rolle im Gesamtbreich E–Business einnehmen.

Ein voll ausgebautes Extranet ist in zentrale Geschäftsprozesse integriert und enthält Mechanismen zur Zugangskontrolle und Datenübertragungssicherheit sowie Bereiche für die sicherere Transaktionsabwicklung. Daher verwundert es kaum, dass sich Entscheider in Unternehmen, die ein Extranet auf der Grundlage

offener Lösungen   implementiert haben, beim folgenden Thema
E–Commerce beruhigt zurücklehnen können. Die Basis für den
E–Commerce Einsatz ist bereits gelegt.

6 Projekt E–Commerce

6.1 Überblick

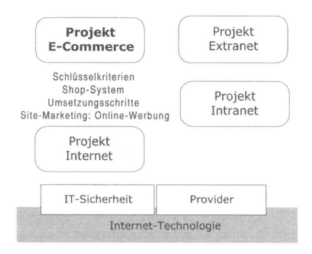

Abbildung 37: Projekt E–Commerce

Durch die Ausbreitung des World Wide Web sind in kürzester Zeit vollkommen neue Wirtschaftsmärkte entstanden. Die rapide wachsende Zahl von Online–Nutzern, die hohe Effizienz der elektronischen Vertriebskanäle, vergleichsweise geringe Investitionskosten und die rund um die Uhr erreichbare, unbegrenzte Ladenfläche bilden überzeugende Argumente für ein vertriebliches Engagement im WWW.

abwartende Haltung

In der Vergangenheit nutzten dennoch nur wenige deutsche Firmen die Möglichkeiten des Online–Verkaufs. Die langsame Entwicklung im Bereich E–Commerce war vorwiegend vom Zögern der Entscheider geprägt, das meistens mit dem Argument begründet wurde, das jeweilige Produkt ließe sich nicht über das Internet verkaufen. Einigen Firmen gab die fehlende Regulierung von Zahlungssystemen genug Anlass, abzuwarten. Vielfach wurde auch die Zurückhaltung der Kunden als ausschlaggebend angesehen. Diese fürchteten oft berechtigterweise um die Sicherheit ihrer persönlichen Daten und Zahlungsinformationen.

Dagegen konnten einige Unternehmer in relativ kurzer Zeit erfolgreiche Geschäftsmodelle etablieren, die die Möglichkeiten des Geschäfts im Web ausschöpfen und sich gleichzeitig an den Bedürfnissen der Online–Kunden orientieren. In manchen Fällen konnten spätere Einsteiger auch von den Fehlern halbherziger „Versuchsauftritte" der Konkurrenz profitieren.

„Ruck" im Bereich E–Commerce Inzwischen ist klar geworden, dass sich immer mehr Produkte und Dienstleistungen über das Internet verkaufen lassen. E–Commerce hat großen Schwung aufgenommen, wobei nach den übereinstimmenden Prognosen der Marktbeobachter in den kommenden Jahren hohe Zuwachszahlen erzielt werden. Es ist, als wäre ein andernorts geforderter, virtueller „Ruck" durch das Land gegangen.

6. 2 Ein Modell für E–Commerce

Während der Woche zu Schulbeginn bot ein Büro– und Schreibwarenladen die folgende Einkaufsvariante an: Die Geschäftsinhaber ließen auf dem Platz vor dem Laden ein weithin sichtbares Zelt aufstellen, packten den gesamten Schulausstattungsbedarf samt Registrierkasse hinein und verkauften einige Tage aus der „Zeltfiliale". Das Modell war ein Jahr zuvor erprobt worden und hatte bereits beim ersten Mal positiven Anklang gefunden.

organisierte Einkaufsstraße Im Zelt wurden die Kunden durch eine Art Einkaufsstraße geleitet und konnten die benötigten Artikel im Vorbeigehen „mitnehmen". Die Schulartikel waren nach Jahrgängen sortiert und an den Rändern des Einkaufsweges gestapelt. Dazu waren Ausstattungslisten für die einzelnen Schuljahre an den Innenwänden des Zelts aufgehängt. Die offensichtlich gutgelaunten Angestellten trugen zur positiven Atmosphäre des Einkaufserlebnisses bei. Für auftauchende Fragen stand jederzeit persönliche Beratung bereit. Die Preise waren selbstverständlich knapp kalkuliert und unterboten teilweise weit die Offerten der umliegenden Kaufhäuser.

Kundenschlange Während der gesamten Zeitspanne der Aktion war eine stetig wachsende Schlange von Kunden zu beobachten, die den Zeltverkauf nutzten, um schnell, bequem und preisgünstig einzukaufen. Kinder tollten um das Zelt herum, Vorübergehende blieben stehen, um dem munteren Treiben zuzusehen, und die Sonne schien den ganzen Tag: Einkaufsidylle pur.

Wo bleibt die Internet–Anbindung, fragt man sich an dieser Stelle vielleicht, und tatsächlich gab es keine. Das Beispiel soll hier zu einem rein metaphorischen Zweck dienen: Das Einkaufszelt stellt ein gutes Modell für den gelungenen E–Commerce Auftritt dar. Dies soll die folgende Übersicht zeigen:

Tabelle 4: Vergleich von Einkaufszelt und E–Commerce

Einkaufszelt	E–Commerce Auftritt
zusätzliche Ladenfläche	unbegrenzte, zusätzliche Ladenfläche
neuer Vertriebskanal: Keine Beeinträchtigung des Ladengeschäfts durch möglichen Kundenansturm	neuer Vertriebskanal: wenig Mehraufwand bei Kundenzuwachs
Systematische Präsentation der Waren	einfache Gliederung des Produktangebots, Suchmöglichkeiten
Persönliche Betreuung trotz Standardangebot	realisierbar durch „intelligente Shops" und zusätzliche Kontaktmöglichkeiten
Einfacher Kaufvorgang, kein langes Suchen nach Produkten	realisierbar, erfordert sorgfältige Umsetzung
Aktionscharakter	regelmäßige Aktionen zur Ergänzung des Permanentangebots
Einkaufserlebnis	Einkaufserlebnis durch Gestaltung der Website und des Einkaufsvorgangs
Umsatzsteigerung	Umsatzsteigerung durch zusätzliche Kunden und unbeschränkte Öffnungszeiten
Kostenersparnis durch effiziente Auslagerung des speziellen Geschäftsbereichs	Kostenersparnis durch verminderte Transaktionskosten

**Orientierung
am Geschäfts-
ziel**

Die identifizierbaren Gemeinsamkeiten zwischen Zelt–Filiale und Web–Filiale beschreiben –deutlicher als lange Abhandlungen– die Erfolgsfaktoren eines E–Commerce Engagements. Insbesondere enthält das Modell einen wichtigen Gesichtspunkt des Online–Geschäfts: Die Orientierung der elektronischen Filiale hat sich (wie das Zelt) an den Geschäftszielen auszurichten. Oft wird im eher nach dem Motto operiert: „Wir müssen etwas in Richtung E–Commerce tun", anstatt das Engagement im Rahmen des Gesamtunternehmens zu sehen.

Im Folgenden werden einige Aspekte des Einsatzes von E–Commerce Lösungen besprochen. Zuvor ist allerdings anzumerken, dass das beschriebene Einkaufszelt keine Phantasiemetapher darstellt, sondern vielmehr ein großer Erfolg war und in den kommenden Jahren ein fester Bestandteil der Verkaufsstrategie des Büroausstatters bleiben wird.

6. 3 Planung der Schlüsselkriterien

Zu Beginn der E–Commerce Planung steht, analog zu der in Abschnitt 3.4 geschilderten Vorgehensweise bei der Planung einer Website eine individuelle Zielbestimmung unter Berücksichtigung der firmeninternen Umgebung und äußerer Marktbedingungen. Während große Unternehmen über das gesamte Instrumentarium einer finanziell und personell gut ausgestatteten Marketingabteilung verfügen, kommen kleinere Betriebe in vielen Fällen nicht an der Einbeziehung externer Ressourcen vorbei. Dabei ist es ratsam, auf die gesammelte Erfahrung von Providern, Agenturen und Beratern zurückzugreifen, um gemeinsam ein tragfähiges Konzept zu erstellen. Die folgenden Punkte sollen hierzu einige Anregungen liefern.

6. 3. 1 Produkte

**„totgesagte"
Märkte**

Im Gegensatz zur anfänglich geschilderten Situation hat sich mittlerweile die Erkenntnis durchgesetzt, dass sich eine enorme Vielzahl von Waren und Dienstleistungen über das Internet verkaufen lässt. Auch in Bereichen, denen voreilig Misserfolg prophezeit wurde, finden sich zunehmend Abnehmer. Ein Beispiel dafür ist der Gebrauchtfahrzeughandel über das Internet, der bereits frühzeitig totgesagt wurde, und dessen rapide wachsender Erfolg bei Fahrzeughäusern und im Gebrauchtwagenvertrieb inzwischen zu drastischem Umdenken geführt hat.

Einige Branchen, wie die Hersteller von Personal Computern, haben seit Jahren die Fertigung komponentenbasierter, zunehmend individueller Güter in hohen Stückzahlen vorexerziert. Das zugrundeliegende Konzept der „maßgeschneiderten Massenfertigung", dessen Erprobung beispielsweise im Textilbereich den hohen Erwartungen nicht entsprechen konnte, bekommt durch E–Commerce wieder neuen Schwung.

standardisier-te Produkte

Zu den Produkten, die bereits beachtenswerte Umsatzzahlen im WWW erzielen konnten, werden vor allem Waren gezählt, die standardisiert sind bzw. zu einem hohem Grad aus standardisierten Komponenten bestehen. Dazu zählen:

- digitale bzw. digitalisierbare Waren

- Bücher

- Tonträger

- Videos

- Kleidung

- Computer

- Elektroartikel

- Zubehör

erfolgreiche digitale Waren

Zu den in erster Linie erfolgreichen digitalen Waren zählen Software und Musikdateien. Im Bereich der digitalen Literatur sind Anstrengungen im Gang, das klassische Buch um elektronische Varianten zu ergänzen. Sofern der Umfang der zu übertragenden Daten es zulässt, kann das World Wide Web als effizienter Distributionskanal für digitale und digitalisierbare Waren eingesetzt werden. Dabei bietet es sich an, den Benutzern kostenlose Schnupperangebote zur Verfügung zu stellen. Ein ganzer Industriezweig ist um Dienstleistungen im Bereich nichtkommerzieller Software entstanden, wobei Gewinne durch die Bereitstellung von CD–ROM–Versionen und Handbüchern, Beratung, Installationsdienste, Programmierung und Service erzielt werden.

Für kommerzielle Angebote bleibt die große Herausforderung, Kopierschutzverfahren zu entwickeln, die nicht bereits am Tag der Veröffentlichung überlistet werden. Auch unter dem Gesichtspunkt der obengenannten Konkurrenz haben Unternehmen begonnen, ihre Preispolitik zu überdenken und bieten einige Produkte für Privatanwender kostenlos an. Manchmal wird auch der Quellcode zur Weiterentwicklung ins Netz gestellt. Ein erfolgreiches Vertriebsmodell ist im Client/Server–Bereich entstanden: Softwareunternehmen verteilen die Clientprogramme kostenlos und erreichen damit eine breite Installationsbasis. Gewinn wird durch den Verkauf von Serversoftware und Entwicklungswerkzeugen sowie Dienstleistungen erzielt.

Tickets

Ein ebenfalls erfolgreicher E–Commerce Bereich ist der Vertrieb von Flug– und Bahntickets, Eintrittskarten und Reiseangeboten. Vielversprechend scheint auch der Absatz von Raritäten zu sein, die zu geringen Kosten einem breiten Interessentenkreis angeboten werden können.

Business to Business

Besonders schnell hat sich der Markt im Geschäftskundenbereich (Business–to–Business) entwickelt, vorwiegend bei Bürobedarf, Computern und Software. Als Vorbild wird hier oft der amerikanische Hersteller Cisco Systems genannt, dessen Produkte einen großen Teil der technischen Infrastruktur des Intranet ausmachen. Cisco Systems wickelt inzwischen einen Großteil der Verkäufe über das Internet ab.

Berücksichtigt man die bisher angesprochenen Faktoren bei der Auswahl und Gliederung des eigenen Angebots, kann man leicht zu dem Schluss kommen, eine Konzentration auf bestimmte „Web–taugliche" Produkte wäre die einzig richtige Strategie. Diese These wird durch die Erfolge einiger Online–Warenhäuser, die über eine breite Produktpalette verfügen, jedoch widerlegt. Spezialanbieter und Generalisten können im Web parallel existieren und ihre jeweiligen Zielgruppen bedienen.

Preis vergleiche

Wichtig ist jedoch, von Anfang an Internet–spezifische Faktoren in die Planung des Online–Angebots einzubeziehen. Dazu zählt die Tatsache, dass sich für Kunden im WWW neue Möglchkeiten der Anbieterauswahl ergeben. Über spezialisierte Suchmaschinen lassen innerhalb von Sekunden die Preise verschiedener Anbieter abfragen und vergleichen. Daher erscheint die knappe Kalkulation der Preise ein Hauptkriterium für den Absatz im WWW zu darzustellen. Eine alternative Strategie sieht vor, sich auf diejenigen Kunden zu konzentrieren, die vorwiegend durch die Attraktivität der virtuellen Filiale, zusätzliche Informations– und Unter-

haltungsangebote und Kundenbindungsmaßnahmen wie Rabattsysteme angesprochen werden.

6. 3. 2 Dienstleistungen

Neben den Anbietern bestimmter Produkte profitieren besonders
Dienstleister von den Vorteilen des digitalen Mediums. Einige
bereits im WWW etablierte Servicebereiche sind:

- Beratung

- Finanzdienstleistungen (Kontoführung, Online Brokerage)

- spezialisierte Informationsangebote

- Immobilienvermittlung

- Internet–spezifische Angebote, z.B. virtuelle Marktplätze

**Online–
Banking**

Im Endkundenbereich florieren besonders Online–Banking und
die Verwaltung von Wertpapierdepots, die allgemein zum Bereich E–Commerce gezählt werden und technisch mit dem im
vorigen Kapitel beschriebenen Kunden–Extranets verwandt sind.
Charakteristisch für diese spezielle Art der Web–Dienstleistungen
ist, dass Kunden über eigene, zugangsgesicherte Bereiche auf
einer Website verfügen, in denen sie private Informationen abrufen und bearbeiten können.

**neue
Geschäfts-
modelle**

In diesem Zusammenhang entstehen zahlreiche neue Geschäftsmodelle. Dazu zählt auch die Einrichtung virtueller Büros, in denen der Zugriff auf Anwendungsprogramme (z.B. Kalkulation,
Abrechnung) von jedem Punkt der Welt aus möglich ist. Diese
Art von elektronischer Büroverwaltung wird von Dienstleistungsunternehmen übernommen, die sich auf die temporäre Bereitstellung von Softwareapplikationen für geschäftliche Benutzer
spezialisiert haben (Application Service Provider).

**Verkauf von
Information?**

Dagegen steht die Veröffentlichung kostenpflichtiger Informationsangebote im WWW vor wachsenden Problemen. Für private
Internet–Nutzer stellt die freie Verfügbarkeit von Informationen
einen wesentlichen Grund für den Besuch von Websites dar.
Deshalb sind Inhalte, die auch zukünftig gegen Bezahlung im
WWW angeboten werden, vor allem im geschäftlichen Bereich
zu erwarten:

- hochwertige Inhalte, z.B. Marktstudien

- spezialisierte Inhalte, z.B. branchenspezifische Informationen

- auf die Bedürfnisse einzelner Kunden zugeschnittene Informationen

- Rechercheergebnisse

- Übersetzung von Dokumenten, die nicht in der eigenen Landessprache verfügbar sind

Content–Partner

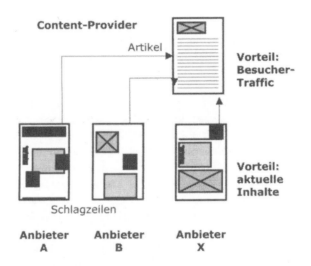

Abbildung 38: Beispiel einer Content–Beziehung

Immer häufiger sind mit Preisschildern versehene Inhalte in gleichwertiger Form auch auf anderen Sites zu finden. Die meisten Anbieter in den klassischen Medienbereichen sind dazu übergegangen, die freie Veröffentlichung von Inhalten durch Werbeschaltungen zu finanzieren. Durch die Präsenz der Verlage und TV–Stationen wird es zunehmend schwieriger, eigene Informationsangebote zu etablieren. Daher entstehen im WWW zunehmend Content–Partnerschaften, bei denen die Anbieter von Informationen Teilinhalte (z.B. einen Nachrichtenüberblick) in die Web–Präsenz der Partner integrieren. Ähnlich wie bei den weiter unten erwähnten kommerziellen Partnerprogrammen führen in die „Informationshäppchen" integrierte Links auf die Site des Content–Anbieters.

Zwischen-
handelsplatz
Allgemein lässt sich das Internet als universeller Zwischenhandelsplatz charakterisieren. Daher müssen besonders Vertreter klassischer Vermittlungsberufe auf die Entwicklungen im World Wide Web vorbereitet sein. Obwohl generell die Möglichkeiten im Dienstleistungssektor nahezu unbegrenzt erscheinen, bestehen für eine Anzahl von Berufen gesetzliche und standesrechtliche Beschränkungen. Beispiele dafür sind Beratungstätigkeiten im juristischen und medizinischen Bereich.

Auch bei den Dienstleistungen machen die Business–to–Business Angebote einen großen Anteil des Gesamtumsatzes aus. Dies umfasst Bereiche wie Informationsdienste, Recherche, Beratung, Programmierung, Werbung und Marketing, Arbeitskräftevermittlung und die Angebote der Internet–Dienstleister.

Marktplätze und Begegnungsorte

Eines der bisher erfolgreichsten E–Commerce Modelle ist die Einrichtung vorwiegend werbefinanzierter Traffic–Sites, die neben Informations– und Unterhaltungsangeboten vor allem virtuelle Marktplätze und Begegnungsorte schaffen (vgl. Abschnitt 3.4.3).

neue
Auktions-
formen
In dem besonders aktiven Teilbereich der Online–Auktionen sind einige hochinteressante Einkaufsmodelle entstanden, z.B.:

- kundengesteuerte Auktionen, in denen sich Anbieter von Produkten gegenseitig im Preis unterbieten (Reverse Auctions)

- zeitlich begrenzte, nach der Mitgliederzahl einer virtuellen Preisbietergemeinschaft gestaffelte Rabattsysteme

Kostenpflichtige Angebote finden sich unter anderem im Bereich der Online–Computerspiele. Die Besucher spielen dabei vorwiegend in werbefreien Zonen. Werbeschaltungen können auf den WWW–Sites platziert werden, die die Verbindung der Spieler herstellt.

6. 3. 3 Zahlungsverkehr

Vorrang klassischer Zahlungswege

Die Abwicklung von Zahlungsvorgängen über das Internet ist seit langem ein vieldiskutiertes Thema. Ständig neu entstehende Ansätze digitaler Zahlungsmittel und wechselhafte Rechtsnormen und Vereinbarungen haben in der Vergangenheit Kunden und Anbieter verunsichert. Dies soll für Unternehmen jedoch kein Anlass sein, das E–Commerce Engagement zu verzögern. Es hat sich herausgestellt, dass die klassischen Zahlungswege wie Bezahlung auf Rechnung, per Kreditkarte, via Nachnahme oder Bankeinzug bei Einkäufen im WWW allmählich akzeptiert werden. Bis zur Etablierung einer allgemein eingesetzten digitalen Währung werden diese auch weiterhin einen großen Anteil an den über das Web getätigten Transaktionen haben.

Absicherung der Zahlungswege

Neben dem klassischen SSL–Verfahren (siehe Abschnitte 7.3.4 und 7.7.1) existieren inzwischen verschiedene Ansätze von Banken und Kreditkartenunternehmen, die eine erhöhte Zahlungssicherheit garantieren. Zwei dieser Standards, HBCI und SET (siehe Abschnitt 7.7.1), zeichnen sich durch die große Unterstützung in E–Commerce Systemen und elektronischen Transaktionsverfahren aus. Eine offene Frage dabei ist, ob Kunden und Händler in Zukunft mehrere unterschiedliche Zahlungsarten akzeptieren werden.

Idee der Micropayments

Ob sich beispielsweise durch die von Banken eingeführte Geldkarte ein Online–Zahlungsmittel für Kleinstbeträge etablieren wird, hängt vor allem davon ab, ob die entsprechenden Lese– und Schreibgeräte den Anwendern kostenlos bzw. für einen Nominalbetrag zur Verfügung gestellt werden. Konsequenzen einer umfassenden Verbreitung des digitalen Geldes für die Angebotsentwicklung im WWW lassen sich noch nicht absehen. Die Hoffnung einiger Anbieter, die bislang kostenlos veröffentlichten Inhalte in Zukunft über die Bezahlung von Kleinstbeträgen (Micropayments) abzurechnen, darf mit Skepsis betrachtet werden. Die Frage, ob Information einer Kostensteigerung unterliegen darf, ist nicht nur von philosophischem Interesse: Die unbegrenzte Kopierbarkeit digitaler Daten und der eher umgekehrte Trend zur Gegenfinanzierung kostenfreier Angebote über Werbung lässt an der Einführung von Informationsgebühren zweifeln, zumal diese auch politisch nicht erwünscht sind. Dies bedeutet nicht, dass für Anbieter kostenpflichtiger Informationsdienste in bestimmten Bereichen in Zukunft kein Platz sein wird.

digitales Geld, Zölle, Gebühren

Die Klärung zahlreicher juristischer und wirtschaftlicher Fragen, die mit digitalen Währungen verbunden sind, ist weit fortgeschritten. Bis digitale Zahlungssysteme eine größere Rolle im E–Commerce spielen werden, könnten sich auch Abrechnungsformen wie z.B. die Bezahlung per Telefonrechnung durchgesetzt haben. Die Rolle von Zöllen, Steuern und Gebühren ist Gegenstand lebhafter politischer Debatten. Hierzulande gefasste Pläne, die an das Internet angeschlossenen Rechner zu Rundfunkgeräten zu erklären und mit der dementsprechenden Abgabe zu belegen, haben zumindest im Ausland für große Heiterkeit gesorgt. Die Frage, ob dem Wachstum des elektronischen Marktes in Deutschland durch derartige Aktionen Einhalt geboten werden kann, bleibt bisher eine theoretische Überlegung. Wenn das Internet andererseits, wie von einigen Politikern geplant, zum zollfreien Handelsraum erklärt wird, müssen besonders exportierende Unternehmen auf E–Commerce frühzeitig vorbereitet sein.

Anmerkung zum Begriff E–Commerce

Für die Bewertung veröffentlichter Umsatzzahlen im E–Commerce–Geschäft ist sowohl bei Waren als auch bei Dienstleistungen generell zwischen Bewerbung, Vermittlung, Transaktion und Erbringung der Leistung zu unterscheiden. Einige Firmen zählen jedes Geschäft, das durch das Eintreffen einer E–Mail in Gang gebracht wurde, zu den Online–Umsätzen. Dabei sollte zumindest der Begriff E–Commerce nur diejenigen Umsätze kennzeichnen, bei denen eine geschäftliche Transaktion (z.B. Bezahlung) weitgehend automatisiert im Internet stattgefunden hat bzw. die Leistung im Internet erbracht wurde.

Unter einem Online–Shop soll im Folgenden allgemein eine Umgebung verstanden werden, die eine Transaktionsabwicklung ermöglicht. Der durch den Anblick einer Homepage ausgelöste Griff zum Telefon bzw. Bestellschein stellt in diesem Sinn keinen E–Commerce Vorgang statt und ist auch nicht von den entsprechenden Konzepten in den Bereichen Zahlungsverkehr und Sicherheit betroffen.

6. 4 Die Online–Shopping Lösung

6. 4. 1 Ein Warenkorb im Front–End

Abbildung 39: Präsentationsebene Front–End

Die derzeit gängige Metapher für den Bestellvorgang ist der virtuelle Warenkorb: Artikel können während der Navigation durch den Produktkatalog per Mausklick in den Korb gelegt werden. Meistens befindet sich die Übersicht der bereits im Korb befindlichen Waren auf einer eigenen Seite, auf der die Bestellmenge und Artikelauswahl auch modifiziert werden können. Die Übersicht enthält ebenfalls die Gesamtbestellsumme, Versandkosten, Mehrwertsteuer und den Gesamtrechnungsbetrag. Nach Eingabe der Kunden– und Zahlungsdaten und der Annahme der Allgemeinen Geschäftsbedingungen kann die Bestellung aufgegeben werden.

Front–End Merkmale

Das Front–End enthält dabei alle für den Kunden sichtbaren Merkmale und Funktionen des Bestellvorgangs:

- Katalog mit Produktseiten

- Warenkorb

- Suchfunktionen

- Artikelliste

- Auftragsstatus

- Auftragsbestätigung per E–Mail bzw. Fax

- Online–Hilfesystem,

- Rückruf–Funktion

- Allgemeine Geschäftsbedingungen

- Zusatzfunktionen, z.B. Vormerken von Produkten

inhaltliche Kriterien

Bei der Gestaltung des Front–End müssen einige grundlegende inhaltliche Kriterien berücksichtigt werden:

- Die AGB müssen auf einer eigenen Seite präsentiert werden und sowohl umfassend als auch präzise die Rahmenbedingungen der Online–Bestellung darstellen. Zusätzlich sollten die wichtigsten Zahlungs– und Lieferbedingungen deutlich sichtbar im Shop platziert sein.

- Zwingend notwendig sind auch Hinweise auf das gesetzlich garantierte Rückgaberecht und klar formulierte Bestell– und Haftungsbedingungen.

- Den Kunden sollte die Möglichkeit gegeben werden, einen Bestellschein für die eigenen Unterlagen auszudrucken.

- Wer ins Ausland verkaufen möchte, sollte (neben einem mehrsprachig dargestellten Angebot) auch die Preise durch Umrechnungsfunktionen in der jeweiligen Landeswährung anzeigen lassen. Hinweise, dass die Preise auf telefonische Anfrage erfahren werden könnten, deuten weniger auf eine E–Commerce Lösung als vielmehr auf eine Produktdarstellung hin (vgl. Abschnitt 3.4.3 und 6.3.3).

Weitere zentrale Punkte sind die Angabe der Mehrwertsteuer, die bei an Privatleute gerichteten Angeboten im Gesamtpreis enthalten sein muss, und die Darstellung der Preise in DM und Euro. Die Anwender sollten auch darauf hingewiesen werden, welche Version und Konfiguration auf Seiten des WWW–Browsers für den Bestellvorgang benötigt wird.

6. 4. 2 Angebotsgestaltung

Ein Qualitätsmerkmal der E–Commerce Site sollte von Anfang an feststehen: Die Navigation durch den Warenkatalog. Als Primärziel der Gestaltung sollte festgelegt werden, dass Kunden von dem Moment an, in dem sie „den Katalog aufschlagen", alle vorhandenen Produkte schnell und einfach finden und bestellen können.

Gestaltungs-parameter

Die funktionelle Gestaltung kann an den Sites der umsatzstarken Anbieter orientiert sein, dürfen jedoch auch bei fehlenden rechtlichen Hinweisen nicht einfach kopiert werden. Allerdings können bestimmte Gestaltungsparameter zur Einschätzung des eigenen Angebots dienen:

- Wirkt der Laden gut sortiert und klar gegliedert?

- Sind gewünschte Produkte schnell aufzufinden ?

- Werden durch die Präsentation der Produkte Kaufwünsche geweckt?

- Sind zusätzliche Kaufanreize vorhanden?

- Sind alle nötigen Informationen klar und deutlich zu finden?

- Vermittelt die Darstellung der eingesetzten Sicherheitsmethoden den Eindruck einer stabilen und vertrauenswürdigen Site?

integriertes Layout

Um dem Kunden eine einheitliches Layout zu präsentieren, sollte die gesamte Website, deren Bestandteil der Online–Shop darstellt, in die optische Gestaltung des Front–Ends einbezogen werden. Die Produktabbildungen sollten eine möglichst „natürliche" Betrachtung zulassen: mehrere Ansichten, Detailaufnahmen, Größenvergleich. Bei einem Kleingerät kann dies beispielsweise eine Folge von Bildern sein, die mit einer Gesamtaufnahme beginnt, danach einige Detailansichten zeigt und anschließend einen Größenvergleich ermöglicht. Die Notwendigkeit, Produkte auf dem WWW „anfassbar" zu machen, stellt eine interessante Herausforderung an Online–Werbeagenturen dar. Die Gestaltung der Produktpräsentation ist nicht der beste Ansatzpunkt, um Kosten zu sparen.

Es steht generell keineswegs fest, dass die Kombination Katalog/Warenkorb die optimale Beschreibung des Einkaufsvorgangs darstellt: Mit der professionell umgesetzten Idee eines virtuellen Bestellannahmeschalters können z.B. positive Alleinstellungsmerkmale bei der Angebotspräsentation erzielt werden.

6. 4. 3 Bestellassistenz

Rückruf

Integraler Bestandteil eines Bestellsystems ist das Beratungsangebot. Zunächst ist es wesentlich, die Bestellfunktion so klar wie möglich zu gestalten und den Kunden umfangreiche Auskunft über das eigene Geschäft zu liefern. Die deutlich sichtbare Postadresse des Anbieters ist auch aus rechtlichen Gründen ein unerlässlicher Bestandteil jeder geschäftlich orientierten Web–Präsenz. Für den Kontakt während der Bestellung reicht jedoch auch die Angabe einer E–Mail Adresse nicht aus. Die Möglichkeiten des Online–Mediums müssen vielmehr durch Echtzeit–Supportlösungen ergänzt werden. Einen Button, über den der Kunde einen unmittelbaren telefonischen Rückruf anfordert, ist daher ein wichtiger Teil der Web–Filiale.

Rückrufmög-lichkeiten

Da einige Kunden sich noch über eine analoge Leitung einwählen, während andere prinzipiell über einen zweiten ISDN–Kanal erreichbar sind, sind im Prinzip mehrere Rückrufmöglichkeiten notwendig:

- Die Internet–Telefonie Lösung, bei der die Kommunikation über den Datenkanal stattfindet. Wegen der derzeit noch schmalen Datenbandbreite lässt die Sprachqualität häufig zu wünschen übrig; außerdem setzt diese Lösung beim Kunden Soundkarte und Mikrofon voraus. Anderseits erhöht ein Rückruf über das Netz den Neuigkeitscharakter des Online–Shops.

- Den Rückruf über die normale Leitung. Diese Art der Bestellunterstützung wird vor allem von Geschäftskunden erwartet.

- Eine Alternative ist Online–Support: Ein einfaches Chat–System, mit dem Hilfestellung per Echtzeit–Textdialog geleistet werden kann. Falls ein derartiges System im eigenen Intranet bereits im Einsatz ist, kann das entsprechende Tool auch für die Echtzeit–Kommunikation mit den Benutzern eingesetzt werden.

Assistenz auf Klick
Ziel ist in jedem Fall die Bereitstellung persönlicher Assistenz auf Mausklick. Eine E–Commerce Site, die die angegebenen Möglichkeiten ausschöpft, wird die noch regelmäßig hohen Abbruchquoten bei Online–Bestellvorgängen deutlich reduzieren können.

Unternehmen, die rund um die Uhr Call–Center Dienste anbieten, benötigen keinen hohen Aufwand, um die entsprechenden Funktionen in ihre bestehende Infrastruktur zu integrieren. Für kleinere Anbieter kann Outsourcing der geeignete Weg sein, den Service im eigenen Online–Shop zu verbessern. Die Frage, ob computerbasierte Assistenten die Rolle von Servicemitarbeitern übernehmen können, wird noch einige Zeit Gegenstand der Entwicklungsarbeit bleiben. Heute besteht die Herausforderung an Websites eher darin, sämtliche möglichen Fehler bei der Eingabe der Benutzer abzufangen (vgl. Abschnitt 7.7.2).

Testbestellung
Immer mehr Online–Shops bieten inzwischen auch den Besuchern die   Möglichkeit, den Bestellvorgang durchzuspielen (Testbestellung). Auch dieses Merkmal kann dazu beitragen, die Anzahl der Abbrüche von Bestellungen zu verringern.

6. 4. 4 Die Rolle der Zusatzangebote

Seitdem standardisierte Waren wie Bücher oder CDs von einigen Anbietern versandkostenfrei geliefert werden, wird es zunehmend schwerer, die bereits etablierten Unternehmen im Wettbewerb zu verdrängen. Eine Möglichkeit der Differenzierung bilden Zusatzinformationen und Unterhaltungselemente an, die Besucher nach einer ersten Bestellung zurück auf die Site kommen lassen.

Ablenkungs-faktoren
Grundsätzlich wurde in Kapitel 3 auf die Bedeutung des Angebots von Zusatznutzen auf der eigenen Website hingewiesen. Dabei ist anzumerken, dass es ein Ziel dieser Zusatznutzen darstellt, viele Online–Benutzer auf die Website zu bringen, die Ablenkung der Besucher während der Bestellung durch zusätzliche Features dem Ziel des Online–Shops jedoch eher schaden könnte. Die Gestaltung der Katalogstruktur sollte daher auf die zentralen Interaktionsvorgänge Warenauswahl, Beratung und Bestellung fokussiert werden. Während ein wichtiges gestalterisches

Ziel die Integration des Layout von Shop und der umgebenden Site ist, sollte der Warenkorb strukturell als eigener Bereich gestaltet werden. Im Zweifelsfall gibt die Auswertung der Bestellvorgänge Auskunft, ob Einkäufe abgebrochen werden, um attraktivere Bereiche der Site anzusteuern.

6. 4. 5 Brücke zwischen Shop und Warenwirtschaft: Middleware

Abbildung 40: Ablaufsteuerung durch Shop–Middleware

Die Steuerung der Transaktion zwischen Benutzer und Datenbank bzw. Warenwirtschaft einschließlich der Bestellsystematik wird durch Middleware–Komponenten implementiert. Einige Anforderungen an die Transaktionssteuerung sind:

Nachvollziehbarkeit der Bestellschritte

Viele Online–Shops verwirren die Besucher durch unlogische Ablaufsteuerung oder „vergessliche" Warenkörbe. Die im letzten Abschnitt angesprochene inhaltliche Gestaltung muss auf einer Transaktionslogik aufsetzen, die auf das Verhalten der Anwender zugeschnitten ist.

Stabile Transaktionsabwicklung

Die Ablaufsteuerung zwischen Kunde und Anbietersystem muss mit Fehleingaben umgehen können (vgl. Abschnitt 7.7.2) und die direkte Weitergabe von Fehlermeldungen des Back–End an den

205

Anwender abfangen. Den wenigsten Kunden kann eine Anzeige
wie „DB ERROR #8765" während des Bestellvorgangs zugemutet
werden. Vielmehr muss das System in der Lage sein, sinnvoll mit
dem Benutzer zu kommunizieren und im Problemfall Hilfefunk-
tionen bzw. menschliche Assistenz anzubieten.

Erfassung bereits registrierter Kunden

Nach der Erstbestellung kann registrierten Kunden die erneute
Eingabe von Bestelldaten wie z.B. Name, Anschrift und Zah-
lungsweise erspart werden, indem die Informationen beispielsweise über Cookies auf dem Rechner der Benutzer gespeichert
werden.   Allerdings setzt die Anwendung von Cookies voraus,
dass die Kunden die entsprechende Funktion in ihrem Browser
aktiviert haben und über den Zweck des Cookie–Einsatzes informiert sind (vgl. Abschnitte 3.4.9 und 3.5.3).

Schutz vor Irrtümern und Fehleingaben

Der Kunde muss deutliche Bestätigungen von Zwischenschritten
erhalten. Dazu zählt die eindeutige Vermittlung von Transakti-
onsabschlüssen.

Reaktion auf technische Probleme:

Das System muss zumindest in der Lage sein, den Ausfall eines
Hintergrundsystems bzw. Fehler in der Transaktionssteuerung
abzufangen und den Anwender über den Status der Transaktion
zu informieren. Stürzt auf dessen Rechner während des Bestellvorgangs der Browser ab, ist die Situation schwieriger. Falls die
E–Mail Adresse des Bestellers bekannt ist, kann vom System automatisch eine Nachricht versendet werden, die Hinweise zur
Wiederaufnahme der Bestellung enthält.

6. 4. 6 Back–End

Hintergrundsystem:

Authentisierung,
Bestellregistrierung,
Warenverfügbarkeit
Zahlungsabwicklung,
Integration mit weiteren
Systemen (Kundendaten-
bank, Warenwirtschaft),
Angebotsverwaltung

Anwender

Front-End Middleware **Back-End**

Abbildung 41: Integration des Shops durch das Back–End

Die wichtigste technische Anforderung an eine E–Commerce Lösung ist die Integration in ein kaufmännisches Hintergrundsystem, das beispielsweise Produktdatenbanken, Kundenver-
waltung, Auftragsabwicklung, Mahnwesen oder integrierte Lager-
verwaltung enthält. Dieses Back–End besteht aus allen Systemen,
die eine (teil–)automatisierte Bearbeitung der Bestellungen und
die schnelle Auslieferung ermöglichen: Datenbanken, Bestell–
bzw. Warenwirtschaftssysteme, Abrechnungssoftware und weitere Händlersysteme, z.B. Kreditkartenterminals.

Hier kann von zwei Situationen ausgegangen werden:

1. Anbindung eines Web–Shop an bestehende Back–End Sys-
   teme, wie Kundendatenbank und Warenwirtschaft. In diesem
   Fall liegt der Schwerpunkt während der Einrichtung auf der
   Programmierung von Middleware.

2. Anschaffung eines E–Commerce Systems mit integriertem
   Back–End. Die Bandbreite der angebotenen Lösungen reicht
   hier von einfachen Datenbanken bis zu umfangreichen
   Komplettsystemen.

Die Entscheidung für eine der beiden Möglichkeiten hängt vor
allem vom bestehendes Systemumfeld ab. Enthält die eigene Warenwirtschaft Schnittstellen, welche die Verwaltung von Transak-

tionen über das Web ermöglichen, fällt eine Entscheidung zugunsten der ersten Lösung leichter. Für Neugründungen sowie Firmen, die sich auf das Geschäft im Web spezialisieren, bietet die zweite Alternative vor allem den Vorteil, einen schnellen Einstieg zu ermöglichen.

spezifische E–Commerce Funktionen

E–Commerce Systeme bieten zudem neben der reinen Warenverwaltung und Standardfunktionen wie Umsatz– und Gewinnberechnung oft weitere spezifische Funktionen, wie z.B.:

- Statistiken über Produktbestellung und Besuch, z.B. Anzahl der Besucher, Anzahl der Besteller, Anzahl der Page–Views (vgl. Abschnitt 3.5.1) für einzelne Artikel, etc.

- Protokollierung des Einkaufvorgangs

- Generierung von Kundenprofilen

- Bereitstellung von Ersatzartikeln für vergriffene Waren

- das Angebot thematisch verwandter Artikel während der Warenauswahl (Cross–Selling)

- Gestaltung von Rabatten und Sonderangeboten

- Steuerung von Auftragsbestätigung, Nachverfolgung und Mahnwesen

- Zusatzfunktionen wie z.B. die Einrichtung von Diskussionsbrettern zur Artikelbewertung

Ein weiteres Funktionsmerkmal jeder E–Commerce Lösung macht die Pflege des Warenbestandes aus. Eine Anforderung an E–Commerce Systeme ist die einfache Handhabbarkeit der Artikelverwaltung. Während Komplettsysteme meistens eine Web–basierte Schnittstelle zur Anlage von Warengruppen und Verwaltung einzelner Artikel beinhalten, können bei der Anpassung eines bestehenden Systems die bisherigen Clients weiterverwendet werden. In beiden Fällen werden die geänderten Datensätze automatisch in den Online–Shop übertragen und gleichzeitig in der Produktdatenbank aktualisiert.

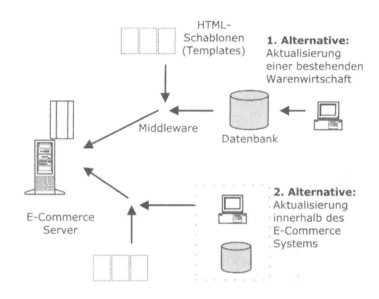

Abbildung 42: Aktualisierung des Warenbestandes

6. 4. 7 Zahlungsabwicklung und sichere Datenübermittlung

Zahlungs-varianten
Eine zentrale Funktion des E–Commerce Systems ist die Abwicklung des Zahlungsvorgangs. Ein wichtiges Kriterium an E–Commerce Lösungen ist dabei die Anzahl der unterstützten Zahlungsvarianten, wie:

- per Nachnahme

- gegen Rechnung

- Kreditkartentransaktionen

- Lastschriftverfahren

- digitales Geld (z.B. First Virtual, DigiCash/eCash, Cybercash)

Unabhängig von der Art der Bezahlung stellt die sichere Übermittlung der Transaktionsdaten und persönlichen Informationen über das Internet eine wichtige Aufgabe für Betreiber von Online–Shops dar. Die Sicherheit persönlicher Daten ist heute bei

209

vielen Transaktionen im Web nicht ausreichen geschützt. Wie in Abschnitt 3.5.3 angesprochen, sind sowohl Aufklärung der Benutzer als auch technische Maßnahmen notwendig, die nicht nur die Bedenken potenzieller Online–Kunden zerstreuen, sondern die Sicherheit der Daten auch tatsächlich gewährleisten können.

Kaufhindernis Sicherheits- risiken

Eine große Zahl der Anwender hält Probleme der Datensicherheit für ein gravierendes Kaufhindernis. Zugleich wurden schon mehrfach vollständige Buchhaltungsunterlagen, einschließlich der Daten zur Kreditkartenabrechnung auf E–Commerce Sites gefunden. Häufig werden auch Kreditkartendaten noch unverschlüsselt übertragen. In einigen Fällen ist die Datenverbindung zwischen Kunde und Online–Shop zwar geschützt, die Weiterleitung der Daten an den Händler erfolgt jedoch im Klartext über E–Mail.

Datensicherheit bedeutet daher in diesem Zusammenhang:

- die Verschlüsselung der Verbindungsstrecke zwischen dem Browser des Kunden und dem E–Commerce–Server

- die Absicherung des E–Commerce–Server gegen Ausfall und unbefugte Zugriffe

- die Verschlüsselung der Verbindungsstrecke zwischen Front–End und Back–End (z.B. falls sich der Online–Shop auf einem Host beim Provider, das angebundene Warenwirtschaftssystem im eigenen Intranet befindet)

Generell müssen sich die im Bereich E–Commerce eingesetzten Sicherheitsverfahren in den Rahmen allgemeiner IT–Sicherheit einordnen. Einige Ansatzpunkte dazu werden in Kapitel 7 angesprochen.

6. 5 Hinweise zur Umsetzung

6. 5. 1 Vertriebsstruktur

Die wichtigste Voraussetzung für den Handel über das Internet bildet eine funktionierende Vertriebsinfrastruktur. Unternehmen, die ihre Waren erfolgreich über den Versandhandel vertreiben, können die Integration von Web–basierten Bestellvorgängen in die bestehenden Systeme in der Regel ohne grundlegende Änderungen realisieren. In vielen Firmen erfordert das Engagement im Bereich E–Commerce jedoch einen längerfristigen Umbau der Vertriebsstruktur. Die Grundlage dafür bildet ein hohes kontinuierliches Engagement.

programmier-barer Erfolg? Oft wird die Einführung von E–Commerce Systemen als reine Aufgabe der IT–Abteilung aufgefasst. Anschließend stehen die eigenen Vertriebsleute einem neuen innerbetrieblichen Konkurrenten gegenüber. Zur Vermeidung derartiger Situationen sollte vor allem der Vertrieb von Anfang an in die Planung und Realisierung der Web–Filiale einbezogen und in den neu entstehenden Aufgabenbereichen geschult werden. Ebenso ist die eigene Marketingabteilung an den Konzepten zur Site–Vermarktung zu beteiligen, die vielfach noch vollständig dem Internet–Provider überlassen wird.

6. 5. 2 Mut zum Erfolg

In manchen Unternehmen besteht die Befürchtung, ein vertrieblicher Auftritt im WWW könne dem eigenen Kerngeschäft schaden. Im Fall der „E–Commerce Verweigerung" werden die Online–Angebote der Konkurrenz diese Aufgabe übernehmen. Daher ist insbesondere mit eigenen Händlern, Vertriebspartnern und Maklern ein tragfähiges Konzept zu entwickeln, das die zunehmende Wanderung der Kunden ins Internet berücksichtigt.

6. 5. 3 Wahl der geeigneten Umgebung

Einrichtungs-modelle Kleinere Firmen und Freiberufler schrecken oft vor den relativ hohen Investitionskosten zurück, die mit einer umfassenden E–Commerce Lösung verbunden sind. Wird nur eine kleine Zahl von Artikeln angeboten, muss im Prinzip auch kein eigenes System implementiert werden. Online–Shops lassen eine Vielzahl von Einrichtungsmodellen zu. Beispiele sind Cybermall, Shop–Leasing und kleine Softwarepakete bis hin zu umfangreichen E–Commerce Systemen und der Komplettabwicklung durch spezialisierte Dienstleister. Die Entscheidung für eines dieser Modelle hat sich vorwiegend nach der Umsatzerwartung und –entwicklung zu richten. Weitere Kriterien sind Stabilität von bestehenden Systemen, sowie neben Funktionsumfang und Erweiterbarkeit der Gesamtkostenaufwand für Einrichtung und Betrieb der Web–Filiale.

Cybermall

virtuelles Einkaufs- zentrum

Eine Cybermall ist ein virtuelles Einkaufszentrum verschiedener Anbieter (daher auch die Bezeichnung „virtuelles Anbieternetzwerk") unter einer gemeinsamen Adresse (vgl. Abschnitt 3.4.3). Betreiber von Cybermalls stellen vorwiegend kleineren Anbietern fertige Shop–Lösungen zur Verfügung. Das an eine Cybermall zu stellende Kriterium ist vor allem der Bekanntheitsgrad, der durch entsprechende Zugriffzahlen dokumentiert sein sollte.

Die Cybermall stellt oft eine relativ kostengünstige und mit geringem Risiko verbundene Einstiegslösung dar. Zunehmend bieten erfolgreiche E–Commerce Sites die Einrichtung von Shops innerhalb ihrer Domain an: Die Zahl der Cybermalls steigt daher kontinuierlich. Bei der Auswahl des Anbieters sind besonders folgende Punkte zu beachten:

- Besucherverkehr: Verfügt die Mall über hohe Zugriffszahlen? Verfügt der Betreiber der Mall über Werkzeuge zur Kundengenerierung und Kundenbindung? Wird durch Werbung im Web oder in anderen Medien ein hoher Bekanntheitsgrad der Mall erzielt?

- Konkurrenz: Entstehen durch branchenverwandte Nachbarn im Einkaufszentrum unerwünschte Konkurrenzeffekte ?

- Kostenkalkulation: Fallen neben Einrichtungskosten und monatlichen Gebühren Provisionen für die über die Mall verkauften Produkte an?

Shop–Leasing

Einstieg zum Sparpreis

Die Einrichtung eines angemieteten Online–Shops ist oft noch günstiger als der Einzug in eine etablierte Cybermall: Shop–Leasing findet man häufig bei eher preisgünstigen Webhosting Anbietern (vgl. Abschnitt 2.3.3) in Verbindung mit der regulären Website („Den Online–Shop gibt es dazu"). Im Prinzip wird die Nutzung grundlegender Front–End Funktionalität eines E– Commerce Systems gegen Entrichtung einer monatlichen Gebühr angeboten.

Im Gegensatz zum Cybermall fehlt die Generierung von Besucher–Traffic und die Unterstützung durch professionelle Vermarkter. Die meist einfachen Leasingmodelle sind den individuellen Bedürfnissen oft nur begrenzt anpassbar. Daher ist diese

Einstiegslösung nur dann zu empfehlen, wenn das Budget für den E–Commerce Auftritt sehr knapp bemessen ist. Mit steigenden Anforderungen an den Online–Umsatz ist ein Umzug in den „eigenen Laden" kaum zu vermeiden.

Eigener Online–Shop

Integration oder eigene Site

Die grundlegende Entscheidung beim Aufbau eines eigener Online–Shopping Lösung ist die Frage, ob der Shop in eine bereits bestehende Präsenz integriert oder als reine E–Commerce Site etabliert werden soll. Falls bereits eine ausbaufähige, attraktive Web–Präsenz besteht, ist die Eröffnung eines eigenen Online–Shops innerhalb dieser Site eventuell vorzuziehen. In den meisten anderen Fällen erscheint der Aufbau einer reinen, klar zielfokussierten E–Commerce Site unter einer eigenen Domain vorteilhafter.

technische Trennung

Aus Gründen der Sicherheit und Stabilität müssen technisch in jedem Fall getrennte Lösungen gefunden werden (vgl. Abschnitt 3.4.10). Dabei ist für den Online–Shop grundsätzlich ein dedizierter Server–Host einzusetzen, der über Server–Housing bei einem Provider oder über eine Festverbindung aus dem eigenen Netz an das Internet angebunden ist (vgl. Abschnitt 3.2.2). Die auf dem Markt angebotenen Softwarelösungen weisen in Funktionalität, Ausstattung und Preis eine große Bandbreite auf und werden ständig mit neuen Features ausgestattet. Daher sollte man sich vor dem Kauf fachlich ausführlich beraten lassen. Einige Kriterien der E–Commerce Software werden im nächsten Abschnitt diskutiert.

Outsourcing der Komplettbetreuung

Als weitere Alternative gilt die Komplettbetreuung durch einen spezialisierten Dienstleister. Dabei wird die gesamte Einrichtung und Verwaltung des Shops gegen Umsatzbeteiligung von einem Shop–Betreiber übernommen. In diesem Fall kann auch die Bestellannahme und Versandlogistik vom Dienstleister übernommen werden. Diese Lösung eignet sich für Unternehmen, die eine anspruchsvolle Lösung suchen, ohne über die notwendigen Ressourcen zu verfügen. Die enge Verzahnung zwischen den beteiligten Unternehmen bei der Abwicklung der Lieferungs– und Abrechnungsvorgänge verlangt prinzipiell äußerst sorgfältige Vertragsgestaltung und vertrauensvolle Zusammenarbeit.

Die Alternative: Extranet

Vertrieb im Extranet

Für Transaktionen mit geschäftlichen Kunden bietet sich vor allem das im letzten Kapitel angesprochene Kunden–Extranet an. Der grundlegende Unterschied zur E–Commerce Lösung liegt vorwiegend in dem breiteren Anwendungsbereich der Extranet–Struktur. Einen Überblick über die Unterschiede gibt die folgende Tabelle:

Tabelle 5: Unterschiede von Kunden–Extranet und E–Commerce

	Extranet	**E–Commerce System**
Zielgruppe	Stammkunden, Geschäftskunden, Lieferanten, Partner	Massenmarkt, Erstbesteller
gesicherter Bereich	gesamter Bereich durch Eingangsauthentisierung geschützt	Transaktionsbereich (Warenauswahl meistens ungesichert)
Funktion	multifunktionaler privater Bereich	Produktkatalog, Produktauswahl, Transaktionsbereich, Werbung

Für Unternehmen, die bereits über ein Intranet oder Kunden–Extranet mit Bestellfunktionalität (vgl. Abschnitte 4.10.3 bzw. 5.6.1) verfügen, bedeutet die zusätzliche Einrichtung eines E–Commerce Systems in erster Linie die erneute Verwendung und Anpassung vorhandener Mittel. Vorausgesetzt, die bestehende Lösung basiert auf wiederverwertbaren Programmkomponenten wie XML–Templates und Java–Beans (vgl. Abschnitt 4.10.4), lassen sich die benötigten Bausteine Authentifizierung, Präsentation und Zahlungsabwicklung zur Implementierung eines E–Commerce Systems nutzen.

6. 5. 4 Systemauswahl und Implementierung

Skalierung

Falls die im letzten Abschnitt angesprochene Entscheidung für den eigenen Shop ausgefallen ist, und ein Extranet–Umbau nicht in Frage kommt, steht man inzwischen vor einer Vielzahl von unterschiedlichen, teilweise auch auf bestimmte Branchen zugeschnittenen Fertigangeboten. Mit den meisten auf dem Markt vorhandenen Softwarepaketen lassen sich individuelle Shopsysteme einrichten und nach eigenen Bedürfnissen organisieren. Ein entscheidendes Kriterium für die Auswahl eines E–Commerce

Systems ist die Skalierung der Software im Hinblick auf das bestehende Angebot, z.B.

- einfacher Web–Shop mit geringem Artikelbestand

- mittleres E–Commerce System mit mehreren Warengruppen

- integriertes E–Commerce/Warenwirtschaftssystem für den Großversand

Einfache Warenkorbsysteme mit Datenbankanbindung könnne relativ schnell individuell implementiert werden. Dieser Ansatz verlangt zunächst höheren Programmieraufwand, bietet jedoch die Vorteile einer maßgeschneiderten Einstiegslösung. Langfristig gesehen stellen skalierbar angelegte Eigenentwicklungen auf der Basis offener Standards oft eine zukunftssichere Investition dar.

Warenkorb-metapher

Bestandteil nahezu aller E–Commerce Systeme ist die Abbildung des Bestellvorgangs durch den Warenkorb, in dem der Kunden während des Einkaufs die gewünschten Produkte während der Navigation sammelt. Die Anwenderfreundlichkeit dieses Auswahlvorgangs hat einen entscheidenden Anteil am Erfolg des Online–Shops. Angebotene Fertiglösungen unterscheiden sich deutlich in Implementierungsaufwand und Funktionsumfang. Mit Ausnahme einfacher Billiglösungen kann die Ausgestaltung der Bestellfunktion in den Systemen an eigene Bedürfnisse und Kriterien angepasst werden. Für die Integration des Layout werden in der Regel Seitenschablonen (HTML–Templates) zur Verfügung gestellt

Stabilität

Ein zweiter Skalierungsaspekt betrifft die Anzahl der Transaktionen, die das System parallel verarbeiten kann. Werden zu Beginn eines E–Commerce Auftritts einige Dutzend Kunden gezählt, stellt die Bestellabwicklung kein Problem dar. Wenn jedoch hundert oder tausend Bestellungen gleichzeitig aufgegeben werden, geraten herkömmliche Systeme schnell an ihre Grenzen. Dabei muss das Problem nicht in der E–Commerce Software liegen: Den eigentlichen Flaschenhals können auch die eingebundenen Hintergrundsysteme oder der WWW–Server darstellen. Die Ermittlung der Antwortzeiten einzelner Systembestandteile (Profiling) sowie das Lastverhalten des Gesamtsystems können bereits im Testbetrieb Schwächen aufdecken.

**Verwaltung
der Angebots-
struktur**

Einer der Hauptvorteile für den Anbieter eines Web–basierten
Warenkatalogs ergibt sich aus der Möglichkeit, die Angebots-
struktur flexibel zu verwalten und die Gestaltung durch den Einsatz von Templates flexibel anzupassen. Sobald ein System vernünftig geplant und eingerichtet ist, sind die Kosten für Preis–
und Produktänderungen im Vergleich zu herkömmlichen Katalo-
gen oder Warenauszeichnungen minimal. Das Hinzufügen neuer
Produkte oder Warengruppen ist in den meisten Systemen auch
ohne Programmierkenntnisse einfach durchführbar. Auch eine
umfassende Enterprise–Lösung sollte nach der Einrichtung von
Kaufleuten administrierbar sein.

**Sicherheits-
anforderun-
gen**

Ein weiteres wichtiges Kriterium ist die Einbeziehung umfassender Sicherheitslösungen, die die hohen Sicherheitsanforderungen
im E–Commerce Bereich berücksichtigen. Dazu zählen die Vertraulichkeit der Transaktionen, Schutz vor unberechtigten Sys-
temzugriffen und die allgemeine System– und Datensicherheit
(siehe Kapitel 7). Dazu kommt die sorgfältige Auswahl der zur
Realisierung hinzugezogenen Internet–Provider und Webdesign–
Agenturen (vgl. Kapitel 2).

6. 5. 5 Kundenerwartung

Ist der grundlegende Lösungsansatz bestimmt, kann die Gestaltung der Bestell– und Lieferprozesse im Hinblick auf die Erwartungen der Online–Kunden vorbereitet werden. Dazu lassen sich
die in den vorangegangenen Abschnitten genannten Kriterien
hinzuziehen. Die zentralen Konzepte sind:

- kundenfreundliche Gestaltung der Oberfläche

- klar formulierte Beschreibungen und Geschäftsbedingungen

- Unterstützung mehrerer Währungen

- Transaktionssicherheit

- „drei Klicks zur Bestellung" (früher)

- „ein Klick zur Bestellung" (heute)

- Produktverfügbarkeit

- WWW–basierte Beratung, Kundendienst, Reklamations-schalter

- rasche Lieferung

- Prämien– und Rabattsysteme

- Zahlungsabwicklung

- klar geregelte Rückgabe– und Reklamationsverfahren

- After–Sales Bereich, z.B. Newsletter

6. 5. 6 Einrichtung des Systems

In technischer Hinsicht gestaltet sich die anschließende Umset-zung des E–Commerce–Projekts in groben Zügen wie folgt:

1. Entwicklung bzw. Erwerb der E–Commerce Anwendung

2. Installation und Konfiguration

3. Entwicklung der Schnittstellen zu bestehenden Anwendun-gen

4. Datenübernahme bzw. Datenerfassung

5. Systemumstellung

6. Anpassung des Layout

7. Testphase

8. Schulung der Mitarbeiter

9. Einführung

Tests

Dabei ist besonderes Gewicht auf gründliche Tests zu legen, damit das Auffinden von Fehlern in Softwareprodukten nicht den Benutzern überlassen bleibt.

6. 5. 7 Bestellverfolgung

Kommunika-
tionsloch

Vom Zeitpunkt der Bestellaufgabe bis zur Lieferung besteht in klassischen Vertriebskanälen oft ein „Kommunikationsloch". Kunden bestellen und erhalten die gelieferte Ware. Dazwischen geschieht in der Regel nichts; die Kunden werden allenfalls über negative Entwicklungen wie Verzögerungen und Lieferschwierigkeiten informiert. Hier bieten WWW und E–Mail weithin noch nicht ausgeschöpfte Möglichkeiten. Als Vorreiter sind hier Paketdienste zu nennen, bei denen der Bestellstatus und die genaue Abwicklung einschließlich des Produktswegs online mitverfolgen werden können.

Minimalansatz

Als Einstiegslösung sollten die Kunden zumindest über entscheidende Schritte der Lieferung informiert werden:

1. Bestätigung der Bestellannahme (E–Mail)

2. Zeitpunkt der Auslieferung und geschätzter Zeitpunkt des Eintreffens beim Kunden (E–Mail)

Bei einer Warenwirtschaftsanbindung lassen sich diese Termine bereits bei der Bestellannahme in Form von Schätzungen angeben. Interessanter für die Kunden ist es, den Weg des Produkts möglichst „live" mitverfolgen zu können. Die Informationen können über E–Mail oder in einem geschützten Extranet–Bereich dargestellt werden.

schnelle
Lieferung

Sicherlich werden viele Kunden auch zufrieden sein, wenn einfach nur rasch geliefert wird. Im Sinne des Zusatznutzens eines WWW–Auftritts kann sich die „gläserne Bestellung" als wertvolle Kundenbindungsmaßnahme darstellen. Dies gilt vor allem für den Bereich Business–to–Business, in dem der Zeitfaktor einer Lieferung eine wesentliche Rolle spielt. Eine genaue Lieferverfolgung erfordert die Einbeziehung des beteiligten Paketdienstes bzw. der Spedition.

6. 6 Site–Marketing II: Werbung im Internet

Ein entscheidender Faktor für den Erfolg im Electronic Commerce ist der Bekanntheitsgrad der Website, die den Online–Shop beherbergt. Viele Benutzer haben Probleme, im WWW gezielt Informationen zu Produkten und Dienstleistungen zu finden. Während die weltweite Zahl der Web–Auftritte weiter zunimmt, schaffen es Suchmaschinen nicht mehr, alle Sites in ihre Datenbanken aufzunehmen, zu indizieren und die gewonnenen Informationen sinnvoll darzustellen. Eine Liste mit 10.000 Einträgen ist bei der Suche nach einem bestimmten Produkt meist keine große Hilfe, zumal die Relevanz der Treffer und die Sortierungsreihenfolge der Ergebnisse offensichtlich maschinell schwer zu bestimmen sind. Auch von Hand gepflegte Verzeichnisse können nur einen Bruchteil der vorhandenen Web–Präsenzen aufnehmen.

Promotions-maßnahmen

Gerade für einen E–Commerce Betreiber stellt die Tatsache des rasanten Wachstums im WWW –nicht nur in Hinblick auf die wachsende Konkurrenz– einen kritischen Punkt dar: Befindet sich der eigene Online–Shop in einer „hinteren Ecke" des Internet, wird er genauso selten aufgesucht wie ein Kellergeschäft in der dunklen Seitenstraße. Daher werden Maßnahmen zur Promotion der Site zunehmend wichtiger.

6. 6. 1 Bannerwerbung

Banner sind mit Hyperlinks versehene Werbegrafiken, die den Benutzer mit einem Mausklick auf die Site des Werbetreibenden bringen. Da sie eine weitverbreitete Werbeform im WWW darstellen, existieren für die auf einem Online–Angebot sichtbaren Bannerschaltungen zwei zusätzliche Messgrößen (vgl. Abschnitt 3.5):

- Ad–Views (auch: Ad–Impressions): die Anzahl der Sichtkontakte mit dem Banner

- Click–Throughs: Die Anzahl der durch das Anklicken des Banner ausgelösten Weiterleitungen

- Click–Through–Rate: das Verhältnis zwischen Ad–Views und Cklick–Throughs

Ziele der Banner-schaltung

Mit diesen drei Begriffen werden auch die unterschiedlichen Ziele der Schaltung von Werbebannern deutlich. Zum einen ist das die Erhöhung der Unternehmens– bzw. Markenbekanntheit, zum anderen die Weiterleitung der Besucher auf die beworbene Site. Betrachtet man den zweiten Aspekt als primäres Ziel der Bannerschaltung, sollte man sich jedoch vor Augen führen, dass Weiterleitungsraten von maximal ein bis zwei Prozent durchaus üblich sind. Daher werden die Banner oft mit zusätzlichen Funktionen ausgestattet (Smart Banner). Beispielsweise kann die Auswahl einer Produktkategorie bereits vor dem Wechsel auf die Site des Anbieters über einen Smart Banner stattfinden.

**Erfolgs-
kriterien**

Über den Erfolg von Bannerwerbung entscheiden hauptsächlich zwei Faktoren. Zum einen ist dies die Platzierung des Banners auf geeigneten Sites, die die Anzahl der Ad–Views bestimmt, zum anderen die Gestaltung des Banners, die gemeinsam mit dem vorhandenen Markenimage die Click–Trough–Rate beeinflusst.

Rotation

Die Vermarktung von Bannern auf publikumswirksamen Werbeplätzen wird inzwischen durch eine Reihe von spezialisierten Online–Vermarktungsagenturen durchgeführt. Die mit dem Begriff Rotation bezeichnete Schaltung von Bannern, die in einer bestimmten Darbietungshäufigkeit und –dauer auf potenziell werbeträchtigen Sites geschaltet werden, muss in genauer vertraglicher Absprache geregelt sein. Die Besucherzahlen der Sites großer Medienanbieter können beispielsweise über die IVW (vgl. Abschnitt 1.5.2) ermittelt werden.

**Banner–
Probleme**

Dass das Thema Banner–Werbung sehr gründlich betrachtet werden sollte, zeigen Fälle fehlplatzierter Banner–Schaltungen, die entgegen den Absichten der Werbetreibenden auf Websites mit pornografischen Inhalten auftauchten. Eine relativ neue Herausforderung für Werbetreibende ist auch die Popularität von Programmen, die Benutzern die automatische Ausfilterung der bunten Werbetafeln ermöglichen.

Einige auf das Internet spezialisierte Werbeagenturen betrachten Banner mittlerweile als einen eher zweitrangigen Bestandteil im Marketing–Mix, der durch neue Werbeformen ersetzt werden muss. Die positiven Effekte der Bannerwerbung liegen vorwiegend in den Bereichen Markenimage (Ad–View) und Erstkontakt (Click–Through). Banner erhöhen die Chance, beachtet und aufgesucht zu werden, scheinen jedoch kaum eine Schlüsselrolle für den Erfolg im E–Commerce einzunehmen.

Interstitial

Eine verwandte Form von Werbung stellen Interstitials dar, die mit Werbeunterbrechungen im Fernsehen zu vergleichen sind. Zwischen die Abrufe informationstragender Seiten werden großflächige Werbeanimationen geschaltet. Interstitials dienen vorwiegend zur Finanzierung von kostenlosen Dienstleistungen. Es ist anzunehmen, dass einige Benutzer die Unterbrechungen in Kauf nehmen, wenn ihnen im Gegenzug ein adäquater, geldwerter Nutzen geboten wird.

Bannerplätze anbieten

Ist der Bekanntheitsgrad des eigenen Online–Auftritts hoch, bietet es sich an, dort Werbung anderer Unternehmen zu präsentieren. Dies ist das Geschäftsmodell von Traffic–Sites (vgl. Abschnitt 3.4.3) und ist vor allem dann sinnvoll, wenn der Charakter der eigenen Site auf Informations– und Unterhaltungsangebote gerichtet ist. Eine Web–Präsenz, auf der vorwiegend eigene Produkte verkauft werden sollen, erscheint als Werbefläche weniger geeignet, da zumindest einige potenzielle Kunden die bunten Werbeschilder zum Verlassen der Site nutzen werden. Eine Ausnahme bilden die gegenseitige Vernetzung von Anbietern, die sich im jeweiligen Produkt– oder Dienstleistungsspektrum ergänzen.

6. 6. 2 Linktausch und Web–Ringe

kleine Anbieter

Eine klassische Form des Web–Marketing ist der Linktausch, bei dem die Betreiber von Web–Präsenzen gegenseitig Links auf die jeweils andere Site setzen. In den USA besonders populär sind sogenannte Web–Ringe, in denen Sites mit auf der Einstiegsseite platzierten Links zu einer Ringstruktur zusammengeschlossen sind. Beide Formen der gegenseitigen Unterstützung sind vorwiegend für kleinere Web–Läden interessant, deren Angebote nicht in Konkurrenz zueinander stehen.

6. 6. 3 Partnerprogramme

bekannte Partner

Ein Partnerprogramm (Affiliate Program) verbindet Site–Betreiber mit unterschiedlichen Interessen: Mehrere Partner setzen Links auf einen E–Commerce Anbieter in ihr Informationsangebot (beispielsweise: „Bücher zum Thema finden Sie hier") und werden bei erfolgreicher Weiterleitung durch Provisionen in Form von Umsatzanteilen, Kundenprämien oder Rabatten kompensiert. Der Betreiber der E–Commerce Site steigert den Absatz seiner Produkte durch die Einkäufe der von den Partner weitervermittelten Kunden. Großanbieter wie Amazon, CD–NOW oder Barnes&Noble suchen durch eine möglichst große Anzahl von Partnerschaften hohe Besucherzahlen auf ihren Websites zu erzielen.

6. 6. 4 Links zur Konkurrenz

Nachdenkenswert ist auch der folgende Ansatz von Yahoo!, einer der wichtigsten Suchmaschinen bzw. Verzeichnisse im WWW: Auf Seiten, die Suchergebnisse enthalten, stehen Links zu allen wichtigen Konkurrenz–Suchmaschinen. Dies kann als Referenz an den Charakter des Hypertextmediums gewertet werden; im Fall von Yahoo! hat sich diese Idee gleichzeitig als erfolgreiche Marketingstrategie herauskristallisiert, die einen Begriff wie „Suchen im Internet" mit der Site viel besser assoziiert als aufwendige Werbekampagnen. In diesem Zusammenhang ist zu betonen, dass in Deutschland straf– und wettbewerbsrechtliche Hindernisse für das freie Setzen von Hyperlinks bestehen.

6. 6. 5 Pull und Push

Der gezielte Abruf von Informationen aus dem Internet, beispielsweise der Besuch einer Website, wird mit dem Begriff Pull bezeichnet. Hier sucht der Benutzer aktiv nach Inhalten, was nach Meinung von Marketingfachleuten die Akzeptanz von eingestreuten Werbemaßnahmen gegenüber Medien wie Radio und Fernsehen erhöht. Pull entspricht in der klassischen Kommunikation zwischen Anbieter und Kunden der Anforderung einer Werbebroschüre oder einem Anruf beim Hersteller.

Push im Web: Channels

Die zweite Möglichkeit ist die automatische Übertragung von Inhalten auf den Rechner der Anwender (Push–Verfahren). Im WWW ist dieses Prinzip, bei dem die Benutzer über sogenannte Channels aktualisierte Web–Inhalte auf den eigenen Rechnern empfangen konnten, bisher gescheitert. Der Misserfolg der Channels beruhte auf Faktoren, die allgemeine Hinweise für eigene Vermarktungsprojekte bieten können:

- unverhältnismäßig hohe Datenmengen

- mangelnde Zuverlässigkeit der Verbindung

- übermäßig hoher Anteil von Werbeinhalten

Wiedergeburt?

Die oft unausgewogene Mischung zwischen Inhalt und Werbung ließ die meisten Benutzer der Push–Dienste unzufrieden und mit hohen Telefonrechnungen zurück. Die meisten Channels wurden von Anbieterseite daher relativ schnell wieder eingestellt. Dabei hätte das WWW als Push–Medium mit einer allgemein verfügbaren höheren Bandbreite und preiswerteren Standleitungen durchaus Chancen zur Wiedergeburt.

6. 6. 6 Newsletter

Auch die in den Abschnitten 3.3.1 und 3.3.5 angesprochenen Newsletter (nach Abonnierung durch den Benutzer regelmäßig versandte E–Mails, die in der Regel eine Mischung aus Nachrichten, Informationen und Werbung enthalten) werden unter die Push–Verfahren eingeordnet. Durch Hyperlinks zu Web–Angeboten sollen die Abonnenten von Newslettern zum Besuch der entsprechenden Websites animiert werden.

erfolgreiches Instrument

Im Unterschied zu den Channels werden durch Newsletter nur geringe Datenmengen verschickt, die der Benutzer gemeinsam mit der übrigen E–Mail aus seiner Mailbox abholt. Newsletter haben sich daher als sehr interessantes Marketinginstrument herausgestellt und bilden eine wichtige Komponente der Online–Mediaplanung. Newsletter eignen sich sowohl für den eigenen Einsatz (siehe dazu Abschnitt 3.3.5) als auch für die Schaltung von Anzeigen. Da inzwischen zahlreiche Newsletter existieren, sollte die Auswahl der Werbeplätze von Fachleuten entschieden werden.

Wandel der Strukturen

Durch das Internet hervorgebrachte Marketingstrategien sind einem ständigen Wandel ausgesetzt, der durch das Auftreten neuer Werbeformen zunehmend beschleunigt wird. Während einige Mediaplaner ihre Budgets noch in Richtung Online–Werbung umschichten, verkünden andere bereits das Ende der Banner. Die Herausforderung für die Werbetreibenden besteht darin, Marketingansätze zu entwickeln, die eine Kombination von Online–Aktivitäten und neuen Werbeformen außerhalb des Internet realisieren.

6. 7 Empfehlungen

Informieren Sie sich ausführlich über Online–Shoppingsysteme

Inzwischen werden zahlreiche E–Commerce Lösungen angeboten, die sowohl im Funktionsumfang als auch im Preis starke Differenzen aufweisen. Neben allgemeinen Kriterien wie Ausstattung, Erweiterbarkeit, Robustheit und Anschaffungspreis sind die primären Kriterien bei der Kaufentscheidung die Front–End–

Gestaltung, reibungslose Produktübernahme, Schnittstellen, Sicherheitsfeatures, Unterstützung mehrerer Zahlungssysteme und Fragen der Integration bestehender Geschäftsprozesse sowie Warenwirtschaftsanbindung.

Erfolgs stabilität

Achten Sie darauf, dass die Lösung den eigenen Bedürfnissen entspricht und auch unerwartetem Erfolg standhält. E–Commerce Systeme werden in Fachzeitschriften regelmäßig getestet und verglichen. Full–Service Provider, Softwareanbieter und spezialisierte Consultants können gründliche Beratung über die in Frage kommenden Lösungen liefern. Konsultieren Sie Fachpresse und Web–Ressourcen zu den permanent wachsenden Möglichkeiten der Online–Werbung

Berücksichtigen Sie die heterogene technische Ausstattung der Kunden

Gehen Sie von einer technischen Minimalausstattung des Kunden aus. Rechnen Sie mit textbasierten Browsern, deaktivierten Skriptsprachen und abgeschalteten Cookies. Was geschieht, wenn der Client keine Verschlüsselung unterstützt? Versuchen Sie alle denkbaren Fälle in einem Workflow zu erfassen und durch eine Kombination technischer und organisatorischer Mittel den projizierten Problemen zu begegnen sowie Erfahrungen aus dem laufenden Betrieb zu berücksichtigen.

kritisch: Browser

Lösungen, deren Funktionalität von bestimmten Browserkonfigurationen abhängig ist (z.B. Aktivierung einer Skriptsprache), sind mit Skepsis zu betrachten. Das E–Commerce System sollte möglichst alle für die Transaktionsabwicklung kritischen Funktionen auf der Server–Seite implementiert haben. Jede Browser–Abhängigkeit nagelt ein weiters Brett vor den Eingang Ihres Online–Shops: Am Ende kommen die Kunden nicht mehr durch die Tür.

Bestellen Sie im eigenen Shop

Überprüfen Sie vor der Veröffentlichung bei einer Probebestellung im eigenen WWW–Shop, ob sich alle Planungspunkte in der Realisierung wiederfinden. Dies gilt auch, wenn Softwareexperten den Vorgang für technisch einwandfrei erklärt haben. Denken Sie daran, dass Ihre Kunden bei der Bestellung im Web auf eine einfache und nachvollziehbare Benutzerführung achten. Lassen Sie die Bestellfunktion vor allem in Hinblick auf unvollständige und irrtümliche Eingaben (vgl. Abschnitt 7.7.2) gründlich testen. Auch die gesamte, zu minimierende Zeitspanne von der Bestellung bis zum Eintreffen der Ware beim Kunden lässt sich über eine Testbestellung ermitteln.

Vermeiden Sie unkalkulierte Werbemaßnahmen

Dringend abzuraten ist von der ungewünschten massenhaften Versendung an eingesammelte E–Mail Adressen (Spam). Sie könnten hier nicht nur mit Datenschutzgesetzen und Verbraucherrechten in Konflikt geraten: Der Imageschaden, den das Unternehmen durch derartige Maßnahmen davonträgt, übertrifft den angepeilten Nutzen oft bei weitem. Trotzdem lassen sich einige Anbieter nicht von Verzweiflungsaktionen wie das Hinterlassen von Werbenachrichten in elektronischen Gästebüchern abhalten. Die in diesem Fall fehlplatzierten Inserate werden meisten schnell wieder gelöscht, sorgen bei zufälligen Lesern eher für Irritation und taugen keinesfalls zu einer zielgerichteten Kundenansprache.

Lassen Sie Kunden, die Ihren Newsletter abonniert, haben zwischen einer reinen Textversion und einer mit HTML–Anweisungen gestalteten Version wählen. Einige Anbieter verschicken E–Mail mit zahlreichen eingebundenen Grafiken, die beim Öffnen der Mail aus dem Netz nachgeladen werden. Benutzer, die eingehende Nachrichten nach Beendigung der Übertragung (offline) lesen, bekommen in diesem Fall lediglich Fehlermeldungen zu Gesicht.

6. 8 Die Zukunft: One–to–One Marketing?

Interaktivität Das Internet bietet technische Möglichkeiten, automatisiert jeden Kunden und Interessenten individuell anzusprechen. Dabei werden, wie im klassischen Marketing längst üblich, Kundenprofile in Datenbanken gehalten (Database–Marketing), die aber beim Einsatz von One–to–One Verfahren nicht nur bei Bedarf abgerufen und analysiert werden können, sondern auch die Interaktion auf Websites, Generierung von E–Mail Inhalten und vieles mehr steuern können.

Die Umsetzung derartiger Konzepte kann heute von spezialisierten Internet–Agenturen durchgeführt werden. Gleichzeitig bauen die Betreiber erfolgreicher Sites ihr Marketinginstrumentarium aus.

Als Vorteile des One–to–One Marketing werden unter anderem betrachtet:

- Aufbau von Kundenbeziehungen durch personalisierte Inhalte

- geringer Streuverlust

- echte, bidirektionale Kommunikation zwischen Kunden und Händlern

- persönliche Ansprache

- den Wünschen und Bedürfnissen einzelner Kunden angepasste Angebote

kritische Faktoren

Dennoch lassen sich die aus den USA importierten, vielversprechenden Konzepte nicht einfach auf hiesige Verhältnisse übertragen: Im Gegensatz zur Meinung einiger Marketingfachleute sind nicht alle Besucher einer Website davon begeistert, automatisch mit eigenem Namen begrüßt zu werden. Irritierte Benutzer könnten sich statt dessen fragen, zu welchen sonstigen Zwecken die persönlichen Daten vom Betreiber der Site eingesetzt werden. Zudem beruhen die Voraussage von Besucherverhalten und die Erstellung von Angebotspräferenzen derzeit auf äußerst rudimentären Methoden.

Schwerpunkt: Dialog

Im Hinblick auf die langfristigen Beziehungen zwischen Verbrauchern und Anbietern sollte daher der Einsatz von aus dem Kaufverhalten gewonnenen Kundenprofile sorgfältig abgewogen werden. Insbesondere hat One–to–One Marketing nur dann Aussicht auf Erfolg, wenn das Unternehmen nicht als heimlicher Datensammler auftritt, sondern am Aufbau echter Kommunikationsbeziehungen interessiert ist.

An das Ende dieses Kapitels soll daher die These gestellt werden, dass eine an den Gesichtspunkten des Verbraucherschutzes orientierte und sorgfältig gestaltete E–Commerce Site in Verbindung mit einem attraktiven Waren– bzw. Dienstleistungsangebot größere Gewinnchancen verspricht als der blinde Einsatz von Personalisierungs–Tools.

7 Zentrale Sicherheitsaspekte

7. 1 Überblick

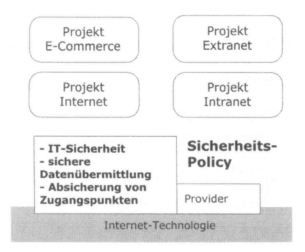

Abbildung 43: Zentrale Sicherheitsaspekte

„Ihr Hauptkonkurrent hat seinen Firmensitz im Nachbargebäude. Sämtliche Telefonleitungen laufen durch sein Haus, wobei das Anzapfen einer Leitung mit wenigen Handgriffen erledigt werden kann. Das entsprechende Know–How ist beim Nachbarn bekanntermaßen vorhanden. Ab und zu dringen während eines Telefonats seltsame Geräusche aus der Leitung."

Diese Szene könnte bildhaft die Sicherheitssituation im Internet darstellen, wobei der „Hauptkonkurrent" durch Millionen harmlose Bürger, in– und ausländische Regierungsstellen, Kriminelle und einige Hacker Gesellschaft erhält.

Bandbreite der Sicherheitsproblematik Ein früheres Lieblingsthema von Science–Fiction–Autoren ist Wirklichkeit geworden: Information Warfare, die Kriegsführung durch Störung der IT–Infrastruktur des Gegners, wurde bereits in einigen Konflikten erprobt. Am anderen Ende der Sicherheits-

problematik steht die einfache Tatsache, dass die meisten Anwender kaum die Möglichkeit besitzen, sich vor sämtlichen potentiellen Sicherheitslöchern, Viren, trojanischen Pferden und
ähnlichen Bedrohungen zu schützen. Nicht nur Raubkopien,
sondern auch Originalsoftware wird zum Teil „virenverseucht"
angeboten. Browser sind vor allem über Skriptsprachen und Zusatzfunktionen anfällig für Sicherheitslöcher. Serverprogramme
und Betriebssysteme sind ständig neuen Angriffen aus dem Internet ausgesetzt, die durch den Einsatz von frei verfügbaren
„Hacker–Werkzeugen" auch von Laien durchgeführt werden
können.

Divergierende
Ansprüche

Die längst etablierten Anforderungen und Maßnahmen klassischer IT–Sicherheit gelten für den Einsatz von Internet–Technologie gleichermaßen, bleiben jedoch seltsamerweise oft unbe-
rücksichtigt. So vertrauen Firmen, die eigene Unternehmensdaten
mit aufwendigen Maßnahmen vor Missbrauch schützen, ihre
Website aus Kostengründen Billiganbietern an, deren Server keine Sicherheitsfunktionen aufweisen.

War bereits in geschlossenen Firmennetzen die Ausfall– und
Datensicherheit ein zentrales Thema der IT–Abteilung, fordert
jede Anbindung an das Internet zusätzliche Sicherheitsvorkeh-
rungen. Die Situation wird vor allem dann zunehmend kritischer,
wenn öffentliches Internet und firmeneigene Netzstruktur miteinander verschmelzen.

7. 2 Ausgangspunkt IT–Sicherheit

sichere
Grundstruktur

Ehe im Folgenden auf die speziellen Sicherheitsanforderungen
der Datenübermittlung und den Schutz von Zugangspunkten im
Internet eingegangen wird, soll betont werden, dass Konzepte
für die Sicherheit im Internet als Bestandteile der allgemeinen
IT–Sicherheit verstanden werden müssen. Fehlende Sicherheitsmaßnahmen in der Grundstruktur kompromittieren immer das
gesamte System, in das geschäftliche Anwendungen wie firmeninterne Kommunikation oder E–Commerce eingebettet sind. Beispielsweise nutzt in der Gesamtbetrachtung der Einsatz starker
kryptografischer Mittel bei der Datenübertragung wenig, wenn
das Systempasswort durch einfache telefonische Nachfrage in
Erfahrung gebracht werden kann.

Problem-
bereiche

Sicherheitsmaßnahmen betreffen vor allem drei Problembereiche, die durch eine Vielzahl von Anforderungen und Maßnahmen im Rahmen der allgemeinen Systemsicherheit gekennzeichnet sind:

- Verfügbarkeit: Funktionsfähigkeit und reibungsloser Betrieb von Rechnern und Datennetzen

- Datensicherheit: Schutz vor unbefugter Einsicht, Veränderung bzw. Zerstörung von Daten

- Zugriffsautorisierung: Sicherung des Zugangs zur firmeninternen EDV auf physikalischer und technischer Ebene

Die im Folgenden stichpunktartig aufgeführten Aspekte der allgemeinen IT–Sicherheit sollen als Hinweise dienen, die Sicherheitsproblematik im Internet im obengenannten Sinn in eine Gesamtstruktur einzuordnen.

**Ausfall-
sicherheit**

Ausfallsicherheit schließt den Schutz vor Stromunterbrechung, Hardwareversagen und Rechnerausfällen aufgrund von Softwareproblemen, Fehlbedienung oder Mutwilligkeit ein. Die Verfügbarkeit von Netzwerkdiensten wird durch eine auf Redundanz angelegte Hardware– und Softwareumgebung erhöht. Dazu kommen Sicherheitsmaßnahmen, die den Zugang zur EDV–Anlage begrenzen und die Geräte vor physikalischen Einflüssen schützen. Wichtige Mittel der Minimierung von Ausfallrisiken stellen auch regelmäßige, systematisch durchgeführte Datensicherungen dar.

**System-
stabilität**

Systemstabilität garantiert die Vermeidung von Situationen, in denen durch Ausfall von Teilkomponenten bzw. durch Überlastungssituationen eine Leistungsverminderung des Gesamtsystems hervorgerufen wird. Im Vorfeld durchführbare Maßnahmen sind die ausreichende Skalierung des Gesamtsystems, Verteilung kritischer Dienste, Identifizierung und Beseitigung von Systemabhängigkeiten sowie die kontinuierliche Leistungsmessung des Datenverkehrs.

**Daten-
sicherheit**

Datensicherheit beinhaltet die Abwehr unberechtigter Zugriffe auf Ressourcen und die Absicherung unternehmensinterner Daten vor Zerstörung. Vertraulichkeit von Informationen und Schutz vor Datendiebstahl können durch lokale Verschlüsselung und sichere Aufbewahrungsmethoden erreicht werden. Weitere Aufgaben in diesem Bereich sind die Vermeidung und Beseitigung von Softwarefehlern und die Abwehr von Bedrohungen durch Viren, „Falltür"–Programmen und trojanischen Pferden.

Zugangs-kontrolle

Der Bereich der Zugangskontrolle befasst sich mit der Vergabe von Zugriffsrechten an Benutzer und Benutzergruppen sowie der Verwaltung von Passwörtern. In sensitiven Umgebungen kommt der Einsatz lokaler Sicherheitsmittel (z.B. Chipkarten) bzw. zusätzlicher Identifikationsverfahren (z.B. biometrische Methoden wie Stimmenanalyse oder Gesichtserkennung) zum Tragen. Zu diesem Bereich gehören ebenso Maßnahmen zur physikalischen Isolierung sensitiver Systeme, die Einschränkung von Netzwerkdiensten und die Protokollierung der Benutzeraktionen.

Datenschutz

Datenschutz bezieht sich auf den Umgang mit den Daten Dritter. Die zahlreichen Aspekte in diesem Bereich beinhalten die sorgfältige Verwahrung der Daten, Vermeidung von Datenmissbrauch, Verzicht auf unautorisierte Datenweitergabe, zu berücksichtigende rechtliche Rahmenbedingungen und das Vertrauensverhältnis zwischen Kunden, Unternehmen und Partnern.

Organisatorische Sicherheit

Organisatorische Sicherheit umfasst die bisher genannten Gebiete auf der Ebene administrativer Vorgänge. Insbesondere zählen firmenweite Richtlinien zum Umgang mit vertraulichen Daten und EDV–Sicherheit (Sicherheits–Policy), das Festlegen von Verantwortlichkeiten, Budgetierung, Aufklärung und Schulung der Benutzer sowie rechtliche bzw. versicherungstechnische Fragen zum weiten Bereich der organisatorischen Sicherheit.

Bereits die hier angedeuteten „klassischen" Sicherheitsfragen verlangen hohen technischen und organisatorischen Einsatz. Durch den Zugang zum Internet erhöht sich der zu leistende Aufwand, da jede Datenübertragung über öffentliche, ungesicherte Kanäle stattfindet und die Zugangspunkte aus dem weltweiten Datennetz einfach zu erreichen sind.

frühzeitige Einbeziehung

Maßnahmen zur Absicherung von Kommunikations– und Netzwerkdiensten in den Bereichen Internet, Intranet, Extranet und E–Commerce müssen daher von Anfang an in die Projektplanung einbezogen werden. Dies betrifft auch die Entscheidung, Internet–Dienste aus dem unternehmenseigenen Netz oder über die technische Infrastruktur eines Providers anzubieten (vgl. Abschnitt 3.2) . Bereits die Übermittlung von sensitiven Informationen an Kunden oder Geschäftspartner über E–Mail erfordert eine Absicherung durch kryptografische Mittel.

7. 3 Datenübermittlung im Internet

Gründe für die unsichere Ausgangslage Im Vergleich zu den üblichen Anforderungen an die IT–Sicherheit stellt das Internet zunächst eine höchst unsichere Umgebung für die Datenübermittlung dar. Diese Tatsache beruht vor allem auf drei Umständen, die für alle mit dem Internet verbundenen Systeme gelten:

1. Der Weg von Datenpaketen wird in den meisten Fällen in Abhängigkeit von der jeweiligen Netzwerksituation dynamisch bestimmt und ist somit unvorhersagbar. Die Datenverbindung zu einem Rechner im Nachbarort kann über den gesamten Erdball verlaufen, wobei an jeder Zwischenstation die weitervermittelten Daten mitprotokolliert werden können.

2. Die Protokolle der Netzwerkschicht TCP/IP wurden vor allem unter dem Gesichtspunkt der verlässlichen Zustellung von Datenpaketen konzipiert. Übertragungssicherheit in dem Sinne, dass Daten nicht von Dritten eingesehen oder manipuliert werden können, lässt sich jedoch nur mit kryptografisch abgesicherten Protokollvarianten erreichen.

3. Die Applikationsprotokolle wie SMTP, HTTP oder FTP sehen die Übertragung aller Daten im Klartext vor. Daher hat über das Internet versendete E–Mail ungefähr die Vertraulichkeitsstufe einer Postkarte. Personenbezogene Daten, die an Webserver gesendet werden, sind ebenso vor Missbrauch ungeschützt wie Passwörter, die zu Beginn von Telnet–Sitzungen oder FTP–Verbindungen übertragen werden.

Im Zusammenhang betrachtet erzwingen diese Faktoren den Einsatz technischer und organisatorischer Sicherheitsmaßnahmen bei jeder Übermittlung vertraulicher bzw. geschäftskritischer Daten. Dazu ist eine Analyse der bei einer Datenübertragung bestehenden Risiken notwendig.

7. 3. 1 Risiken bei der Datenübertragung

Übertragungsebenen Nachrichten können auf dem Übertragungsweg auf verschiedene Weise kompromittiert werden: Bei der Erfassung möglicher Übertragungsrisiken ist es wichtig, sich in Erinnerung zu rufen, dass der Austausch von Nachrichten auf mehreren Protokollebenen stattfindet. Der Begriff „Nachricht" umfasst daher sowohl

Datenpakete, die zwischen Systemen auf der Netzwerkschicht ausgetauscht werden (Protokollinformationen), als auch die Datenübermittlung auf der Anwendungsebene. Dazu zählen unter anderem:

- Versand von E–Mail, Transfer von Dateien, Abrufen von Seiten im WWW

- Übertragung von Betriebssystemerweiterungen und von Softwarekomponenten, die anschließend auf dem eigenen Rechner ausgeführt werden (mobiler Code)

- Übermittlung von Passwörtern zur Identifizierung an Hosts im Netzwerk (z.B. Zugang zu Intranet oder Extranet)

- Finanzielle Transaktionen (E–Commerce)

Abfangen der Nachricht

Prinzip des offenen Kanals

Die geschlossene Kommunikation über private Datenleitungen kann das Risiko des „Mithörens" vermindern, garantiert jedoch keine Sicherheit. Das physikalische Anzapfen von Leitungen erfordert keinen wesentlichen technischen Aufwand. Oft ist die Verkabelung innerhalb von Bürogebäuden so ausgelegt, dass an verschiedenen Stellen Zugangspunkte liegen, die außerhalb des eigenen Autoritätsbereichs liegen oder gänzlich unbekannt sind. Über spezielle Geräte (Packetsniffer) können Datenpakete in Netzwerken zur späteren Analyse mitprotokolliert werden. Bei der Übermittlung über das Internet genügt das Abspeichern der Daten an einem beliebigen Knotenpunkt. Effektive Sicherheitsmechanismen müssen infolgedessen auf der Annahme beruhen, dass die zu schützenden Daten für Dritte potenziell zugänglich sind.

Unautorisierte Einsicht

Gefahr der schnellen Verbreitung

Im Fall von Klartextmitteilungen bedeutet das Abfangen der Nachricht gleichzeitig die Erfassung des Inhalts. Verschlüsselte Nachrichten können zwar prinzipiell ebenso mitprotokolliert, jedoch nicht eingesehen werden, falls das eingesetzte Kryptografieverfahren stark genug ist. Die unbefugte Kenntnisnahme sensitiver Informationen schließt die Möglichkeit der Veröffentlichung ein. In einer öffentlichen Netzstruktur wie dem Internet kann dies die sekundenschnelle Vervielfältigung und globale Verbreitung einer vertraulichen Mitteilung bedeuten.

Nachrichtenveränderung

Die Veränderung von Nachrichten während der Übertragung kann durch technische Fehler oder mutwillige Manipulation geschehen: Manipulation setzt die Kenntnis der Inhalte nicht voraus. Die gezielte Veränderung von Daten ist in der Regel jedoch schwieriger aufzudecken. Außerdem kann die Nachricht vollständig zerstört bzw. vor Erreichen des Empfängers abgeblockt werden.

Nachrichtengenerierung

Spoofing

Letztlich lassen sich Nachrichten von nichtautorisierter Seite auch erzeugen oder zum falschen Zeitpunkt bzw. in übergroßer Menge an das Zielsystem übermitteln. Erzeugung und Manipulation von Daten können zur Vortäuschung einer falschen Identität (Spoofing) genutzt werden. Durch das Fälschen von IP–Adressen (IP–Spoofing) können Dienste kompromittiert werden, die eine auf Adressen basierende Authentifizierung durchführen. Eine andere Variante bildet das DNS–Spoofing, das durch Manipulation an Nameservern beispielsweise die Umleitung einer Website auf eine falsche Adresse ermöglicht.

Risiko der Imitation

Bei der Analyse der Sicherheitsanforderungen ist daher zu beachten, dass der gesamte Datenaustausch in die Risikobetrachtung einbezogen werden muss. Zusätzlich können auch außerhalb der eigentlichen Übertragungsvorgänge Sicherheitsrisiken auftreten. Ein Beispiel ist die Einrichtung einer Site, die den Web–Auftritt eines Unternehmens bzw. einer Organisation nachzuahmen versucht bzw. ein reines „Luftgeschäft" darstellt: Allein die Imitation eines legitimen Geschäfts durch einen professionell gestalteten Online–Shop kann Besucher zur Übermittlung vertraulicher Daten bewegen. Derartige Fälle erfordern neben Authentisierungsverfahren vor allem die gründliche Aufklärung der Anwender.

7. 3. 2 Anforderungen an die sichere Datenübermittlung

Aus den genannten Risiken ergeben sich einige wesentliche Anforderungen an die Übermittlung von Daten:

Vertraulichkeit (Privacy)

Die Vertraulichkeit einer Nachricht bedeutet, dass ihr Inhalt nur Absender und Adressat bekannt ist. Die Preisgabe der Informationen muss für den als unvermeidbar zu betrachtenden Fall, dass die Nachricht von Dritten abgefangen wird, verhindert werden.

Authentizität (Authenticy)

Diese Anforderung sichert den am Nachrichtenaustausch beteiligten Parteien die gegenseitige Kenntnis der Identität zu. Dies umfasst die Identität von Hosts beim Austausch von Datenpaketen, die Herkunft von aus dem Internet übertragene Software wie auch die Zuordnung von E–Mail Adressen und Websites zu den entsprechenden Personen und Organisationen.

Integrität (Integrity)

Das Kriterium der Integrität verlangt, dass eine Mitteilung auf dem Übertragungsweg nicht verändert wurde. Ursache von Änderungen können technische Fehler oder bewusste Manipulationen sein.

Verbindlichkeit (Non–Repudiation bzw. Non–Deniability)

Der Nachweis, dass der Datenübertragungsvorgang tatsächlich stattgefunden hat, sorgt für die Verbindlichkeit einer Transaktion. Versand und Empfang der Daten sollen nachweisbar sein. Ziel dabei ist, dass keine der an der Transaktion beteiligten Parteien den Vorgang abstreiten kann.

Vertrauenswürdigkeit (Trust bzw. Credibility)

Informationen, die beispielsweise die Identität eines Absenders bestätigen, müssen außerdem vertrauenswürdig sein. Vertrauenswürdigkeit kann durch die Zusicherung eines Dritten erreicht werden, der die entsprechenden Angaben bestätigt.

Während die TCP/IP Netzwerkprotokolle für die zuverlässige Datenübertragung im technischen Sinn konzipiert sind, können die fünf genannten Anforderungen nur durch den Einsatz zusätzlicher Mittel erfüllt werden. Diese bauen auf den Konzepten der symmetrischen und asymmetrischen Verschlüsselung, digitalen Signaturen und Zertifikaten auf.

7. 3. 3 Maßnahmen: Verschlüsselungsverfahren, digitale Signaturen, Zertifikate

symmetrische Verfahren

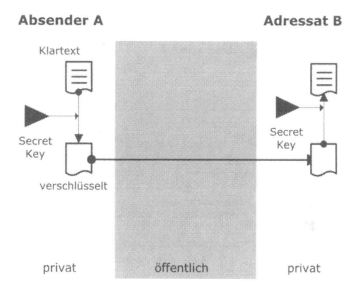

Abbildung 44: Secret–Key Verfahren

Secret–Key– Verfahren

Symmetrische Kryptografiemethoden basieren auf der Verwendung eines geheimen digitalen Schlüssels (Secret–Key–Verfahren), mit dem die zu schützenden Daten sowohl chiffriert als auch dechiffriert werden. Ein bekannter Vertreter dieses Verfahrens ist der Data Encryption Standard (DES). Der DES bietet jedoch heute aufgrund seiner beschränkten Schlüssellänge keine ausreichende Sicherheit mehr. Durch einfaches Ausprobieren aller möglichen Schlüsselkombinationen können mit dem DES verschlüsselte Daten innerhalb kürzester Zeit im Klartext wiederhergestellt werden. Andere symmetrische Verfahren, wie z.B. der International Data Encryption Algorithm (IDEA) gelten dagegen zur Zeit als sicher.

lokale Verschlüsselung

Symmetrische Verfahren eignen sich allgemein zur lokalen Verschlüsselung sensitiver Daten. Für die Nachrichtenübertragung stellt sich das grundsätzliche Problem, dass der Schlüssel dem Empfänger gemeinsam mit den Daten oder über einen anderen Weg übermittelt werden muss. Wäre ein sicherer Übertragungsweg vorhanden, könnte auf die Verschlüsselung der Daten von vornherein verzichtet werden. Außerdem würde dies Transaktionen unmöglich machen, die ausschließlich über eine offene Infrastruktur wie das Internet abgewickelt werden.

asymmetrische Verfahren

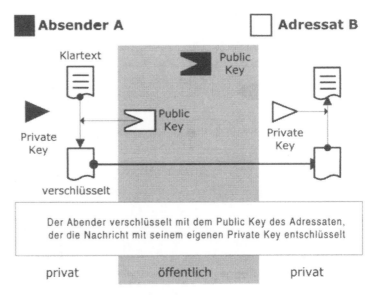

Abbildung 45: Vertraulichkeit im Public Key Verfahren

**Public–Key–
Verfahren**

Die Lösung des Schlüsseltransportproblems besteht in der Aufteilung der Schlüsselinformation in einen privaten und einen öffentlichen Teil (Public–Key–Verfahren). In diesem Modell verfügt jeder Kommunikationsteilnehmer über einen privaten und einen allgemein bekannten, öffentlichen Schlüssel. Eine Nachricht wird beim Versand mit einer Kopie vom öffentlichen Schlüssel des Empfängers chiffriert. Nur dieser ist als Besitzer des dazugehörigen privaten Schlüssels in der Lage, den Inhalt zu entziffern.

**Vertraulich-
keit**

Damit können asymmetrische Verfahren die Anforderung der Vertraulichkeit erfüllen, ohne den Austausch von Schlüsseln über potenziell unsichere Kommunikationskanäle zu erfordern. Ein zur Zeit oft eingesetztes Public–Key–Verfahren ist nach seinen Erfindern benannt: Rivest, Shamir und Adleman (RSA). Da asymmetrische Verfahren sehr viel langsamer arbeiten als Secret–Key–Verfahren, werden in der Praxis beide Methoden kombiniert. Diese Vorgehensweise erhöht auch die Sicherheit der Verschlüsselung gegenüber bestimmten Angriffsvarianten.

**Key–
Management**

Das Schlüsselmanagement (Methoden zur Erzeugung, Übermittlung, Verwaltung und Speicherung von Schlüsseln) ist ein wichtiger Bestandteil jedes kryptografischen Verfahrens. Dies beinhaltet den Einsatz zusätzlicher Techniken für erhöhte Sicherheitsanforderungen, wie die Aufteilung eines privaten Schlüssels auf mehrere Schlüsselhalter.

digitale Signaturen

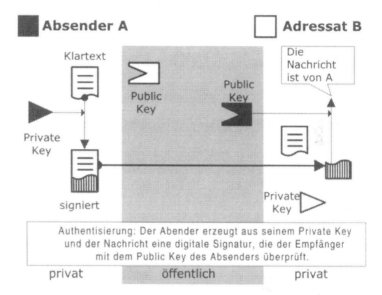

Abbildung 46: Authentisierung im Public–Key Verfahren

Authentisierung und Integrität

Public–Key–Verfahren ermöglichen neben der sicheren Datenübermittlung auch die Authentisierung des Absenders und die Feststellung der Integrität von Nachrichten. Dazu wird vom Absender eine digitale Signatur erzeugt, in die auf eindeutige Weise Informationen aus dem Nachrichteninhalt und aus dem privaten Schlüssel übertragen werden. Die digitale Unterschrift wird anschließend gemeinsam mit der Nachricht übermittelt. Durch die Berücksichtigung des Inhalts in der Signatur kann beim Empfänger zunächst eine potenzielle Nachrichtenveränderung erkannt werden. Weiterhin kann der Empfänger zur Verifizierung der Identität des Absenders die übermittelte Signatur mit dessen öffentlichem Schlüssel überprüfen. Die einzige Voraussetzung dafür ist, dass öffentliche Schlüssel mit ihren Besitzern in einer vertrauenswürdigen Weise assoziiert sind. Diese Funktion übernehmen digitale Zertifikate.

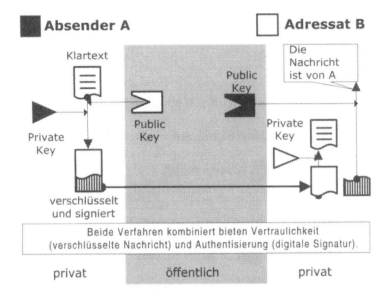

Abbildung 47: Vertraulichkeit und Authentisierung

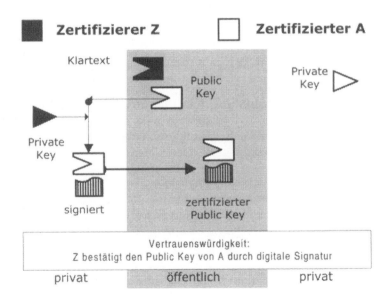

Abbildung 48: Vertrauenswürdigkeit durch Zertifizierung

digitale Zertifikate

**Vertrauens-
würdigkeit**

Ein digitales Zertifikat besteht aus einem öffentlichen Schlüssel, der von einer dritten Person mit einer digitalen Signatur unterschrieben wurde. Das Zertifikat enthält Informationen über den Besitzer des Schlüssels, den Unterzeichner und weitere Daten wie ein eventuelles Ablaufdatum und rechtliche Hinweise. Durch die Erstellung eines Zertifikats versichert eine Person oder Organisation, dass der betreffende Schlüssel tatsächlich zu der im Zertifikat angegebenen Identität gehört.

**Trust–Center,
Web of Trust**

Im Bereich der Zertifizierungsverfahren haben sich zwei unterschiedliche Modelle etabliert. Das erste Verfahren setzt auf die Zusicherung der Vertrauenswürdigkeit durch gegenseitige Zertifizierung zwischen einzelnen Kommunikationsteilnehmern (Web of Trust). Der zweite Ansatz besteht aus einer hierarchischen Infrastruktur, in denen bestimmte Zertifizierungsstellen (Trustcenter) die Vertrauenswürdigkeit öffentlicher Schlüssel bestätigen und diese in allgemein zugänglichen Datenbanken speichern. Ausgangspunkt der Zertifizierungshierarchie in Deutschland ist die Regulierungsbehörde für Post und Telekommunikation, die auch die Sicherheitsstandards der Trustcenter überwacht. Der offizielle Einsatz von digitalen Signaturen und Zertifikaten ist zudem in einem Signaturgesetz (SiG) geregelt.

7. 3. 4 Verfahren in der Praxis

Während die Erforschung der mathematischen und praktischen Sicherheitsaspekte von Kryptografieverfahren auf breiter wissenschaftlicher Ebene vorangetrieben wird, besteht die konkrete Herausforderung oft in der Auswahl der einzusetzenden Protokolle bzw. Programme. Der Sicherheitsstandard einer konkreten Lösung wird von zahlreichen Faktoren bestimmt Grundsätzliche Kriterien sind das verwendete Kryptografieverfahren, die Länge des kryptografischen Schlüssels und die fehlerfreie Implementierung des Verfahrens in der Software bzw. Hardware. Informationen bzw. Beratung über die technische Sicherheit von Programmen und Protokollen bietet z.B. das in Kapitel 1.5.2 erwähnte Bundesamt für Sicherheit in der Informationstechnik (BSI). Die kritische Einschätzung einzelner Applikationen sollte in jedem Fall von Fachleuten durchgeführt werden.

Zwei Aspekte, die die Entscheidung beeinflussen können, sind:

**Protokoll-
standards**

- Der Datenaustausch zwischen Kunden und Unternehmen kann nur durch einheitliche Protokolle garantiert werden. Daher müssen sich die eingesetzten Verfahren an weit verbreiteten Standards orientieren. Anwenderfreundlichkeit

- Kryptografieprogramme sollten für die Anwender einfach zu bedienen sein. Während beispielsweise die Verschlüsselung von Datenpaketen durch Netzwerkprotokolle transparent abläuft, sind für bestimmte Anwendungen (z.B. Nachrichtenaustausch per E–Mail) oft Zusatzprogramme erforderlich. Benutzer müssen im Umgang mit Sicherheitsapplikationen und Passwörtern geschult werden.

Im Bereich der Internet–Technologie existieren zahlreiche Protokolle bzw. Protokollvarianten, die den gesicherten Datenaustausch auf verschiedenen Kommunikationsschichten ermöglichen. Die folgende Aufzählung beinhaltet eine Auswahl dieser Verfahren:

IPSec

Der Begriff Internet Protocol Security (IPSec) bezeichnet eine Familie von Standards und Technologien zur Erweiterung des IP–Protokolls, die den sicheren Datenaustausch auf der Netzwerkschicht regeln. IPSec sieht Methoden zur Verschlüsselung und Authentisierung der Datenpakete vor und lässt den Einsatz weiterer Protokolle für das Schlüsselmanagement zu. Der Vorteil von IPSec ist, dass es keine Änderung individueller Anwendungsprogramme erfordert, da die Sicherheitsmechanismen auf Schicht der Netzwerkebene (z.B. in Routern) implementiert werden können.

SSL

Das Transportprotokoll Secure Socket Layer (SSL) arbeitet ebenfalls anwendungsunabhängig. Es ermöglicht die transparente Verbindung über Applikationsprotokolle wie HTTP, FTP oder Telnet und bietet umfassende Lösungen zur Verschlüsselung und Authentisierung sowie den Einsatz digitaler Zertifikate. SSL ist heute das Standardverfahren für abgesicherte Verbindungen zwischen Browser und Webserver. Die Anwendungsbereiche liegen vor allem im Bereich E–Commerce (vgl. Abschnitt 6.4.7) und in den in Abschnitt 5.6.1 angesprochenen Kunden–Extranets. Dabei spielt die Länge des von der jeweiligen SSL–Version unterstützten Schlüssels eine wesentliche Rolle, da ältere bzw. den in bestimmten Ländern (vorwiegend USA) bestehenden Exportbeschränkungen unterworfene Versionen von SSL keinen ausreichend Schutz für sensitive Daten bieten.

Im Gegensatz zu IPSec und SSL, die den gesamten Kommunikationskanal verschlüsseln, werden Protokolle und Anwendungen auf der Applikationsschicht zur Absicherung einzelner Nachrichten eingesetzt.

S–HTTP   Das Secure Hypertext Transfer Protocol (S–HTTP) bildet eine Erweiterung des HTTP–Standards, die Mechanismen zur Vertraulichkeit, Authentizität, Integrität und Verbindlichkeit implementiert. Ebenso wie die bisher angesprochenen Methoden unterstützt S–HTTP mehrere kryptografische Algorithmen und Schlüsselmanagementverfahren.

PGP   Ein de–facto–Standard für die kryptografische Absicherung von E–Mail ist das Programm Pretty Good Privacy (PGP). Das ursprüngliche Zertifizierungsmodell von PGP ist nach dem „Web–of–Trust"–Ansatz gestaltet, d.h. Anwender sichern sich durch gegenseitige Zertifizierung öffentlicher Schlüssel Vertrauenswürdigkeit zu. Inzwischen unterstützt PGP auch hierarchische Zertifizierungsstrukturen.

S/MIME   Die Spezifikation der Secure Multi Purpose Internet Mail Extensions (S/MIME) ergänzt das MIME–Protokoll (vgl. Abschnitt 1.4.2) um Methoden zur Verschlüsselung und um digitale Signaturen. S/MIME ist Bestandteil marktüblicher Browser und E–Mail Programme und baut grundsätzlich auf Zertifizierungshierarchien auf.

7. 4 Absicherung von Zugangspunkten

Im Prinzip ist ein an das Internet angeschlossenes Rechnersystem von jedem Zugangspunkt aus weltweit erreichbar. Jeder Verbindungsaufbau erfordert lediglich die Kenntnis des Namens bzw. der IP–Adresse des Zielrechners. Dies macht sorgfältig geplante Maßnahmen zur effektiven Abschirmung der an das Internet angebundenen Netze und Hosts unumgänglich.

7. 4. 1 Risiken für angebundene Router und Server–Hosts

Risiken an Zugangspunkten   Die Bandbreite möglicher Schäden, die durch illegitimen Zugriff auf einen Host entstehen können, lässt sich nur schwer abschätzen. Unbefugte, denen es gelingt, Zugang zu privaten Ressourcen oder privilegierte Benutzerrechte auf einem Rechner zu erlangen, verfügen über eine große Anzahl von Möglichkeiten. Dazu zählen:

- Systemzerstörung durch Löschen wichtiger Dateien.

- Beeinträchtigung des laufenden Systembetriebs (Denial–of–Service)

- Ausspionierung, Manipulation und Zerstörung von Daten.

- gezielte Fehlkonfigurierung von Routern, Servern und Betriebssystemen

- Unbemerkte Installation von Programmen (z.B. zur Protokollierung von Passworteingaben)

- Angriffe auf weitere Rechner im Netzwerk

DoS–Varianten   Einige Denial–of–Service (DoS) Angriffe erfordern keinen direkten Benutzerzugang auf dem betroffenen Rechner. DoS–Angriffe gegen Server können durch Manipulationen an öffentlichen Nameservern bzw. Routern herbeigeführt werden, die eine Erbringung von Netzwerkdiensten effektiv verhindern. Auch die Versendung einer hohen Anzahl von Datenpaketen an einen Host kann dessen Betrieb zum Stillstand bringen. Diese Spielart von DoS–Angriffen zielt auf die erhöhte Inanspruchnahme von Ressourcen (z.B. Prozessauslastung, Rechenzeit oder Festplattenspeicher) des betroffenen Systems. Absichtlich herbeigeführte Überlastungssituationen können zur Verlangsamung bzw. zum Halt des gesamten Systems führen. Dabei öffnet der Absturz von Prozessen oft weitere Sicherheitslücken, die anschließend den Zugriff auf privilegierte Benutzer–Accounts ermöglichen.

Problem-ursachen   Den geschilderten Sicherheitsrisiken sind prinzipiell alle mit dem Internet direkt verbundene Systeme ausgesetzt. Dies betrifft vorwiegend Router und Server–Hosts, daneben jedoch auch temporär angebundene Personal Computer. Erfolgreiche Angriffe auf Zugangspunkte werden durch verschiedene Problembereiche vereinfacht, die oft auf fehlendem Sicherheitsbewusstsein bei Herstellern und Anwendern beruhen:

- Sicherheitslücken in Betriebssystemen und Anwendungsprogrammen

- fehlerhafte Konfigurationseinstellungen

- falsche Auswahl von Passwörtern (Lexikonbegriffe bzw. Namen)

- leichtfertiger Umgang mit Passwörtern (klassischer Aufbewahrungsort: Unterseite des Telefons)

- Ausführung von Programmdateien, die aus dem Internet bezogen wurden

- auf den Rechner der Benutzer übertragener mobiler Code

Kompromittierte Systeme sind häufig auch Ausgangspunkt für Angriffe auf Netzwerke, die außerhalb des eigenen Verantwortungsbereiches liegen. Für den Systembetreiber kann dies juristische und versicherungsrechtliche Probleme nach sich ziehen.

7. 4. 2 Risiken im Umgang mit Anwendungsprogrammen

Zahlreiche Applikationsprogramme sind von Sicherheitslücken betroffen. Dies umfasst sowohl durch fehlerhafte Handhabung der Anwendungen hervorgerufene Risiken als auch technische Fehler der Programme selbst. Die breite Palette der Risiken auf der Anwendungsebene soll durch zwei Beispiele illustriert werden:

Attachments Risiken durch den Empfang von E–Mail entstehen durch Attachments, die ausführbare Programme bzw. skriptfähige Dokumente enthalten können. Durch die unachtsame Handhabung dieser Dateien können beliebige Programme auf dem Host des betreffenden Anwenders ausgeführt werden. Die Gefahr hat sich inzwischen von der reinen Datenzerstörung durch Viren zur Kompromittierung des gesamten angeschlossenen Netzwerks durch trojanische Pferde entwickelt.

Fehler in Es vergeht kaum eine Woche, in der nicht Programmierfehler in
Webbrowsern einem der populären Browser entdeckt werden, die eine Ausführung sicherheitskritischer Prozeduren ermöglichen. Die Ursache ist oft mobiler Code (z.B. JavaScript oder ActiveX), der zum Teil ohne Wissen der Anwender ausgeführt wird. Die heutigen Sicherheitsmodelle und Implementierungen der Browser verlangen von Benutzern häufig die manuelle Absicherung durch komplexe Konfigurationseinstellungen. Daher sollte vor allem von der

Möglichkeit Gebrauch gemacht werden, die Webbrowser innerhalb eines Firmennetzes zentral zu installieren und administrie-
ren.

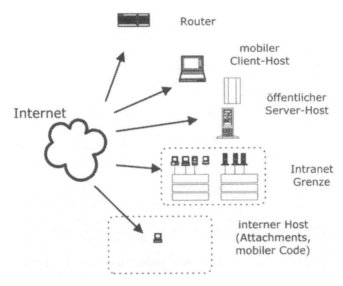

Abbildung 49: Zugangspunkte

7. 4. 3 Hinweise zu erforderlichen Sicherheitsmaßnahmen

**Erstellung
einer Policy**

Die Absicherung von Zugangspunkten erfordert die Erstellung
eines Maßnahmenkataloges (Policy), der mögliche Gefahrenpo-
tenziale auf Basis der individuellen Netzwerkstruktur berücksichtigt. Dabei kann auf den Einsatz von IT–Sicherheitsfachleuten
und Netzwerkspezialisten nicht verzichtet werden. Die folgende
Aufzählung soll die in Abschnitt 7.2 genannten Bereiche der Sicherheitsmaßnahmen um einige konkrete Punkte ergänzen, kann
jedoch nur einen groben Rahmen für die eigene Planung darstellen:

- an Sicherheitsanforderungen orientierte Auswahl von Hardware– und Softwareprodukten

- kontinuierliche Anwendung der von Herstellern gelieferten
  Updates und Patches auf Betriebssysteme und Applikationen

- zentrale Konfiguration von Client– und Serveranwendungen

- Absicherung von Netzwerkkomponenten

- Verwendung von Passwörtern, digitalen Signaturen und Zertifikaten bei der Zugangskontrolle

- regelmäßige Überprüfung der Passwortqualität und periodische Passworterneuerung

- Überwachung von externen Zugangspunkten wie z.B. Einwahlmodems

- logische Trennung von Internetanbindung und internem Netz (siehe auch nächster Abschnitt)

- Netzweite Abschaltung nicht benötigter Netzwerkprotokolle, Dienste und Datenweiterleitungsmechanismen

- Absicherung von Servern durch die Einschränkung von Diensten und die Deaktivierung nicht benötigter Protokolle bzw. Port–Schnittstellen

- Überprüfung der Daten, die an Webserver–Schnittstellen übertragen werden (vgl. Abschnitt 7.7.2)

- Einrichtung von geschützten Umgebungen auf Betriebssystemebene, die den externen Rechnerzugriff auf genau definierte Ressourcenbereiche beschränken

- Protokollierung der Zugriffe auf Routern, Server und Hostrechner

- Absicherung von PCs durch Einsatz von regelmäßig aktualisierten Virenscannern

- Filterung von E–Mail Attachments und mobilem Code

höhere Anforderungen im Intranet Um einen einzelnen Server effektiv vor Angriffen aus dem Internet zu schützen, ist bereits eine Vielzahl von Maßnahmen notwendig. Werden private Netzwerkstrukturen an das Internet angebunden, ist der erforderliche technische und personelle Aufwand erheblich höher. Diese Erkenntnis hat zur Entwicklung eines Ansatzes geführt, der die Risiken des Netzzugangs auf einzelne kritische Punkte konzentrieren soll: die Firewall.

7. 5 Intranet–Absicherung durch Firewalls

**Realisierung
einer Policy**

Eine Firewall ist ein System, das die technische Umsetzung einer Sicherheits–Policy zur Zugangskontrolle an Netzwerkgrenzen leistet. Die Firewall–Policy besteht aus einer Reihe von Regeln, die an die individuellen Sicherheitsanforderungen des jeweiligen Standorts angepasst werden.

Die primären Einsatzgebiete von Firewalls sind

- Schutz von Intranets vor unautorisierten Zugriffen und vor der Einschleusung fremder Daten (Programme) aus dem Internet

- Abschirmung von Extranets sowie die Trennung von Extranet–Bereichen und Intranet

- interne Absicherung von Intranet–Bereichen unterschiedlicher Sicherheitsstufen oder verschiedener Verantwortungsbereiche

**intern: höhere
Vertrauensan-
forderungen**

Bei der Betrachtung von Firewalls wird in der Regel ein Netzwerk als internes Netz aufgefasst, dessen Sicherheitssituation in höherem Maß vertraut werden muss (trusted network) als einem zweiten, externen Netzwerk (untrusted network). Die logische Trennung der beiden Netze wird durch die Kombination mehrerer Methoden angestrebt, die gleichzeitig den Funktionsumfang einer Firewall–Lösung ausmachen:

Paketfilter

1. Überwachung der Datenströme zwischen internem und externem Netz durch Paketfilterung: Die ein– und ausgehenden Datenpakete werden nach bestimmten Kriterien wie Protokoll, IP–Adressen, Port und Übertragungsrichtung kontrolliert und bei Bedarf ausgefiltert. Die meisten Paketfilter arbeiten dabei nach dem Prinzip des impliziten Verbots: Zunächst sind alle Datenströme abgeschaltet und müssen durch die Angabe von Regeln explizit aktiviert werden.

**private
IP–Adressen**

2. Abschirmung von Rechnern: Da Datenpakete, die für Hosts im jeweils anderen Netz bestimmt sind, ausschließlich über die Firewall geleitet werden, müssen die Router in beiden Netzen nur die IP–Adresse der Firewall „kennen". Zum Schutz der internen Rechner vor direkten Angriffen von au-

ßen finden deshalb auch die in den Abschnitten 1.4.4 und 3.2.2 angesprochenen Techniken zur Umsetzung zwischen öffentlichen und privaten IP–Adressen Anwendung.

Proxy–Funktion

3. Proxy–Funktion: Die direkte Weiterleitung von Datenpaketen zwischen internem und externem Netz kann vollständig deaktiviert werden. In diesem Fall benötigen Dienste zum Datenaustausch über die Firewall einen Proxyserver, der die Pakete der Anwendungen zwischen den Netzen weiterleitet. Die Kontrolle der Kommunikation findet hier auf der Applikationsebene statt, wobei nur die tatsächlich benötigten Dienste und Anwendungen den Weg durch die Firewall finden.

Weiterleitung der Autorisierung

4. Autorisierung: Eine Firewall dient in der Regel als Autorisierungs–Proxy. Das bedeutet, dass die von externen Benutzern übertragenen Login–Daten (Benutzernamen und Passwörter) von der Firewall entgegengenommen und an das Zielsystem weitergereicht werden. Bei Ablehnung durch den Zielrechner blockiert die Firewall den Zugriff an der Netzwerkgrenze.

Content–Filter

5. Inhaltliche Überprüfung und Filterung von Dateien: Gegen die Risiken im Zusammenhang mit der Übertragung fremder Dateien auf interne Systeme enthalten die meisten Systeme eine Komponente, die jede Übermittlung von E–Mail Attachments und mobilem Code überwachen und gegebenenfalls verhindern können. Umfassende Firewall–Lösungen bieten Möglichkeiten zur inhaltlichen Kontrolle von übertragenen Dateien, beispielsweise die Überprüfung auf Viren oder trojanische Pferde.

Weitere Firewall–Funktionen sind beispielsweise die Protokollierung von Zugriffsversuchen, automatische Benachrichtigung im Alarmfall und Selbstdiagnose. Grundsätzlich beinhalten Firewalls die zur kryptografischen Absicherung von Datenübertragungskanälen erforderlichen Mittel.

neutrale, „demilitarisierte" Zone

Bei der Implementierung einer Firewall unterscheidet man zwischen verschiedenen Topologien. Diese beschreiben die Platzierung der Firewall im internen Netz und die Verteilung der Sicherheitsfunktionen auf die einzelnen Komponenten. Zunächst wird durch die Einrichtung einer Firewall am Übergangspunkt zwischen internem und externem Netz eine dritte, neutrale Zone definiert (De–militarized Zone, DMZ).

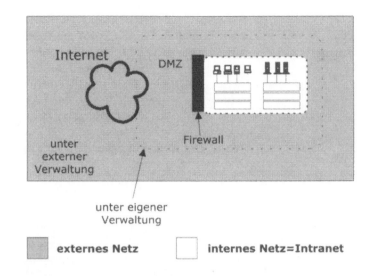

Abbildung 50: Eine Firewall trennt DMZ und Intranet

Eine DMZ ist zwar Bestandteil des unternehmenseigenen Netzwerks, befindet sich jedoch außerhalb des abgeschirmten, internen Bereichs. Bildhaft ausgedrückt zeigt eine Seite der Firewall in eine DMZ; die andere Seite ist dem internen Netzwerk zugewandt.

Grundsätzlich eignet sich eine neutrale Zone für die Abwicklung von externen Kommunikationsvorgängen, die die innere Systemsicherheit nicht kompromittieren dürfen. Daher platziert man öffentlich erreichbare Server innerhalb einer neutralen Zone. Die Übertragung sensitiver Daten zwischen den Clients externer Anwender und dem Server wird dabei durch die in Abschnitt beschriebenen Methoden abgesichert; jeglicher Datenverkehr zwischen DMZ und internem Netz muss durch die Firewall. In komplexen Systemumgebungen lassen sich zur Erfüllung anwendungsspezifischer Aufgaben mehrere neutrale Zonen einrichten.

mehrstufige Autorisierung Die Autorisierung von Benutzern findet ebenfalls in einer DMZ statt. Zur Absicherung von kritischen Zugangspunkten, beispielweise innerhalb eines Virtual Private Network, kann hier eine mehrstufige Zugangskontrolle implementiert werden: Die Autorisierung in einer DMZ stellt die erste Hürde dar; die zweite Sicherheitsabfrage wird anschließend im internen Netz durchgeführt und entspricht der üblichen Intranet–Autorisierung. Die Anforderung von Benutzername/Passwort–Kombinationen während eines Autorisierungsvorgangs bildet dabei nur die unterste Sicherheitsstufe der Zugangskontrolle. In Public–Key–Strukturen wird in der Regel die Identität der Anwender durch zusätzliche Maßnahmen ermittelt, bei denen bestimmte schlüsselspezifische Informationen abgefragt werden (Challenge–Response–Verfahren).

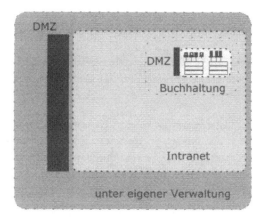

Buchhaltung: Zone mit höheren Sicherheitsanforderungen
Das übrige Intranet bildet in Verhältnis zu diesem Bereich wieder eine externe Zone. Eine "Firewall zweiter Stufe" dient zur Absicherung.

Abbildung 51: Zone mit höheren Sicherheitsanforderungen

Zonen im Intranet

Eine Verfeinerung des bisher angesprochenen Konzepts bildet die interne gegenseitige Abschirmung von Abteilungen mit heterogenen Sicherheitsanforderungen. Ein Ansatz geht dabei von der abwechselnden Betrachtung einzelner Sicherheitszonen aus, die jeweils gegenüber dem restlichen Intranet als trusted zone aufgefasst werden. Eine zweite Möglichkeit bildet die hierarchische Vorgehensweise, die ausgehend vom gesamten Intranet konzentrische Zonen mit jeweils höheren Sicherheitsanforderungen definiert. Durch die Zonengrenzen werden, ähnlich wie an der Schnittstelle zum öffentlichen Netz, Zugangspunkte definiert und mit Firewalls abgesichert. In beiden Fällen entstehen abgestufte Sicherheitsbereiche, die wiederum neutrale Zonen (jeweils höherer Sicherheitsstufe) enthalten. Diese können die Zugangspunkte für eine Extranet–Struktur bilden (siehe nächster Abschnitt).

**klassische
Firewall–
Topologien**

Die individuelle Firewall–Topologie an einem Zugangspunkt richtet sich nach den Kriterien der bestehenden Netzstruktur und den oft widersprüchlichen Sicherheits– und Anwendungsanforderungen. Die Absicherung eines Netzzugangspunktes kann sich dabei an zwei klassischen Modellen orientieren:

- Dual–Homed–Gateway: ein Host mit zwei Netzanschlüssen, der einen direkten Datenfluss in beide Richtungen verhindert und mit anwendungsspezifischen Proxyservern ausgestattet ist.

- Screening–Host–Gateway: ein abschirmender Router, der Paketfilterung und Adressumsetzung realisiert, und ein aus dem externen Netz erreichbarer Rechner (Bastion–Host), der die Sicherheitsfunktionen auf der Applikationsebene implementiert.

**Problem der
„zentralen
Verantwor-
tung"**

Firewalls gewinnen in den Sicherheitskonzepten von Unternehmen an wachsender Bedeutung. Die Installation einer Firewall bietet umfassende Möglichkeiten der Kontrolle von Netzzugangspunkten, darf jedoch nicht als Vorwand zur allgemeinen Beruhigung dienen. Beispielsweise stellt der Ausfall eines Firewall–Rechners ein gravierendes Problem dar, dem nur durch redundante Strukturen begegnet werden kann. Allerdings muss bei dem parallelen Einsatz mehrerer Firewalls darauf geachtet werden, dass die Funktionsstörung einer Komponente nicht das gesamte System kompromittiert oder Türen zum internen Netz offen lässt.

**Abhängigkeit
von der
Planung**

Im Wesentlichen bleibt auch festzuhalten, dass die Sicherheit einer Firewall–Lösung von der Konzeption der zugrunde liegenden Regeln (Firewall–Policy) abhängt: Auch technisch ausgereifte Systeme bieten nur den Grad an Schutz, der durch die Planung der Systemverwalter festgelegt wurde. Das in Abschnitt 3.3.4 vorgeschlagene Modell der Trennung privater und geschäftlicher Nutzung und die Einrichtung von „Surf–Terminals", die vom Firmennetz getrennt bleiben, erscheint als zusätzlich einzuführende Maßnahme überlegenswert.

7. 6 Sicherheitsstruktur von Extranets

Anpassung des Konzepts Das Prinzip der drei Netzbereiche (internes Netz, externes Netz und neutrale Zonen) lässt sich auf die Einrichtung von Kundenbereichen und die Vernetzung von Partnerstrukturen durch Extranets übertragen.

Kunden–Extranets (vgl. Abschnitt 5.6.1) lassen sich in neutralen Zonen außerhalb der eigenen Firewall ansiedeln. Dieses Modell sieht vor, das jeder Account eine eigene DMZ erhält. Die Verschlüsselung der Übertragungsstrecke zum Client des Anwenders sorgt für die Sicherheit der übermittelten Daten auf der öffentlichen Wegstrecke. Bei dem häufig verwendeten SSL–Verfahren (vgl. Abschnitt 7.3.4) ist auf eine ausreichende Schlüssellänge zu achten. Die Standardimplementierungen der Browser ermöglichen oft nur eine relativ schwache Absicherung der Verbindung.

mehrere, getrennte DMZ Die Autorisierung der Anwender erfolgt innerhalb der jeweiligen DMZ und kann über mehrstufige Verfahren realisiert werden. Die einzelnen neutralen Zonen bleiben vollständig voneinander getrennt. Auch der direkte Zugang zum internen Netz wird durch die zwischen den neutralen Zonen und dem Intranet befindliche Firewall verhindert.

Anforderungen an interne Server und Daten aus dem Intranet passieren die Firewall verschlüsselt. Dadurch existieren keine ungesicherten vertraulichen Daten in der DMZ. Weiterhin können sowohl die eingehenden Anforderungen als auch die zurückgelieferten Ergebnisse von der Firewall auf Paket– und Applikationsebene überprüft werden.

Die Sicherheitsanforderungen bei der Vernetzung von Intranet–Strukturen verschiedener Unternehmen (Projekt– bzw. Partner–Extranets, vgl. Abschnitte 5.6.2 und 5.6.3) sind als äußerst hoch einzuschätzen. Es wäre auf jeden Fall ein Fehler, den oft gehörten Begriff vom „Zusammenwachsen von Intranets" wörtlich zu nehmen und die Partneranbindung als erweitertes Intranet aufzufassen.

gegenseitige Einrichtung von DMZ Vielmehr kann die Vorgehensweise zur Absicherung einer spiegelbildlichen Betrachtung der in den letzten Abschnitten geschilderten Konzepte entsprechen. Dabei richten sich die beteiligten Partner gegenseitig eine oder mehrere neutrale Zonen ein, durch die dem jeweils anderen Partner der Zugriff auf Informationen und Anwendungen zugestanden wird. Diese lassen sich innerhalb einer mehrstufigen Intranet–Struktur (vgl. letzter Abschnitt) als neutrale Zonen höherer Stufe realisieren.

Die genaue Definition der erlaubten Zugriffe bestimmt die Policy der Firewalls, die an entsprechenden Schnittstellen zu den internen Netzen implementiert sind. Diejenigen Intranet–Bereiche, die die gemeinsamen Ressourcen beinhalten, müssen innerhalb des eigenen Netzwerks wiederum als Zonen aufgefasst werden, die einer gemeinsam festgelegten Vertraulichkeitsstufe unterliegen.

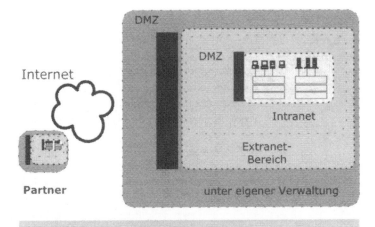

Extranet-Bereich:
Der Extranet-Zugang wird gegenüber dem Intranet als externes Netz (untrusted) aufgefasst.

Abbildung 52: Sicherheitsstruktur von Extranets

Extranet–
Faktoren

Bei der Planung der Sicherheitsstruktur spielen weitere Faktoren eine Rolle, die die Zielsetzung einer unter den Partnern vereinbarten Sicherheits–Policy erfüllen und sich an einer umfassenden Sicherheitseinschätzung orientieren müssen. Insbesondere sind dies:

▪ Art des Zugangs (Direktverbindung, VPN)

- Absicherung der Daten auf der öffentlichen Übertragungsstrecke

- Methoden zur gegenseitigen Authentisierung

- Schlüsselmanagement

- Vorgehensweise im Kompromittierungsfall

- Etablierung einer Systemüberwachung und regelmäßiger Sicherheitsbewertungen (Audits)

Auch müssen für den Fall der Auflösung einer Unternehmensallianz geordnete Maßnahmen für den Abbau von Extranets vorgesehen werden. Dies gilt auch für Strukturen, die für die Zusammenarbeit an einem bestimmtem Projekt eingerichtet wurden.

7. 7 Ergänzende Hinweise zur E–Commerce Sicherheit

7. 7. 1 E–Commerce: Umfassende Sicherheitsaspekte

Im Prinzip lassen sich die in diesem Kapitel geschilderten Konzepte und Verfahren alle dem Bereich Electronic Commerce zurechnen. Der Einsatz sicherer Methoden zur Übertragung von Transaktionsdaten und die Absicherung von E–Commerce Hosts sind dabei gleichermaßen notwendig. Auch die grundsätzliche Rolle der allgemeinen IT–Sicherheit betrifft den Anwendungsbereich E–Commerce. Beispielsweise kann ein einfacher Softwarefehler durch falsche Preisangaben im virtuellen Shop zu ärgerlichen Konsequenzen führen. In diesem Sinn sind die in diesem Abschnitt aufgeführten Aspekte als Ergänzung der bisher genannten Kriterien aufzufassen.

Standortabhängigkeit
Für die Schwerpunktbestimmung der eigenen Sicherheitsmaßnahmen ist der Standort des E–Commerce Systems das wichtigste Kriterium:

1. Die E–Commerce Lösung ist bei einem Provider untergebracht. In diesem Fall trägt der Dienstleister in einem schriftlich exakt auszuarbeitenden Umfang die Verantwortung für den stabilen Betrieb und die Zugangssicherheit des Systems. Die Datenübermittlung zwischen Provider und dem eigenen Bestellwesen ist an den in Abschnitt 7.3.2 genannten Anforderungen zu orientieren. Dabei bilden Verschlüsselung, In-

tegritätsprüfung und Authentisierung die minimalen Ansprüche an den Datenaustausch der Transaktionsdaten.

2. Das System ist in das eigene Netzwerk integriert. Hier findet sich die in Abschnitt 7.4.1 genannte Situation wieder. Das Frontend der E–Commerce Lösung, das den Kunden Waren und Bestellfunktion im WWW präsentiert, befindet sich in einer neutralen Zone, während die Abwicklung der Bestellung innerhalb des Intranet stattfindet. Dabei läuft der ebenfalls kryptografisch abgesicherte Datenverkehr zwischen Web–Komponente und Hintergrundsystem durch eine Firewall.

Zahlungs methoden

Während die Sicherheitsrelevanz vollständig digitaler Zahlungssysteme (digital money) erst dann eine definierbare Rolle spielen wird, wenn diese auch tatsächlich zum Einsatz kommen, haben sich inzwischen drei Standards für Finanztransaktionen und Kreditkartenbezahlung etabliert, die als wichtige Bestandteile der Zahlungskomponente von E–Commerce Lösungen gelten:

Homebanking: HBCI

Zum einen ist dies das Homebanking Computer Interface (HBCI), das bisher vorwiegend von Banken zur Abwicklung von Online–Finanztransaktionen (Homebanking) eingesetzt wurde. Die ständige Weiterentwicklung der Anwendungsbereiche sieht inzwischen Einkaufs– und Zahlungsfunktionalitäten vor. Die Kernfunktionen von HBCI betreffen die klassische Kontoführung, einschließlich der folgenden Funktionen:

- Wertpapiertransaktionen

- Geldkarten

- terminierte Überweisungen

- Festgelder

- Daueraufträge

- Auslandsüberweisungen

Dabei beruht die Zuordnung des privaten Authentisierungsschlüssels zu einem Benutzer auf einem lokalen Sicherheitsmedium, beispielsweise einer Chipkarte. Die Einführung von HBCI hat das Quasi–Monopol der Online Dienste im Bereich Homebanking durch einen starken Wachstum im Bereich Internet–Banking abgelöst.

Kreditkarten-transaktionen: SET

Secure Electronic Transaction (SET) ist ein von Kreditkartenanbietern und Softwareherstellern gemeinsam entwickeltes Verfahren für die Abwicklung von Kreditkartentransaktionen über das Internet. SET erweitert die im SSL–Protokoll vorgesehenen Maßnahmen zur Sicherung der Vertraulichkeit und Nachrichtenintegrität um die gegenseitige Authentisierung von Kunde und Händler. Der Kunde benötigt dazu neben einem von Banken ausgestellten Zertifikat ein (kostenlos erhältliches) Softwareprogramm, das als „digitale Geldbörse" dient. Der Händler, der ebenfalls von einer Bank zertifiziert wird, setzt SET–fähige Serversoftware zur Transaktionsabwicklung ein.

Praxis: SSL

In der Praxis setzen zahlreiche E–Commerce Lösungen auf SSL (vgl. Abschnitt 7.3.4), da diese Lösung keine Voraussetzungen auf Seiten des Kunden erfordert. Für den Anbieter der Site besteht die Möglichkeit, durch eine Zertifizierungsstelle (Trust–Center, vgl. Abschnitt 7.3.3) ein digitales Zertifikat zu erwerben, das zu Beginn der Transaktion an den Browser des Kunden übertragen wird. Dieses hat die Aufgabe, dem Kunden die Vertrauenswürdigkeit des Verkäufers zuzusichern. Bisher nehmen nur wenige Online–Shops die Möglichkeit der Zertifizierung wahr; es wird allerdings erwartet, dass sich diese Situation (unter anderem durch die weitere Entwicklung des Zertifizierungssystems in Deutschland) verbessert. Generell müssen die eingesetzten Sicherheitsmaßnahmen dafür sorgen, dass die Kompromittierung einer einzelnen Transaktion nicht die Einsichtnahme bzw. Manipulation weiterer Transaktionen ermöglicht.

7. 7. 2 Überprüfung von Bestelldaten

Bisher existiert kein umfassender, allseitig verwendeter Standard zur Abwicklung von Online–Zahlungsvorgängen, der die gegenseitige Authentisierung und Verbindlichkeit der Transaktion gewährleistet. E–Commerce Anbieter müssen daher besonders dem Risiko der Übermittlung fehlerhafter Bestelldaten begegnen. An Fantasieadressen oder nichtsahnende Nachbarn gerichtete Bestellungen, die ohne gründliche Überprüfung auf Seiten des Anbieters bearbeitet werden, können den E–Commerce Einsatz zu einem kostspieligen Abenteuer machen.

Plausibilitäts-kontrolle

Die beste Kontrolle der Eingabedaten auf Plausibilität bilden meist der scharfe Blick der Angestellten und die im Versandhandel üblichen Überprüfungsverfahren. Wie Erfahrungen von Online–Versendern zeigen, liegt einerseits die moralische Schranke für „Spaßbestellungen" im WWW relativ niedrig, andererseits erschwert allzu häufig die Gestaltung des Web–Shops die korrekte Abwicklung von Bestellvorgängen. Daher gilt es nicht nur, potenziellen Missbrauch einzuschränken, sondern auch irrtümlich gemachte Angaben zu verhindern.

Sorgfältige Gestaltung der Eingabemasken

fehlersichere Formulare

Die Eingabemasken der Web–Formulare sollten so gestaltet sein, dass ein schneller und sicherer Eintrag der benötigten Daten möglich ist. Dazu gehört beispielsweise eine Bestätigungsseite, auf der ein Kunde die Korrektheit der Daten vor dem Absenden der Bestellung überprüfen kann. Die praxisgerechte Gestaltung der Eingabe lässt sich bei erfolgreichen E–Commerce Anbietern studieren.

formale und technische Prüfung

Formale Kriterien für Namen und Adressen sind einfach zu finden: Postadressen verlangen beispielsweise die Angabe einer Postleitzahl und E–Mail Adressen müssen das Zeichen „@" enthalten. Schwieriger wird die Erstellung von Eingabemasken bei Angeboten, die an ein internationales Publikum gerichtet sind, da ausländische Adressen eine Vielzahl unterschiedlicher Formate aufweisen. Optimal wäre hier eine umfassende Lösung, die länderspezifische Eingabemasken anbietet.

Filterung und Begrenzung

Bestimmte Sonderzeichen müssen, vor allem beim Einsatz von CGI–Schnittstellen, von der Middleware gefiltert werden, um die Einschleusung von Programmcode zu verhindern. Ein weiterer technischer Aspekt betrifft den Schutz vor der Eingabe überlanger Zeichenketten. Diese kann zu sogenannten Buffer–Overflow Situationen führen, die eine weitverbreitete Sicherheitslücke darstellen. Durch den Überlauf eines Datentyps kann der Absturz des Programms verursacht werden; im schlimmsten Fall erhält der Angreifer sämtliche Zugangsrechte auf dem betroffenen Rechner. Daher müssen die in Formulare einzugebenden Daten einer Längenbeschränkung unterliegen. Diese Prüfungen müssen auf jeden Fall auf dem Server durchgeführt werden. Die Umgehung von Eingabefiltern, die auf übertragenen HTML–Seiten implementiert werden, stellt auch für weniger versierte Benutzer kein großes Hindernis dar.

Protokollie-rung

Eine grundlegende technische Maßnahme ist die Protokollierung der Transaktionsdaten wie Zeitraum, Verlauf und IP–Adresse. Dabei lässt sich allerdings vorwiegend nur die IP–Adresse des Besuchers zur Identifizierung heranziehen (zur Problematik vgl. Abschnitt 3.5.2).

inhaltliche Prüfung

Die weiteren Schritte orientieren sich an der im Bestellwesen üblichen Vorgehensweise. Zu den Maßnahmen zählen:

- Vergleich mit der bestehenden Kundendatei

- Adressprüfung

- Kreditkartenüberprüfung

- Kontrolle der Zahlungsangaben, wie Konten und Bankleitzahlen

Kreditkarten-terminals

In Geschäften, in denen die Kreditkarte bereits als Zahlungsmittel Verwendung findet, ist die Web–Integration von Point–Of–Sale Terminals relativ einfach. Die Kreditkartengeräte stellen Programmierschnittstellen zur Verfügung, die eine automatische Prüfung und Zahlungsabwicklung der über das WWW eingehenden Bestellung ermöglichen. Die Kontrolle von Adressen und Bankverbindung ist auch Bestandteil der Bestellkomponente von Warenwirtschaftssystemen. Einige E–Commerce Lösungen führen neben der Datenprüfung auch Plausibilitätseinschätzungen für die übermittelten Angaben durch. Dabei werden auch Internet–spezifische Kriterien berücksichtigt, z.B. die kritische Einschätzung bestimmter E–Mail Adresssen.

alternative Abwicklung

Die Bestellabwicklung lässt sich alternativ auch nach dem 3–Wege–Prinzip aufbauen: Der Kunde gibt eine vorläufige Bestellung (Anfrage) über das Web auf, und bekommt unmittelbar darauf eine E–Mail zugesandt. Erst mit der Bestätigung durch Rücksendung dieser Mail kommt die Bestellung zustande.

Diese einfache Methode kann zumindest dazu beitragen, groben Missbrauch zu vermeiden und schützt Kunde und Unternehmen vor den Problemen von Fehlbestellungen. Dabei ist es wichtig, dass vertrauliche Daten wie Kreditkartennummern nicht in einer unverschlüsselte Bestätigungsnachricht gesendet werden, da der Einsatz von verschlüsselten Verbindungen durch die Einführung einer kryptografisch ungesicherten Bestellkomponente ad absurdum geführt würde.

7. 8 Empfehlungen

Misstrauen Sie „hundert–Prozent–Aussagen"

Hundertprozentige Sicherheit existiert ausschließlich in den Werbeaussagen einiger Softwareanbieter. Jede Sicherheitsvorkehrung findet im Rahmen einer Abwägung statt, die zahlreiche Faktoren enthält. Darunter sind:

- der Wert der zu schützenden Daten

- der Kosten der Sicherheitsmaßnahme

- der Aufwand eines potentiellen Angreifers

Das erklärte Ziel von Sicherheitslösungen muss es sein, die Kompromittierung sicherheitsrelevanter Strukturen mit einem für den Angreifer unrealistisch hohen Aufwand zu verbinden. Eine gründliche Vorgehensweise bei der Ermittlung des erforderlichen Maßnahmenumfangs beinhaltet die Bestandsaufnahme bestehender Vorkehrungen, Anforderungsanalysen, Risikoabschätzungen und vor allem den Einsatz von Fachleuten. Daher ist „hundertprozentigen" bzw. mit unklaren Garantien versehenen Fertiglösungen mit Misstrauen zu begegnen. Entscheidend ist auch, dass die zeit- und kostenaufwendigen Maßnahmen auf Managementebene als unumgänglich betrachtet werden.

Setzen Sie auf offene Kryptografiestandards

Nach Meinung der meisten Experten weisen auf offenen Kryptografiestandards basierende Sicherheitslösungen Vorteile gegenüber proprietären Verfahren auf. Oft ist die Sicherheit herstellerspezifischer Applikationen von der Geheimhaltung der verwendeten kryptografischen Verfahren abhängig. Dies hat zur Folge, dass die Kenntnis des verwendeten Algorithmus die implementierten Sicherheitsmechanismen schwächt bzw. wirkungslos macht. Demgegenüber bieten Methoden, deren Berechnungsalgorithmen offen liegen und dadurch einer ständigen Überprüfung durch Wissenschaftler und Experten unterliegen, einen weitaus besseren Schutz.

Vermeiden Sie die „schleichende Öffnung" der Firewall

In einigen Firmen werden bei der Installation einer Firewall zunächst höchste Sicherheitsmaßnahmen angesetzt. Ausschließlich E–Mail und reine HTML–Dateien dürfen das virtuelle Eingangstor passieren; alle anderen Inhalte werden an der Firewall ausgefiltert. Anschließend stellt man fest, dass beispielsweise der im Web angebotene Börsenticker nicht funktioniert, die Informationssuche im Internet durch Darstellungsprobleme in Web–Seiten erschwert wird und die kurzfristig angesetzte Videokonferenz an der Firewall scheitert. In dieser Situation kommt es vor, dass auf Drängen einzelner Anwender nach und nach die anfangs eingesetzten Filter in der Firewall wieder deaktiviert werden.

Ein besserer Ansatz ist es, von Beginn an eine vernünftige Policy zu definieren, die die Abwägung zwischen Sicherheitsinteressen und dem Bedarf der Anwender an Funktionalität wiederspiegelt. Dazu zählen :

- genaue Einschätzung der einzelnen Protokollen und Dateitypen verbunden Risiken

- Erstellung klarer Richtlinien für Anwender und Administratoren

- Dokumentation aller Änderungen der Firewall–Konfiguration

- Adaption eines mehrstufigen Sicherheitskonzepts für das Intranet

- Einrichtung vom Intranet getrennter Internet–Terminals (vgl. Abschnitt 3.3.4)

Entscheidend ist es, über die Entwicklung im Sicherheitsbereich auf dem Laufenden zu bleiben. Verschiedene Organisationen und Fachzeitschriften bieten dazu ständig aktualisierte Informationen über neue Programme und Protokollversionen sowie über Sicherheitsrisiken und Maßnahmen zu deren Beseitigung an.

Betrachten Sie Sicherheit als kontinuierliche Aufgabe

Tiger–Teams   Einige Unternehmen lassen aufwendige Security–Prüfungen (Audits) durch externe Dienstleister durchführen. Dazu zählt der

Einsatz von sogenannten Tiger–Teams, die die Sicherheitsstruktur einer Firma auf Schwachstellen überprüfen. Tigerteams setzen sich aus Netzwerkexperten zusammen, die bestehende Sicherheitslöcher durch simulierte Angriffe auf das Unternehmensnetz identifizieren. Ein vollzogener Audit hilft in der Regel, Sicherheitsprobleme zu identifizieren und diese anschließend zu beseitigen.

Allerdings sollte dies nicht zum Anlass genommen werden, eine falsche Beruhigungshaltung einzunehmen. Der nächste Update des Netzwerkbetriebssystems bzw. die Installation einer zusätzlichen Anwendung können zu neuen Lücken in der Sicherheitsstruktur führen. Daher machen punktuelle Sicherheits–Checks nur Sinn, wenn diese auf regelmäßiger Basis durchgeführt werden. Sicherheitsmaßnahmen erfordern generell ein kontinuierliches Engagement.

7. 9 Schlussbemerkung

Firmengeheimnisse, wie beispielsweise die Rezeptur von Erfrischungsgetränken, werden in gutbewachten Tresoren gelagert und haben auf Datenübertragungsleitungen nichts zu suchen. Wenn das Geheimnis auch geheim bleiben soll, so lautet die einfache Schlussfolgerung, muss es nicht über Internet, Intranet oder Extranet verbreitet werden: Die wenigen Eingeweihten erhalten einen Schlüssel zum Tresor und werden einmal im Jahr in die heiligen Hallen geführt, um die Inhalte eines vergilbten Pergamentes zu Gesicht zu bekommen.

Natürlich liegen die Probleme tiefer. Wie lässt sich die Vertraulichkeitsstufe von Informationen einschätzen? Was kann veröffentlicht werden? An welche Benutzerkreise richten sich Informationen? Sind alle Mitarbeiter vom Sicherheitsbewusstsein angesteckt, oder kleben die Zugangspasswörter auf kleinen gelben Zetteln am Monitor? Sind die Datenschutzrechte der Verbraucher im Hinblick auf das gesellschaftliche Miteinander nicht ebenso wichtig wie Datensicherheit? Und weiter: wird eventuell durch die Geheimhaltung von „Herrschaftswissen" der Erfolg des Unternehmens blockiert, während gerade durch die Adaption einer offener Informationspolitik nicht nur die Firma sondern vor allem auch die gesamtwirtschaftliche Situation profitieren würde?

Das Internet selbst ist ein öffentlicher Informationspool. Inhalte auf Websites oder in Newsgroups sind weltweit abrufbar. E–Mail, sofern unverschlüsselt gesendet, lässt sich auf jeder Zwischenstation durch das Netz speichern und mitlesen. Eine große Zahl der an das Internet angeschlossenen Rechnersysteme sind nicht ausreichend abgesichert. Dennoch finden die Mehrzahl der „Einbrüche" innerhalb der Firmen statt.

Diese Anmerkungen sollen vorwiegend dazu dienen, Ihre eigenen Sicherheitsüberlegungen anzuregen. Viele Unternehmen verfügen weder über Notfallpläne noch über ein einheitliches Sicherheitskonzept. Gleichzeitig ist die Anzahl der Firmen, die Sicherheitsverluste erleiden, erschreckend hoch. Eine Verbesserung der Situation kann nur eintreten, wenn die entscheidende Rolle der Sicherheits–Policy in jedem zukünftigen Projekt verankert wird.

Glossar

Access–Provider

Dienstleister, der schwerpunktmäßig Internet–Zugang und einige Standardservices (E–Mail, News, Webserver, FTP) anbietet.

Account

Benutzerkonto, das den Zugang zu einem Rechner, zum Internet oder die Nutzung einer bestimmten Dienstleistung (z.B. E–Mail) ermöglicht. Bei der Anmeldung an einen Account müssen in der Regel Name und Passwort eingegeben werden.

ActiveX

Technologie von Microsoft für verteilte Rechneranwendungen. Durch ActiveX–Komponenten („Controls") lässt sich unter anderem der Funktionsumfang von Webbrowsern erweitern (siehe: Plug–Ins).

Ad–Click siehe: Click–Through

Ad–Click Rate siehe: Click–Through Rate

Ad–View (Ad–Impression)

Ad–Views geben die Anzahl der potentiellen Sichtkontakte mit einem Banner bzw. mit der bannertragenden HTML–Seite wieder.

Affiliate Program (Partnerprogramm)

Marketingmethode, bei der ein Web–Anbieter Hyperlinks auf zahlreichen Partner–Websites platziert. Die Partner erhalten Provisionen für die Weiterleitung der Besucher.

Alias

Alternativer Name für einen Dienst. Beispielsweise ist „www" ein häufig verwendeter Alias für einen Host, auf dem ein Webserver läuft. (vgl. auch: E–Mail Alias).

Applikation (Application)

Anwendungsprogramm

Application Sharing

Gemeinsames Arbeiten mehrerer Benutzer mit einem Anwendungsprogramm über ein Netzwerk. Voraussetzung für Application Sharing ist die Synchronisation der Anwenderaktionen.

ASCII (American Standard Code for Information Interchange)

Standardzeichensatz für Computerdateien

ASP (Application Service Provider)

Dienstleister, der den Zugriff auf Anwendungsprogramme auf Leasingbasis zur Verfügung stellt. Dazu zählt beispielsweise der Zugriff auf Standard–Applikationen wie Textverarbeitung oder Tabellenkalkulation über das WWW.

ASP (Advanced Server Pages)

Middleware–Skriptsprache von Microsoft. ASP–Skripte werden in HTML–Seiten eingebettet und beim Abruf der Seite auf dem Webserver ausgeführt, beispielsweise zur Durchführung eines Datenbankzugriffs. Der Browser erhält die Resultate in Form von HTML zurückgeliefert.

ATM (Asynchronous Transfer Mode)

Netzwerktechnologie auf der Datenverbindungsschicht, die vorwiegend für Weitbereichsnetzwerke (WAN) eingesetzt wird. ATM ermöglicht hohe Bandbreiten für den Datenverkehr, unterstützt die Echtzeitübertragung von Audio– und Videodaten und kann auch als Backbone–Technologie in lokalen Netzen (LAN) eingesetzt werden.

Attachment

An eine E–Mail angehängte Datei. Attachments lassen sich zur einfachen Versendung von Dokumenten und Programmen einsetzten. Sie stellen derzeit das einzige Sicherheitsrisiko bei der Benutzung von E–Mail dar, da die angehängten Dateien Viren bzw. Makroviren enthalten können.

Authentisierung (authentication)

Feststellung der Authentizität.

Authentizität (authenticy)

Übereinstimmung zwischen behaupteter und tatsächlicher Identität einer Person bzw. Organisation. Bei übertragenen Informationen (z.B. ein über das Netz installiertes Programm–Update, eine Transaktionsanforderung oder ein Zugriffsversuch auf einen Rechner) interessiert dabei die behauptete Herkunft („Echtheit") der Daten.

Autorisierung

Feststellung der Berechtigung eines Anwenders, eine bestimmte Operation (z.B. Zugang zu einem Rechner, Zugriff auf bestimmte Daten) durchzuführen.

Backbone

Zentrale Teilstruktur eines Netzwerks, die den vorwiegenden Anteil des Datenverkehrs trägt. Backbones weisen extrem hohe Datenkapazitäten auf und benutzen Hochgeschwindigkeitstechnologien zur Datenübertragung. Betreiber von Backbones in Weitverkehrsnetzen sind vorwiegend Telekommunikationsanbieter und große Internet–Provider.

Back–End

Hintergrundkomponente einer verteilten Anwendung (siehe: Front–End, Middleware).

Backup

Datensicherungsmaßnahme, bei der Computerdaten auf ein externes Speichermedium kopiert werden. Backups werden nach einem regelmäßigen Zeitplan durchgeführt. Dabei unterscheidet man zwischen inkrementellen Backups, bei denen nur die Änderungen zur letzten Sicherung gespeichert werden und vollständigen Backups. Backup–Strategien beinhalten ebenfalls die sichere Lagerung der kopierten Daten und Notfallpläne für das Zurückspielen der Daten.

Bandbreite

Kapazitätsmaß für Datenübertragungskanäle. Die Bandbreite wird üblicherweise in Kilobit pro Sekunde (kbps bzw. kbit/s) oder Megabit pro Sekunde (Mbps bzw. Mbit/s) angegeben. Je höher die Bandbreite einer Datenübertragungsstrecke ist, desto mehr Informationen können pro Zeiteinheit über das Medium übertragen werden. Das Wort wird häufig auch in einem allgemeinen Sinn verwendet. Zum Beispiel steht der Ausdruck „Die Bandbreite der Anwendungen" für einen Spielraum der entsprechenden Möglichkeiten.

Banner

Werbegrafik auf einer WWW–Seite. Ein Klick auf den Banner führt zur Online–Präsenz des Anbieters, der den Banner geschaltet hat.

Blacklist

Verzeichnis von Versendern unerwünschter, massenhaft versendeter E–Mail (Spam), welches das Ausfiltern von Spam auf dem E–Mailserver gestattet.

Bookmarks (auch: Lesezeichen, Favoriten)

Im Browserprogramm angelegtes Linkverzeichnis. Eine gepflegte Sammlung von Bookmarks hilft bei der schnellen Ansteuerung regelmäßig besuchter Websites.

Bridge

Gerät, das zwei Netzwerkabschnitte verbindet. Bridges operieren unterhalb der Netzwerkschicht und sind daher von den verwendeten Netzwerkprotokollen unabhängig.

Browser

kurz für: Webbrowser

Browser–Suite

Programmpaket aus Webbrowser, E–Mail Programm, Newsreader und Messenger.

CERT (Computer Emergency Response Team)

Koordinations– und Anlaufstelle zur Begegnung von Sicherheitsproblemen im Internet. Das CERT gibt regelmäßig Warnungen vor Sicherheitsproblemen in Netzwerkhardware und –software heraus und arbeitet mit den Herstellern an deren Beseitigung.

CGI (Common Gateway Interface)

Schnittstelle zwischen Webserver und Applikationen oder Skripten zur Realisierung einfacher interaktiver Elemente auf siehe: Web–Seiten.

Click–Through

Anzahl der durch Anklicken von Bannern ausgelösten Weiterleitungen auf die Web–Präsenz des Werbetreibenden.

Click–Through Rate

Verhältnis von Click–Through zu den PageViews der werbeführenden HTML–Seite. Die Click–Through Rate mißt den Erfolg eines Banners, Benutzer zum Besuch der beworbene Site zu animieren. Als alternative Bezeichnung gilt auch Ad–Click Rate.

Content

Inhaltliche Aspekte von Multimedia/Hypermedia.

Content–Provider

Dienstleister, der schwerpunktmäßig Content in Online–Medien wie dem WWW oder im Intranet umsetzt. Zu den Angeboten von Content–Providern zählen die Erstellung von Inhalten von Websites oder Newslettern, Grafikgestaltung, Programmierung von Multmediaelementen und oft auch Erstellung von CD–ROM.

CORBA (COMMONOBJECT REQUEST BROKER ARCHITECTURE)

Spezifikation einer objektorientierten Architektur für verteilte Umgebungen.

Crawler

Bestandteil einer Suchmaschine. Ein Crawler ruft Web–Seiten ab und indiziert den Inhalt.

cross–posting

Versenden mehrerer Kopien einer Nachricht in verschiedene Newsgroups.

CSS (Cascading Style Sheets)

Formatbeschreibungssprache. Durch den gemeinsamen Einsatz von CSS und HTML lassen sich Layout und Struktur im Web–Design trennen. Dabei wird durch HTML die Dokumentstruktur (Textbereiche, Absätze, Überschriften) festgelegt, während CSS die Formatierung (z.B. Zeichensatz, Zeichengröße, Abstände) beschreibt.

Cyberspace

Computergenerierter virtueller Raum, durch den der Anwender navigieren kann („virtuelle Realität"). Der Begriff wird auch als Synonym für das Internet verwendet.

Cybermall

Virtuelles Einkaufszentrum: Präsentation verschiedener Anbieter auf dem WWW unter einer gemeinsamen Adresse (auch: virtuelles Anbieternetzwerk).

Data–Warehouse

Methode, die die in Unternehmen zur Verfügung stehenden Geschäftsdaten als zentrales „Daten–Warenhaus" auffasst und umfangreiche Methoden zur Auswertung und Präsentation einsetzt.

Data–Mining

Softwaregestützte Suche nach sinnvollen Zusammenhängen in großen Datenbeständen.

dedizierte Leitung

Aussschließlich für einen bestimmten Zweck, z.B. den privaten Austausch von Geschäftsdaten zwischen Filialen eingesetzte Datenleitung.

dedizierter Server-Host

Im engen Sinn: ein Rechner, der für eine einzige Serveranwendung eingesetzt wird. In der Praxis laufen auf einem dedizierten Host oft mehrere Serverprozesse parallel (z.B. WWW–Server und FTP–Server), allerdings keine Anwenderprozesse (z.B. Textverarbeitung) oder Prozesse mehrerer Anbieter (vgl. virtuelle Server).

Denial-of-Service Atack

Angriff auf die Funktionsfähigkeit eines Hosts, etwa durch Herbeiführen einer Überlastungssituation von auf diesem Rechner implementierten Netzdiensten.

DE-NIC

Für die Vergabe und Verwaltung der Domain–Namen in Deutschland zuständiges Gremium.

DES (Data Encryption Standard)

Kryptografieverfahren, das aufgrund seiner begrenzten Schlüssellänge inzwischen als unsicher gilt.

DHCP (Dynamic Host Configuration Protocol)

Protokoll, das für die dynamische Zuweisung von IP–Adressen und Rechnernamen verwendet wird.

Digitale Signatur (auch: elektronische Unterschrift)

Kryptographieverfahren, das dem Empfänger die Integrität einer Nachricht und die Authentizität des Absenders zusichert. Spricht man nur von „Signatur", ist meistens die Absenderangabe am Ende einer E–Mail Nachricht gemeint.

DNS (Domain Name System)

Internet–Dienst zur Übersetzung zwischen IP–Adressen und Domain–Namen.

Domain-Name

Namensbezeichnung von Netzwerken und Hosts innerhalb des DNS. Beispiel: projektleitfaden.de.

DSL (Digital Subscriber Line)

DSL ermöglicht Hochgeschwindigkeitszugänge über bestehende Telefonleitungen bzw. andere Übertragungswege. Der Anwender benötigt in der Regel ein spezielles Modem. Weitverbreitet ist das asynchrone DSL Verfahren (ADSL).

DSSSL (Document Style Semantics and Specification Language)

Formatbeschreibungssprache für SGML zur Darstellung von Dokumenten.

DTD (Document Type Definition)

Definition einer Dokumentauszeichnungssprache in SGML bzw. XML.

DV

Datenverarbeitung, siehe: IT

E–Mail Alias

Symbolischer E–Mail Name, der für eine oder mehrere echte E–Mail Adressen steht (z.B. chef@ projektleitfaden.de bzw. kundendienst@projektleitfaden.de). Der Vorteil von E–Mail Aliasen ist, dass sie nicht dauerhaft an bestimmte Personen gebunden sind und sich für die Adressierung von Empfängergruppen eignen.

E–Mail Responder (auch: Autoresponder)

Funktion von E–Mail Programmen, die in Abwesenheit des Empfängers auf eingehende Nachrichten mit einer automatischen Antwort reagiert.

ERP (Enterprise Resource Planning)

(meistens umfangreiche) Programme zur Planung und Verwaltung von Geschäftsmitteln und betrieblichen Abläufen.

Falltüren (Trapdoors)

Softwareprozeduren, die von einigen Programmierern in Applikationen bzw. Serversoftware eingebaut werden. Diese lassen den privilegierten Systemzugriff unter Umgehung von Autorisierungsmechanismen zu.

FAQ (Frequently Asked Questions)

Sammlung häufig gestellter Fragen.

Fat Server, Thin Client

Das Prinzip, die Schwerwerpunkt der Funktionalität in einer Client/Server Umgebung auf den Serverprozess zu verlagern. Damit kann auch das Clientprogramm entsprechend „schlank" gestaltet werden und verursacht vor allem weniger Wartungsaufwand.

File

Datei

Fax–Gateway

Schnittstelle zwischen Fax–Diensten und Internet. Der Versand einer E–Mail an ein Fax–Gateway generiert üblicherweise ein Fax an den gewünschten Empfänger.

Firewall

Kombination aus Software und Hardware, die einen Satz von Regeln (Firewall–Policy) zur Absicherung eines internen, privaten Netzes von einem externen, öffentlichen Netz realisiert.

Flash/Shockwave

Im Web häufig verwendetes Multimedia–Formate des Softwareanbieters Macromedia. In Flash lassen sich Animationen in sehr kleine Dateien verpacken und z.B. auch über Modemverbindungen ausreichend schnell übertragen.

Frame–Relay

Technik für die Datenübertragung in Weitbereichsnetzen.

Front–End

Die dem Anwender zugewandte Schnittstelle in einem verteilten Client/Server–Prozess. Die Unterscheidung zwischen Front–End, Middleware und Back–End entspricht den unterschiedlichen Rollen der Präsentation, Anwendungslogik und Hintergrundsystem (Datenbank). Das Front–End (z.B. eine Web–Oberfläche) wird dem Anwender durch den Client (z.B. eine Browser) vermittelt (siehe auch: Middleware).

Full–Service Provider

Internet–Dienstleister mit einer breiten Palette von Angeboten.

Gateway

generell: Einrichtung, die den Datenaustausch an Übergangspunkten zwischen heterogenen Netzen bzw. Übertragungsverfahren regelt. Protokollgateways erlauben die Verbindung von IP–basierten Netzwerken mit Legacy–Netzen. Die Übertragung von E–Mail in Fax–Nachrichten wird durch Softwareprogramme, sogenannte Fax–Gateways geleistet.

Groupware

Software, die die Durchführung von Projekten in Teams unterstützen soll.

History

Funktion des Web Browsers, die bisher abgerufene Webseiten aufzeichnet. Zusammen mit Bookmarks bildet die History–Funktion ein Werkzeug zum Wiederauffinden bereits besuchter Seiten.

Homepage

Die Einstiegsseite einer Website, von dem sich die weiteren Angebote der Site ansteuern lassen. Der Begriff wird auch synonym für Website, Web–Präsenz oder Online–Auftritt verwendet.

Host

an ein Neztzwerk angeschlossener Rechner.

HTML (Hyper Text Markup Language)

Im WWW verwendete Dokumentbeschreibungssprache.

Hypermedia

Zusammengesetzter Begriff aus aus „Hypertext" und „Multimedia". Vernetzte Dokumentstruktur, die neben Text auch Grafiken, Video, Ton oder andere Medien enthält. Das World Wide Web (WWW, Web) stellt die bekannteste Hypermediaumgebung dar.

Hypertext

Durch Hyperlinks verbundene Textstruktur, durch die der Anwender navigieren kann. Grundprinzip von Hypermedia.

Integrität (Integrity)

Die Eigenschaft einer Nachricht, auf dem Übertragungsweg nicht verändert worden zu sein.

IP–Adresse

Binäre Zahlenfolge, die Rechner im Internet bzw. Intranet eindeutig identifiziert. IP Adressen sind Binärzahlen, die gewöhnlich als eine vier Blöcke umfassende dezimale Zahlenkombination angegeben werden.

IP–Traffic

Datenverkehr in einem Netzwerk, das mit dem IP–Protokoll arbeitet. Die Menge der übertragenen Daten wird in Megabyte (MB) angegeben. Im Gegensatz zur wissenschaftlichen Definition, nach der 1 MB genau 2^10 Byte entsprechen, rechnen viele Provider mit 1 MB = 1000.000 Byte. Ein Byte umfasst jeweils 8 Bit, wobei 1 Bit die kleinste digitalen Informationsmenge (0 oder 1) darstellt.

IPv6

Protokollstandard, der das bestehende IP–Protokoll (IPv4) um einen größeren Adressbereich und neue Protokolleigenschaften erweitert. IPv6 enthält zusätlich neue Verfahren zur effizienteren Datenübermittlung, Verteilung von Datenpaketen an mehrere Hosts, prioritätenabhängige Steuerung von Datenflüssen und Datensicherheit.

ISP (Internet Service Provider)

Internet–Dienstleister

Internet–Technologie

hier: Oberbegriff für die im Buch beschriebenen Technologien und Anwendungen. Schwerpunkte: Verwendung des TCP/IP–Protokolle, Adaption offener Standards, Einsatz Web–basierter Applikationen (Browser–Suite), Fokussierung auf praktische Anwendungen.

IT (Information Technology, Informationstechnologie)

synonym für Elektronische Datenverarbeitung (EDV bzw. DV). Der Begriff spiegelt vor allem die inhaltlichen Aspekte der EDV in Bezug auf den Informations– und Datenaustausch wieder.

IuKDG (Informations– und Kommunikationsdienste–Gesetz)

Gesetzliche Regelung der Internet–Rahmenbedingungen in Deutschland.

LAN (Local Area Network)

Ein auf ein Anwesen, Gebäude oder Etage begrenztes Netzwerk. Die räumliche Beschränkung eines LAN spiegelt sich in der Verwendung der technischen Netzwerkkomponenten und Übertragungsmedien wieder. Typische LAN Netze basieren auf Ethernet oder Token–Ring Technik, wobei mehrere LANs über Hardwarekomponenten (Repeater, Bridge, Switch) verbunden werden können.

LDAP(Lightweight Directory Access Protocol)

Untermenge von X.500 zur Lokalisation von Personen im Internet bzw. Intranet. beruht auf einfachen, hierarschisch aufgebauten Verzeichnisstrukturen und läßt sich zur Anwenderverwaltung und als Bestandteil von Authentifizierungsmechanismen einsetzen.

Legacy

allgemeiner Ausdruck für EDV–Systeme, Rechner, Betriebssystemumgebungen und Anwendungsprogramme, die veraltet sind bzw. im Kürze veraltet sein werden. Im Allgemeinen werden Systeme als Legacy klassifiziert, die einen allmählich sinkenden Grad an Herstellerunterstützung verzeichnen, Kompatibilitätsprobleme zu aktuellen Technologien zeigen und dadurch unverhältnismäßig hohe Kosten für den weiteren Betrieb verursachen.

leitungsvermitteltes Netzwerk (Circuit Switched Network)

Datennetz, in dem ein fester Verbindungsweg für die Dauer der gesamten Datenübertragung bestehen bleibt.

Listserver

Serverprgramm, das die Verteilung der Diskussionsbeiträge in Mailinglisten an ihre Abonnenten vornimmt.

Mailingliste

Diskussionsgruppe auf der Basis von E–Mail. Die Beiträge der einzelnen Teilnehmer werden über einen Listserver verteilt. Mailinglisten können zur Kommunikation im Internet bzw. firmenintern eingesetzt werden.

Makroviren

Makroviren vermehren sich über Dokumente, deren zugehörige Applikation, etwa ein Textverarbeitungsprogramm, die Fähigkeit zur Verarbeitung einer Makrosprache besitzt.

Messenger

Programm zur direkten Kommunikation zwischen Anwendern auf einem Netzwerk. Bestandteil der Browser–Suite.

Metasprache

hier: auf dem Computer verarbeitbare Sprache, in der sich wiederum Computersprachen definieren lassen. SGML und XML sind Metasprachen, die die Definition anwendungsspezifischer Sprachen erlauben.

Middleware

Generelle Bezeichnung für die Ablaufsteuerung zwischen einer Benutzerschnittstelle (siehe: Front–End) und einem Hintergrundsystem (Back–End). Ein einfaches Beispiel für Middleware ist ein vom Webserver gestartetes CGI Programm, das die Suchabfrage eines Online–Benutzers entgegennimmt, interpretiert, die Verbindung zu einer Datenbank herstellt und die Ergebnisse der Abfrage an den Server zurückliefert. Dieser wiederum übermittelt die Resultate an den Browser des Anwenders.

MIME (Multipurpose Internet Mail Extensions)

Spezifikation für die Struktur von E–Mail, angehängter Dateien (Attachments) sowie von Dateitypen für die Dateiübertragung zwischen HTTP–Server und Client.

mobiler Code

Sammelbezeichnung für Programme bzw. Skripte, die dynamisch auf entfernte Rechner übertragen und dort ausgeführt werden. Beispiele hierfür sind Java–Applets, JavaScript und ActiveX.

Modem

Gerät zur Datenübertragung über Telefonleitungen.

NAT (Network Address Translation)

Dynamische Vergabe wechselnder IP–Adressen an die Rechner in einem Netzwerk durch einen Router.

Netiquette

Vor allem auf Eigenverantwortung basierende Regeln und Vereinbarungen für den gegenseitigen Umgang und Kommunikationsstil der Anwender im Internet.

Newsreader

Programm zum Lesen, Schreiben und Verwalten von Diskussionsbeiträgen in Newsgroups. Bestandteil der Browser–Suite.

OLAP (On Line Analytical Processing)

EDV–Standard für geschäftliche Informationssysteme. Anwendungsbereiche von OLAP sind unter anderem die Modellierung von Bugdet– und Planungsdaten, Analyse der Kunden– und Produktrentabilität, Kapazitätsplanung und Marktanalyse.

Online–Dienst

Unternehmen, das sich vorwiegend auf den Internet–Zugang für Privatkunden und spezialisiert und zusätzlich eigene Ingformationsdienste anbietet.

P3P (Platform for Privacy Preferences)

ein auf XML basierender Standard, der den Anwendern die kontrollierte, automatisierte Übermitlung persönlichen Daten an Websites ermöglicht.

Packetsniffer

technische Einrichtung, die das Mitprotokollieren von Datenpaketen in einem Netzwerk erlaubt.

paketvermitteltes Netzwerk (Packet Switched Network)

Datennetz, in dem die übertragenen Datenströme in kleine Pakete eingeteilt werden. Diese lassen sich grundsätzlich über unterschiedliche Verbindungswege übertragen und werden am Zielsystem wieder zusammengesetzt. Das Internet ist ein packetvermitteltes Netzwerk.

Patch

kleine Änderung am Code eines Programms, die als seperate Datei vertrieben wird und sich nachträglich installieren läßt (siehe auch Update, Upgrade). Patches dienen meistens zur Fehlerbeseitigung.

PGP (Pretty Good Privacy)

Weitverbreitetes Verschlüsselungsprogramm, das auf dem Public–Key Verfahren beruht und neben Datenverschlüsselung vor allem sichere Nachrichtenübertragung via E–Mail gestattet.

PHP („Private Homepage Tools")

In HTML Seiten eingebettete Middleware–Sprache, mit der sich z.B. Datenbankzugriffe leicht realisieren lassen.

PICS (Platform for Internet Content Selection)

Verfahren zur inhaltlichen Klassifizierung von Web–Inhalten, das vor allem dazu dienen soll, jugendfreie Inhalte von potenziell anstößigem Material zu unterscheiden. Dazu werden in eine Web–Seite codierte Inhaltsbeschreibungen eingefügt, die das Blockieren der Seite im Browser oder durch spezielle Filterprogramme erlauben.

Plug–In

Softwarekomponente, die durch Einbindung externer Programme die Funktionalität eines Programms erweitert. Eine Schnittstelle für Plug–Ins bieten z.B. Webbrowser der Firma Netscape (vgl. ActiveX).

Policy

a) untenehmensweite Vereinbarungen über den Umgang mit Internet– und Intranet–Ressourcen.

b) klar festgelegte Richtlinien der Unternehmenspolitik bezüglich allgemeiner Systemsicherheit, Internet– und Intranet Sicherheit.

c) formale Regeln für die Einschränkungen der Datenübertragung an einer Firewall (z.B. Liste der erlaubten Protokolle).

PoP (Point of Presence)

Einwahlknoten eines Internet–Providers.

POP (Post Office Protocol)

Protokoll, das die Speicherung von E–Mail in einer Mailbox und die Zustellung an das E–Mail Programm des Emfängers regelt.

Portal

kommerziell betriebene Site im WWW, die Verzeichis– und Suchfunktion, aktuelle Nachrichten und umfangreiche Unterhaltungs– und Informationsangebote zur Verfügung stellt. Das Ziel der werbefinanzierten Portale ist die Anziehung möglichst großer Besucherströme.

proprietär

Software, deren Funktionalität auf den Entwicklungen eines Herstellers beruht und die in der Regel nicht für die Weiterentwicklung durch andere freigegeben ist.

Protokollfamilie

häufig verwendete Bezeichnung für eine Gruppe gemeinsam verwendeter Protokolle(z.B. TCP/IP Protokollfamilie).

Protokollstack

Softwaretreiber, der in Betriebsssteme integriert werden kann und die Funktionalität von Netzwerkprotokollen leistet. Der TCP/IP Protokollstack ist Bestandteil aller modernen Betriebssysteme und kann nachträglich auch für ältere Betriebssysteme nachgerüstet werden.

Proxy

Generell ist ein Proxy ein Server, der als Zwischenstation für Anfragen an andere Server dient. Im WWW werden Proxies eingesetzt, um durch Zwischenspeicherung Zugriffe auf häufig abgerufene Web–Seiten zu beschleunigen. Der Proxy gibt Anfragen nach einer HTML Seite an den Webserver weiter, wenn sich das angeforderte Dokument nicht bereits im Zwischenspeicher befindet oder bestimmte Mechanismen die Anfrage beim Server erzwingen. Proxies werden zur Einsparung von Bandbreite und Reduzierung der Leitungsauslastung von Providern installiert. Einige Unternehmen setzen mit Filterfunktionalität ausgestattete Proxies, um den Besuch zweifelhafter Webangebote von Firmenrechnern aus zu verhindern. Von Privatnutzern werden Proxies verwendet, die das Herunterladen unerwünschter Werbegrafiken verhindert. Der Werbefilter wird dem eigentlichen Proxy beim Provider vorgeschaltet, wodurch eine Kaskade von Proxies entsteht.

Robot

Programm, das von Suchmaschinen eingesetzt wird, um Web–Seiten automatisch zu indizieren.

Server

Rechenprozess, der innerhalb eines Netzwerks angeschlossene Computer mit Diensten versorgt. Der Begriff wird oft auch synonym für den Rechner verwendet, auf dem ein Server läuft (Server–Host).

Server–Host

Rechner, auf dem Serverdienste laufen.

Server–Housing

Das Unterstellen eines Server–Host bei einem Provider. Server–Housing hat den Vorteil, dass die technischen Infrastruktur des Dienstleisters genutzt werden kann (z.B. ein rund um die Uhr betreutes Rechenzentrum, Sicherheitseinrichtungen, unterbrechungsfreie Stromversorgung).

Signatur

Absenderangabe am Ende einer E–Mail. Spricht man von „digitaler Signatur", ist meistens die kryptografische Absicherung einer Nachricht gemeint.

SiG (Signaturgesetz)

Bestandteil des IuKDG. Juristische Regelung digitaler Signaturen.

Site (Ort)

Der Begriff bedeutet allgemein (Stand–)Ort, beispielsweise die Niederlassung eines Unternehmens. In Bezug auf das Internet bedeutet steht Site für Website (Online–Autritt, Präzenz im WWW).

Site–Launch

Veröffentlichung einer Website.

SGML (Standard Generalized Markup Language)

Umfangreiche Metabeschreibungssprache zur Definition von Dokumentauszeichnungssprachen. SGML wird gemeinsam mit DSSSL zur Strukturierung und Formatierung umfangreicher technischer Dokumentationen eingesetzt. Eine der in SGML definierten Sprachen ist HTML. Eine einfacher aufgebaute Teilmenge von SGML ist XML, das vielfach als „HTML–Nachfolger" gehandelt wird.

Smart Banner

um Funktionalitätsmerkmale erweiterte Variante des Banner.

SMIL (Synchronized Multimedia Integration Language),

auf XML basierter Standard für die synchronisierte Übertragung und Interaktion zwischen Multimediadateien.

SMTP Simple Mail Transfer Protocol

Anwendungsprotokoll zur Versendung und Weiterleitung von E–Mail im Internet.

SMTP forwarding

Die Weiterleitung von E–Mail zwischen E–Mailservern.

Spider

Computerprogramme, die von Suchmaschinen eingesetzt werden, um WebSeiten zu indizieren.

Spoofing

Vortäuschen einer Identität

Streaming Media

Verfahren um Datenströme über Verbindungen niedriger Bandbreite (z.B. Modemverbindungen) zu übertragen.

Suchmaschine

Informationsdienst im WWW. Benutzer können in Suchmaschinen durch Eingabe von Stichwörtern nach bestimmten Websites suchen. Die Suchmaschinen gewinnen ihre Einträge durch den Einsatz von Programmen, (Crawler, Spider, Roobots), die das

Informationsangebot im WWW periodisch zu indizieren versuchen. Außerdem können Anbieter ihre eigen Site in Suchmaschinen eintragen. Die bekannteste Suchmaschine ist AltaVista, das von der Firma Digital betrieben wird. Suchmaschinen werden bei der Suche nach Informationen im WWW durch Web–Verzeichnisse ergänzt.

Surfen

Navigation im WWW ohne gezielte Absicht.

TCP/IP (Transmission Control Protocol/Internet Protocol)

Gruppe von Protokollen (Protokollfamilie) für die Kommunikation von Rechnern im Internet, Intranet und in Extranets. Protokolle sind Regeln darüber, wie Rechenprozesse miteinander kommunizieren. TCP/IP verbindet Rechner und Netzwerke durch eine Reihe von Übertragungsprotokollen, die den Datenverkehr zwischen Knotenrechnern (Routern) und Hosts regeln.

Trojanische Pferde

Programme, die vom Anwender unbemerkte, oft schädliche Funktionen enthalten.

Update

Aktualisierung eines Softwareprogramms, die meistends zusätzliche Funktionen enthält (siehe: Patch, Upgrade).

Upgrade

Änderung größeren Umfangs an einem Softwareprogramm, die eine neue Versionsnummer erfordert (siehe: Patch, Update).

Viren

Programme, die sich in Bereiche des ausführbaren Codes anderer Programme bzw. Betriebssystembestandteile kopieren und einen Vervielfältigungsmechanismus enthalten. Die meisten Viren enthalten außerdem eine Komponente zur Ausspähung, Manipulation oder Zerstörung von Daten (Payload).

virtuelle Server

hier: unter einem Webserver parallel laufende Serverprozesse, die jeweils unter einer eigenen IP–Adresse angesprochen werden können. Dadurch lassen sich Web–Präsenzen mehrerer Anbieter mit einem Server verwalten.

VPN (Virtual Private Network)

Transparente Verbindung von mehreren räumlich entfernten LANs über die Leitungsinfrastruktur eines Providers oder über das Internet. VPNs dienen zum allgemeinen Datenaustausch und vor allem zur Realisierung von Intranets in Unternehmen, die über mehrere Zweigstellen oder Niederlassungen verfügen.

VRML (Virtual Reality Markup Language)

Beschreibungssprache für räumliche virtuelle Welten erstellt, durch die der Besucher navigieren kann.

WAN (Wide Area Network)

geografisch weiträumiges Netzwerk. Ein WAN verbindet räumlich getrennte lokale Netze (LAN) und kannn sich sich über den gesamten Erdball erstrecken, wobei die Weitverbindungsstrecken über Technologien wie ATM realisiert werden.

WAP (Wireless Aplication Protocol)

Standard zur Übertragung von Hypertextinhalten, die im vereinfachten Hypertext–Standard WML (Wireless Markup Language) gestaltet sind, auf Mobiltefone.

Web (siehe: WWW).

Webbrowser (auch: Browser)

Benutzerschnittstelle für den Zugriff auf Hypermediadokumente und Programme im Internet/Intranet.

Web–Präsenz (siehe: Website)

Website

Hypermedia–Dokumente, die unter einem Domain–Namen erreichbar sindund einem Anbieter zugeordnet werden können. Synonym werden verwendet: WWW–Site, Web–Präsenz, Online–Auftritt, Site, Homepage.

WWW (World Wide Web)

ein Dienst im Internet bzw. „Bestandteil" des Internet. Das WWW stellt eine weltweite Hypermedia–Struktur dar, in der multimediale Inhalte veröffentlicht werden. Die einzelnen Dokumente sind durch Hyperlinks (Links) verbunden.

XML (Extensible Markup Language)

Metabeschreibungssprache zur Definition von Dokumentauszeichnungssprachen. XML stellt Mittel für die Strukturierung von Daten und die Übersetzung zwischen den einzelnen Sprachen zur Verfügung. Damit lassen sich anwendungsspezifische Sprachen erstellen (z.B. zur Strukturierung von Geschäftsdaten) sowie Dokumente zwischen verschiedenen XML–Sprachen konvertieren.

XSL (Extensible Stylesheet Language)

Formatbeschreibungssprache für XML.

X.25

ältere Technik für die Datenübertragung in Weitbereichsnetzen.

X.500

Standard für die Einrichtung von öffentlichen Verzeichnissen, die die Lokalisierung von Personen und Organisationen im Internet erlauben. Das häufig verwendete LDAP–Protokoll ist Untermenge von X.500.

Schlagwortverzeichnis

Online Shop - der Weg zum Erfolg

Christoph Ludewig

Existenzgründung im Internet

Auf- und Ausbau
eines erfolgreichen
Online Shops

1999. X, 216 S. mit 51 Abb.
(Business Computing) Br. DM 39,80
ISBN 3-528-05712-2

Inhalt: Rechtsform - Business Plan -
Organisation der Geschäftspro-
zesse - Beispiele - Marketing - Web-
Auftritt

*„Christoph Ludewig hat sorgfältig
alles zusammengetragen und mund-
gerecht aufbereitet, was man als
Anfänger wissen muß, wenn man mit
dem Gedanken spielt, ein Business im
Internet aufzuziehen. (...) Wer eine
gute Geschäftsidee fürs Internet hat,
kann sich also jetzt nicht mehr mit
dem Argument vor der Realisierung
drücken, er wisse nicht, wie man das
Ganze organisieren soll. Bei Ludewig
steht's.“*
wisu - das wirtschaftsstudium 11/99

*„Na bitte, es geht doch: Man kann Bü-
cher über Internet-Themen verfassen,
ohne die Hälfte des zur Verfügung stehenden Umfangs für einen histori-
schen Abriss (...) zu verschwenden.
Und dieser positive erste Eindruck von
„Existenzgründung im Internet - Auf-
und Ausbau eines erfolgreichen On-
line-Shops“ setzt sich im wesentlichen
fort.“* screen Business online 11/99

vieweg

Abraham-Lincoln-Straße 46
D-65189 Wiesbaden
Fax 0611. 78 78-400
www.vieweg.de

Stand 1.1.2000. Änderungen vorbehalten.
Erhältlich im Buchhandel oder beim Verlag.

Printed in Germany
by Amazon Distribution
GmbH, Leipzig